国家"211工程"·中央民族大学三期重点学科建设项目

中国少数民族高等美术教育系列教材

ZHONGGUO SHAOSHU MINZU GAODENG MEISHU JIAOYU XILIE JIAOCAI

少数民族环境艺术概论

刘向华 / 著

河北美术出版社

编 委 会 主 任：殷会利

编　　　委（以姓氏笔画为序）：

王建山　付爱民　甘庭俭　帅民风　向极鼎

吕　霞　杜　巍　何　川　陈　刚　金东云

格桑次仁　高润喜　康书增　奥　迪　潘　梅

主　　　编：殷会利

责 任 编 辑：苏征凯　韩方敏　张　静

徐　滨　张洪昌

责 任 校 对：刘燕君　曹玖涛　王素欣　李　宏　董　梅

封 面 设 计：徐占博　苏征凯

装 帧 设 计 与 制 作：翰墨文化

图书在版编目（ＣＩＰ）数据

少数民族环境艺术概论／刘向华著. —石家庄：河北美
术出版社，2009.12

（中国少数民族高等美术教育系列教材）

ISBN 978-7-5310-3481-0

I . 少… II . 刘… III . 少数民族—民族地区—环境设计 —
中国—高等学校—教材 IV . TU-856

中国版本图书馆CIP数据核字（2009）第175650号

中国少数民族高等美术教育系列教材

少数民族环境艺术概论

刘向华　著

出版发行：河北美术出版社

地　　　址：河北省石家庄市和平西路新文里 8 号

发行电话：0311-85915035　85915045（传真）

网　　　址：http://www.hebms.com

邮政编码：050071

制　　　版：石家庄翰墨文化艺术设计有限公司

印　　　刷：石家庄石新彩色印刷有限公司

开　　　本：889毫米×1194毫米　1/16

印　　　张：11.5

印　　　数：1～3000

版　　　次：2009年12月第1版

印　　　次：2009年12月第1次印刷

定　　　价：53.00元

序

    少数民族美术是我国民族艺术非常重要的组成部分，在艺术学与民族学学科的建设中始终占有着十分重要的地位，也是高等美术教育中一个非常重要的专门领域。我国少数民族高等美术教育的发展水平直接影响着我国当代艺术、少数民族文化艺术、少数民族原生态艺术保护等众多领域的建设发展，其教学与科研成果也是支撑国家整体文化发展战略的一个关键性环节。

    当前，新中国少数民族高等美术教育已经经历了50年的发展历史，50年来，不仅为我国少数民族美术事业输送了大量的优秀人才，全国各民族高校美术院系和各民族地区艺术院校，都在教学实践当中积累了宝贵的教学经验和教学成果，从而形成了我们最为重要的办学特色。虽然各民族院校、美术院系，在成立以来一直为发挥少数民族美术特色做着不懈的努力。但从教学现状来看，我们所拥有的少数民族文化艺术资源优势还没有得到充分的发挥，我们的办学特色还未能以体制创新的新模式体现出来。尤其是现今，还没有完成一部系统完备、学术与教学水平一流的民族美术教育系列教材。鉴于此，在2007年1月，由中央民族大学美术学院发起，联合河北美术出版社、中国美术馆共同主办，在北京召开了"首届民族美术教育发展论坛"，会议集中了全国各民族高校美术院系、民族地区美术院校30多家单位的领导和专家，共同就民族美术教育的发展、民族美术教育系列教材的建设等问题展开研讨，最终确定了全国少数民族高等美术教育单位联合编写、出版这套系列教材，以创举共襄盛典。

    少数民族美术学科包括三大范畴。一是少数民族传统美术；二是少数民族题材美术创作；三是少数民族地区当代美术实践。在当代中国美术创作、美术教育领域中都占有着非常重要的地位。本次出版的系列教材共11部，全部涵盖了上述三个学科分支，涉及少数民族主题绘画、少数民族建筑、服饰和少数民族传统工艺的各个领域。其中有些是老教授在多年教学经验基础上的总结，有些是作者最近几年最重要的研究成果。他们以直接的少数民族美术实践为引导，探索适合于我国少数民族文化多元性特征的民族艺术教育规律，从而促进当代少数民族高等美术教育的发展和创作的繁荣。

    当代民族美术教育，如何更好地在新的历史时期持续为我国民族地区的发展建设输送高级专业人才？如何通过教育保持在全球经济、文化一体化的时代背景下可持续自我发展的特色？这将是全国少数民族高等美术教育工作者一个持久面对的重大课题。这套系列教材的出版，仅仅标志着我们为此迈出的第一步。

殷会利

目录

第七章　少数民族环境艺术的生态性　153

第八章　全球化背景下少数民族环境艺术的发展　163

参考文献　177

绪论

少数民族环境艺术的价值和意义确认及其基本实践和理论研究框架体系

对于本书所提出的"少数民族环境艺术"的价值和意义的确认首先源于对一个基本前提的重新认知，即"环境艺术何以成其为艺术？"在我们确认环境艺术如何成其为艺术的基础上，其次才能谈到"民族性于作为艺术的'环境艺术'而言价值和意义何在？"而"少数民族环境艺术"的价值和意义也就自然在其中了。之后是结合本书中已经展开的工作对"民族环境艺术"的基本实践和理论研究框架体系作简要陈述。在本绪论的最后部分将站在文化新生的高度对环境艺术的社会介入进行客观的评估和审视。

一、环境艺术何以成其为艺术？

这是对环境艺术的艺术性这个基本前提重新认知的问题。记得福柯曾经表述过大概这样一个意思：在知识领域之外存在着一个荒蛮的前知识领域，它比知识领域要厉害得多。事实上的确存在着这样一个前知识领域潜在地将当代的"环境艺术"局限在孤立美感与风格的环境表面粉饰与美化之内。当代"环境艺术"教学、研究与实践始终停留在功能的物理——生理表面或形式的孤立美感浅层，许多创意、构思基本上都是被动地对于委托方或既有机制和社会潜在惯性的妥协和附和，最终形成"环境艺术"主体的麻痹和失语。其实这种麻痹和失语状态骨子里是中国当代"环境艺术"的冷血。中国当代"环境艺术"的这种冷血当然首先还是源于人。当代"环境艺术"设计师的"批判精神"日益屈服于权力意志，向体制和商业及商品拜物教投降，敢于真正特立独行、坚持己见的人越来越少，而投机、胆怯、虚伪与不负责任已成为许多知识分子、设计师的共同特征。所有这些直接导致了当下中国"环境艺术"领域里的贫乏与无聊。现在，我们迫切需要一个对于现实中既已形成的麻痹和失语的"环境艺术"思维定势的扬弃。

我们应该把艺术的社会责任视为从我们的日常生活环境中区分出去的内容吗？这样一个前提性的质疑向我们揭示了最终这个日渐繁华富足的社会，骨子里实际上缺少了一些什么，而这正好是构成这个社会物质空间载体的"环境艺术"可以促成的。作为艺术的"环境艺术"从伦理、事理、心理主动地对社会价值认同和意义归属及民族凝聚的社会协调层面介入当代

社会和日常生活始终处于麻痹和失语的状态。伴随着当代中国社会转型中急剧的城市化进程，伴随着都市和乡村中人群原有身份秩序的瓦解和重组，中国当代"环境艺术"徒具孤立美感与风格的环境表面粉饰美化已不能掩饰不断大量出现的"失落空间""消极空间"及其进而所造成的诸多都市问题、社会问题、心理问题乃至直接的民族问题，甚至诱发犯罪和社会骚乱乃至民族冲突。当代"环境艺术"的冷血以及容忍造成滋长这种冷血的人对此是负有责任的，这种责任是艺术和设计以及艺术家和设计师对于社会的责任，人们常说的艺术家、设计师的社会责任感并非虚妄，其所指涉的就是上述实质性的内容。当代环境艺术社会介入职能的回归使环境艺术真正地成其为艺术，这是我们接下来进一步探讨"民族环境艺术"的前提。

二、民族性于作为艺术的"环境艺术"而言价值何在？

就上述我们面临的诸多现实社会问题而言，对于成其为艺术的"环境艺术"来说，民族性首先基于民族的共同记忆，它包括一个民族的集体意识和集体无意识层面。这种共同记忆由于民族概念所指涉范围的层次性及民族关系的复杂性而被赋予了丰富的层面和内涵，它强调的是一种既私密而大家又能够共鸣的经验，而这种经验可以通过作为艺术的"民族环境艺术"经由其无孔不入的物质空间环境介入所展现和揭示的某些基于民族性的细微媒介而生动地引发。这样一个长句的确需要人们的耐心以领会其所阐释的脉络，而好在这个脉络其实向人们揭示了"民族环境艺术"介入社会和日常生活的内在原理。"民族环境艺术"在当代社会急剧的城市化进程中对于人们日常生活环境的介入可以帮助人群基于民族认同及凝聚基础上进行主观身份确认和客观环境定位，从而促成人对于环境的归属感、认同感；并且，构成这个社会的物质空间载体的"民族环境艺术"可以通过促成基于民族认同及凝聚基础上公众交流的"公共空间"，进而创造当代社会中民族内部及民族之间的异质交流条件，从而应对上述我们所面临的诸多都市问题、社会问题、心理问题乃至直接的民族问题。最终，"民族环境艺术"成为促成每一个人与社会、民族、国家乃至世界"相遇"的媒介，成为了包括民族内部及不同民

族之间人与人、人与远近自然及人文环境之间密切互动关系的永续经营与调整的重要媒介，作品自身孤立的美感反而不是它的重点。总之，"环境艺术"作为艺术走向日常生活的产物，在中华民族这个由56个民族所组成的特殊国情下，在"环境艺术"的社会学价值和意义随着时代的发展不断得以彰显及其上述种种社会职能不断发挥功能的今天，由于其民族性天然所承载的社会学意义而使其成为了当代"环境艺术"发挥社会职能不可替代的核心枢纽和管道，民族性对于作为艺术的"环境艺术"而言，其价值也就在于此。

三、"少数民族环境艺术"的价值和意义

　　"少数民族环境艺术"明显指涉中国各少数民族的环境艺术。除了指涉范围上的明确限定之外，与上述既已形成的"环境艺术"思维定势相比较而言，"少数民族环境艺术"本质上与我们上述对于"民族环境艺术"价值和意义的判断别无二致。应当说"少数民族环境艺术"是包含在"民族环境艺术"这个大的概念之下的，但由于指涉范围上对于中国55个少数民族的明确针对性，其中无疑就包含着十分丰富而具体的样态资源，这显然是一个展开思考与研究的极佳切入面。这个课题涉及到教学实践、创作实践和理论研究各个环节，对当代艺术及包括"环境艺术"在内的艺术设计的深入发展，尤其是发挥包括"环境艺术"在内的艺术设计的社会介入和协调功能具有实际的理论价值和应用价值。

四、"民族环境艺术"的基本实践和理论研究框架体系

　　本书所提出的关于少数民族环境艺术民族性和艺术性的相关理论观点主要集中在第一章、第二章和第七章、第八章以及三至六章的首节概述和末节中，观点的论证立足对基本概念、内涵、原理和理念的认知，着眼于时代条件和全球化背景下的实际变化发展，论证力求落实到普遍性的概念和范畴，而避免囿于本学科专业的术语和定义，追求论证的彻底性及论证中逻辑的完整性和严密性及其在学理上的洞穿力度。当然，必须申明所有本书提供的观点均为一家之言，观点当然应该是多元的，重要的是观点本身的深度及其逻辑的完整性和严密

性；同时作者深信没有恒定不变的真理。

　　而在本书的第三至六章中对于我国少数民族环境艺术的丰富样态资源进行了梳理，并且集中着力于直接反映少数民族生活方式的民居环境艺术这一部分，梳理中注重从理论层面深入解析其潜在特性及内在良性因素。同时，值得注意的是，在整个"民族环境艺术"的基本实践和理论研究框架体系中，少数民族民居环境艺术作为孤立的民居空间环境样态资源梳理研究并不是最终的目的，而是将其作为少数民族生活方式考察的一个有效切入面，落实在其作为一种适应环境的生存方式所展现的文化根性上，当然这种样态资源的梳理研究中所掌握的所有细节将在接下来的研究中有可能显现其不可完全预计的价值。

　　在接下来的研究中，将按照初步构建"民族环境艺术"以介入当代社会和日常生活空间为核心的教学实践、创作实践和理论研究体系的要求，分层次对"民族环境艺术"介入当代社会和日常生活空间进行具体探讨。可以在大的结构上分为都市空间、乡村环境、少数民族地区等几个部分。当然，随着研究的深入还可以进一步细分。当前急需投入人力物力从"民族环境艺术"对于都市空间的介入展开切实工作，并着重探讨和践行以下三方面：A. 当代中国城市化进程中，"民族环境艺术"介入都市空间的社会和民族协调功能及策略。主要包括都市空间的民族认同、"公共空间"的民族沟通与融合、社区及其交往诱导策略、信息社会"民族环境艺术"介入都市空间的社会、民族心理策略等；B. "民族环境艺术"介入都市空间的伦理建构功能。主要包括民族社会伦理、民族生态伦理、民族设计伦理；C. "民族环境艺术"介入都市空间对于生存环境问题的应对功能。其中注重以"民族环境艺术"的朴素生态整体观念解决人类面临的生存环境问题。主要包括自然环境问题、社会环境问题、历史人文环境问题。总之，"民族环境艺术"对于都市空间的介入是整个"民族环境艺术"的基本实践和理论研究框架体系中的首要也是重要一环，是以社会学、心理学等新视角，系统地、深入地研究一系列有代表性的少数民族民居环境艺术构筑样态及其内在良性因素和潜在特性，摆脱过去存在的目的不明

确，针对性应用性差，受既有重复性孤立的民居研究及环境艺术设计思维定势束缚的局限性。是第一次围绕城市化进程中的诸多现实问题，以"民族环境艺术"对于都市空间介入的社会（民族）协调功能、伦理建构功能以及对于生存环境问题的应对功能切入现实，并寻求答案，展开创造。

五、文化的新生与环境艺术的社会介入

宏观上从世界范围内国与国竞争中文化战略的高度来看，中国的"少数民族环境艺术"所具有的丰富文化样态资源是得天独厚的；同时整个国家和民族的方方面面包括"少数民族环境艺术"在这个国家转型期所面临的种种时代矛盾问题也是异常集中和突出的，正是伴随着这个时代这个国家和民族发展中种种问题和矛盾的不断加剧所积聚而成的高压，促使形成了一个庞大的多民族国家文化再一次巨大的新生的可能。

而综观中华民族文明孕育发展变迁的历史长河，中华民族文明在每一次民族大融合之后，都会迎来一次辉煌的黄金时代。唐王朝的统治者至少有一半鲜卑族的血统，而唐朝的政治和经济制度，也是之前魏晋时代鲜卑族统治者在充分接受汉化以后制定下来的。蒙古人建立的元朝虽然执行严酷的种族制度，但是他们在文化上的精神却是开放性的，也正因为蒙古人的开放，中国的科技和文化思想在元朝得到了茁壮的成长，并诞生了一系列充满创造力的科技成果，使后世的明朝也因此收益无穷，如郑和下西洋时期的海图就是元朝时期留下来的，而明朝的造船，火炮制造，冶炼等技术，也是在充分享受元朝的科技成果，更为重要的是元朝在江南奠定了商品经济模式的基础，使新经济力量在明朝得到充分发展奠定了先决条件。而中华民族文明对于佛教、基督教等外来文明的吸纳过程也是与中华民族历史上的一次次民族大融合过程相一致的。总之，历史向我们传达这样一个信息：每一次中华民族文明的新生和发展的高峰无不是以各民族大融合中对于种种民族异质性因素的包容和吸纳为前奏的。

所以与历史上的任何一次新生一样，这个时代这个庞大的多民族国家文化的新生首先还是取决于对多民族及外来文明的种种异质性因素所构成独特智慧的包容和吸纳，从而为整个中华民族文明新的生长培植发达的根系，她才谈得上生长。这个巨大的新生的可能是我们的机会，是东方这个庞大的中华民族在历经多少代人体力和智力的积累基础上，由在时间和空间的向度中飘来荡去的轻佻的运气向特定主体所展现开来的一次十分偶然的机会。而即使如此，最后能够生长出一个什么样的东西，而我们说它属于这个时代、匹配这次机会，却还是难以预料的。因为所谓机会充其量也只是偶然展现在我们面前的一种稍纵即逝的可能性而已。一个看似庞大而有组织的集团社会和民族，如果背后支撑它每个个体的个人信念只有狭隘的现实个人利益，并且关于这种个人利益的竞争已经演变为关于虚伪和卑鄙的竞争，而我们又期待着它能够有一个宏观而巨大的文化上的建树，那么其难度系数就可想而知了。因为对狭隘的现实个人利益的极度执著难免带来不可救药的集体无力感。而相对于集体无力的集团社会和民族而言，虽然总体上我们知道，如同在所有其他的方面，弱势而又分散的个体在这样一个文化新生的宏大叙事过程中所能左右的其实极其有限。但这些微弱的生命个体对于文化的努力我们到底对其应该抱有多大希望，还取决于许多难以预料的因素，譬如包括某些个体所面临的小气候乃至其他诸多外因的变化，例如某些偶然的人事变动以及个人运气等等。好在这个时代的明天发生什么我们都不会奇怪，所以还有期待，所以还要自我救赎，生命个体的自我救赎在终极意义上其实就是文化的自我救赎，环境艺术对于当代的社会介入职能帮助我们开始这一自我救赎……

第一章 全球化背景下少数民族环境艺术的含义及概况

第一节 时代条件下环境艺术设计的内涵

一、扩展和变动中的概念

（一）环境艺术设计内涵的变迁

环境艺术作为一个新兴的艺术设计学科，其内涵随着学科的发展越来越宽泛，呈现出动态性的变化特征。虽然本质上它所关注的无非是人类生活设施和空间环境的艺术，目的是为人创造出符合人体科学需要，适应人各项活动要求，舒适宜人并承载人类一定审美及诸多精神诉求的空间环境。但学科发展的历程使其内涵不断产生变动：虽然从整个人类的历史而言，人类最早在按照自己的各种需要来布置原始住屋和美化生存空间环境时就诞生出了与之相适应的各种室内设计、陈设艺术和园林庭院设计等现代环境艺术所囊括的内容，我们在这里所谓的环境艺术所涉及到的许多内容其实早在人类从事住宅等建筑之始时就已经开始出现了。但作为一门学科其所涉及的领域在20世纪80年代之前实际上局限在建筑的室内空间，被称之为室内设计。随着学科的发展，室内设计的范畴已不能适应本专业发展的实际和需求，其设计领域已不局限于室内空间，而是扩大到包括室外空间环境的整体设计、地区或城市环境的城市设计，成为与建筑、园林等密切联系的综合性设计艺术。有观点认为"在狭义的层面上，环境艺术设计面向于人工环境的主体——建筑。现阶段的环境艺术设计，通过建筑的内外空间，以景观设计与室内设计的专业定位来实现自身的价值"。而在当代，人类面临着严重的生态环境危机：温室效应、臭氧空洞、酸雨、森林热带雨林肢解、野生动植物递减灭绝、海洋污染、荒漠化、有害废弃物转弃、发展中国家地区公害云云。种种的危机使人类把对生态平衡与可持续发展的认识付诸于行动中，以指导人类的各项行为。当代环境艺术就是以保持人类生存环境的生态平衡与可持续发展为指归而产生的，那么在当代，环境艺术的内涵就与环境生态学的理念密切相关。在这样的时代背景下，当前有观点对于环境艺术设计的含义又作出了如下的概括："在广义的层面上，环境艺术设计应理解为'环境'的艺术设计，即以环境生态学的理念来指导艺术设计。"

（二）环境艺术设计概念变动的原因

以上环境艺术设计的内涵随着时代的变迁而发展的历程说明了作为一个新兴的交叉学科，环境艺术设计事实上始终是一个扩展和变动中的概念。而促使环境艺术设计概念不断扩展和变动的原因主要有哪些呢？

第一，环境艺术设计本质上是一种创造性的实践活动，人们依据包括社会及个体在内的主体需要从事环境艺术设计，而不是依据定义而作，因为任何定义总显得是相对的。设计理论的包容性和设计实践的丰富性，使任何定义只能从一些时段相对主要的方面而不是所有方面揭示出设计的本质内涵。而不同时代的自然环境客体及社会环境中人的生活方式与包括精神状态在内的生存状态及其内在主观需求随着时间向度的线性行进都在发生变化。这就决定了环境艺术设计概念的不断扩展和变动。

第二，科技的不断发展使环境艺术及环境艺术设计的内涵始终呈现出扩展和变动。当代的网络数字信息技术的发展催生了"非物质设计"的概念，生成了前所未有的网络环境，使环境艺术在物质和非物质两个层面上存在；非物质环境已经成为E时代新新人类的重要生存环境，非物质环境本质上其实是人类在对自身空间向度限定的克服过程中获得了更多时间向度上的自由度，使时间、空间、客体、主体之间关系展现出一种崭新的存在方式及可能性，从而使主观参与时空复合作用的机会、方式和效用发生了巨大改变，也就获得了许多往昔难以想象的可能。这是一个有待从环境艺术设计学科的角度深入探讨和研究的重要而崭新领域。总之，可以确认的是科技的发展使环境艺术及环境艺术设计的内涵始终呈现出扩展和变动。

第三，主体方面社会的发展、意识形态的变迁从另外一个层面使环境艺术设计的内涵始终呈现出扩展和变动，需要指出的是这种扩展和变动不是仅限于客体内容上的硬性边界而言，而呈现为对待既定客体时主体意识上的软性更迭和转换。工业革命之前历史上社会的结构秩序及伦理观念意识使当时的室内陈设艺术和园林庭院设计等呈现出强烈的伦理及意识形态面貌。如在中国明清建筑环境中那些以"间"为单位，按序列排列在中轴线上，构成一庞大集群的传统建筑布局来说，就和封建宗法观念直接相关。并且按照这种布局的皇家建筑、民居、祠堂的室内的陈设也无不渗透着强烈的封建伦理意识，如厅堂的正中部位常安排有祖先牌位、神像等，依次而设置的桌、椅、茶几等构成一个相应的尊卑次序，陈设形式之美往往限定于强烈的封建伦理意识。（图1-1）

而工业社会尤其是后工业消费文化的室内陈设中则以舒适和审美为主要目标，一些原本承载强烈封建伦理意识的传统文化的内容往往仅作为一种视觉上的形式而加以抽象运用。现代环境艺术设计运用现代社会科学技术的发展成果来建造更美、更适用、更宜人的空间环境，与旧有的、传统型的陈设艺术相比，现代环境设计基本上忽略了甚至基本上已经不考虑伦理和意识形态的问题，而是更注重现代人生活的品质，相对淡化了传统陈设艺术中的社会意识，虽然当时旧有的室内陈设艺术和园林庭院设计等在本质和目的性等方面与现代的环境艺术设计没有太大的区别，但由于随着时代社会的变迁而出现的人们对待既定客体时主体意识上的软性更迭和转换，环境艺术设计的内涵和所注重的内在因素其实是在随之更迭和转换的。现代环境艺术设计虽然可以从物质功能的层面为人们提供更符合人体工程学的设施和物理环境，如同人类科技的发展及观念意识的转换使其行

图1-1
呈现出强烈伦理及意识形态面貌的环境艺术设计

为的可能性和自由度得以极大拓展，但人类科技的发展及观念意识的转换不能与人类社会的自身存在及与世界的和谐相矛盾相背离，克隆技术所带给人类的警示意义就在这里。当代人类已经意识到了上述的问题，现代人类社会的伦理观念和价值观在不断地得到重构，现代环境艺术设计中的设计伦理也需要得以重新建构。

而当代状况下环境艺术设计实践中对于伦理问题的强调和忽略只是一个方面，人们对待既定客体时主体意识上的软性更迭和转换是全方位多层面立体交织的，这种更迭和转换使环境艺术设计的内涵始终呈现出扩展和变动。

以上诸多方面的原因都促使环境艺术设计的概念始终呈现为扩展和变动的状态。

二、当代环境艺术设计的内涵

（一）对既有观点的质疑

1. 广义上的观点

关于环境艺术设计的内涵，如前所述，当前在国内公开出版的主要环境艺术设计教材和出版物中，一种既有观点认为在广义上"环境艺术设计应理解为'环境的'艺术设计，就是以环境生态学的理念来指导的艺术设计"。

以下是对于这种既有观点或表述的质疑。

（1）这种观点对于艺术设计学科下各具体专业方向之间的区分无能为力。因为我们不可否认任何艺术设计其实都是有关"环境的"或者说在客观上成为环境的一部分，那么所谓"'环境的'艺术设计，就是以环境生态学的理念来指导的艺术设计"这种表述并没有就艺术设计学科下的具体专业方向作出任何实质意义上的区分，所谓"'环境的'艺术设计，就是以环境生态学的理念来指导的艺术设计"这样的限定只能是关于艺术设计不同指导理念上的限定，对于艺术设计学科下各具体专业方向之间的区分并没有提供任何限定性的依据，因为服装艺术设计也可以是以环境生态学的理念来指导的艺术设计。

但事实是即使从广义的层面来讲"环境艺术设计"与"艺术设计"在研究范畴的界定上还是有明显区别的，而且这两个概念的区别还决不是其指导理念上的区

别，而一定是研究范畴界定上的区别，否则"环境艺术设计"与"艺术设计"两个概念就重复了，重复的概念是可以互换的，而实际上这种互换势必造成诸如服装艺术设计专业也将成为环境艺术设计专业的一部分这样的逻辑混乱，这种逻辑混乱在学理上是不通的。以指导理念上的区别来作为界定艺术设计学科及专业方向的依据是一种极其低级的错误，让人匪夷所思的是这种低级的错误却能成为一种权威而为众人所附和。

（2）反向逻辑揭示出这种观点的荒谬性。如果仅将环境艺术设计理解为"以环境生态学的理念来指导的艺术设计"，那么依据反向逻辑人们势必会问：不以环境生态学的理念来指导的艺术设计就不是环境艺术设计了吗？这就如同认为不是白色皮肤的人就不是人一样可笑。而事实上，历史上乃至现存的许多景观设计与室内设计不都没有以环境生态学的理念来指导吗？甚至现代主义设计、国际主义设计乃至后现代主义设计中的许多思想和实践都与直至20世纪末才出现的环境生态学的理念相违背，难道其中诸如包豪斯的机械美学、高技派的技术美学理念指导的景观与室内等建筑环境设计都不是环境艺术设计了吗？柯布西埃、密斯、盖里等设计大师与环境生态学理念基本不沾边的建筑环境设计思想与实

图1-2 与环境生态学理念基本不沾边的建筑环境设计

践就都不是环境艺术设计思想与实践了吗？（图1-2）只需简略地翻一翻世界古代建筑史、世界现代建筑史，只需对学理还存有敬畏，难道这种观点的荒谬性不是显而易见的吗？

事物本体与其在时代条件下的特征是有区别的。"用环境生态学的理念来指导"，这充其量只能是当代环境艺术在时代条件下的一项基本特征，这在本节"三、当代环境艺术的特征"中将有详尽阐述。而环境艺术设计可以是用环境生态学的理念来指导的艺术设计，但也可以是用许许多多别的理念来指导的艺术设计。"你们赞美大自然悦人心目的千变万化和无穷无尽的丰富宝藏，你们并不要求玫瑰花和紫罗兰散发同样的芳香，但你们为什么却要求世界上最丰富的东西——精神只能有一种存在形式呢？"这是马克思在一百多年前的话。

2. 狭义上的观点

如前所述，当前在国内公开出版的主要环境艺术设计教材和出版物中，在狭义上对于环境艺术设计的概念又做了如下的叙述，"在狭义的层面上，环境艺术设计面向于人工环境的主体——建筑。现阶段的环境艺术设计，通过建筑的内外空间，以景观设计与室内设计的专业定位来实现自身的价值"。

总体而言，由于内容上的空洞和形式上的无聊，上述所谓狭义上的观点还不足以称其为观点，那充其量不过是一种叙述而已。这一叙述首先将建筑作为环境艺术设计的对象或依附对象，然后将环境艺术设计的工作范围界定在景观设计与室内设计之内。这样的一种叙述所提供的信息其实仅仅是一种外在的硬性边界，而缺乏对于研究对象本身内在的认知。概念作为对于对象的认知应当从对象内在的本质着眼，而不是在其外围兜圈子。这与不能"以貌取人"是同样的道理。以下是提出质疑的具体内容。

（1）首先，由于这种叙述所提供的这样一个煞有介事的外在边界在时间的向度中显得十分临时和可疑，因而其本质是脆弱不堪的。由于不同时代的自然环境客体及社会环境中人的生活方式与包括精神状态在内的生存状态及其内在主观需求随着时间向度的线性行进都在发生变化；由于科技的不断发展；由于人们对待既定客体时主体意识上的更迭和转换。以上种种的原因都使环境艺术的内涵始

终呈现出扩展和变动。这在本节"一、扩展和变动中的概念"中有详尽论述。所以这样一个煞有介事的外在边界本质上十分脆弱且不堪一击。例如对于当代的网络数字信息技术发展催生的"非物质环境"及"非物质环境设计"而言，这种观点就显得毫无余地而束手无策了。

（2）"概念"实质上是洞穿事理与情理所获得的主体对于对象本身内在的认知，其表述须落脚在根基性和确定性并为大众所普遍知解的概念基础上。而上述狭义上对于环境艺术设计概念的表述以"景观设计""室内设计"这些本身就十分复杂多意而又充满变数的复合概念充斥其中，而且整个叙述之中除了再加上一个"面向于人工环境的主体——建筑"之外基本上已别无他物了。其实质是由于缺乏事理与情理性的深入分析而最终导致对于对象本身内在的认知显得空洞和苍白。

重要的不是充斥在眼前的那些空洞和苍白，重要的是到目前为止，对于环境艺术及环境艺术设计，我们还能够获得哪些最基本的认知？

（二）对环境艺术及环境艺术设计内涵的基本认知

"环境艺术"这个概念在当前还存在着一定的争议，但我们可以确认的基本认知是：环境艺术是主体（人）在时空之中依据事理与情理以艺术的方式解决时间、空间、客体、主体关系问题所营造的人工构筑（物）。（注：人工构筑物是仅针对物质环境而言，而人工构筑还包括诸如网络环境等非物质环境）

存在于时空之中的环境艺术是时空复合型关系中主观参与作用的客观结果之显现，环境艺术所承载的时间向度上的单向线性因素有：社会经济、历史、生活习俗、文化传统、宗教信仰等。环境艺术在空间向度的表征包括：其作为人工构筑物的类型、样式、风格及构造方式等。

基于以上对于环境艺术的理解，我们对于环境艺术设计可以获得以下基本的认知：环境艺术设计是依据事理与情理以艺术的方式营造人工构筑（物）并协调其所包含的时间、空间、客体、主体之间关系，及探究人工构筑（物）中这些关系的存在方式及其可能性的主体活动。

三、当代环境艺术的特征

事物有其在一定时间域相对稳定的本质，亦有

其为不同时代条件所决定的不同时代特征。环境艺术作为人工构筑，其本质上是时间、空间、客体、主体诸项关系依据一定的事理与情理的物化呈现，并且是以艺术的方式营造这种物化呈现及解决其内在的诸项关系问题。而时代条件下当代人类在时间、空间、客体、主体诸项关系中主要面临的实际矛盾和问题有：首先，在总体上，主体及其所关联的世界被其自身科技理性的单向度发展所异化而趋向于单面化；（图1-3）其次，这种单面化在主体一面表现为主体出现心理危机。（图1-4）再次，这种单面化还表现为主体内部的关系和秩序危机及主体与时空客体之间的关系和秩序危机；最后，这种单面化在时空客体一面表现为人类赖以生存的生态空间环境客体出现危机；（图1-5）实际上这些问题都是时间、空间、客体、主体诸项关系没有协调发展所导致的。

基于以上时代条件下当代人类在时间、空间、客体、主体关系中主要面临的实际问题，及相应的依据事理与情理性对于当代环境艺术的思考，获得以下对于当

图1-3
主体的单面化
电脑领袖　油画　刘小东

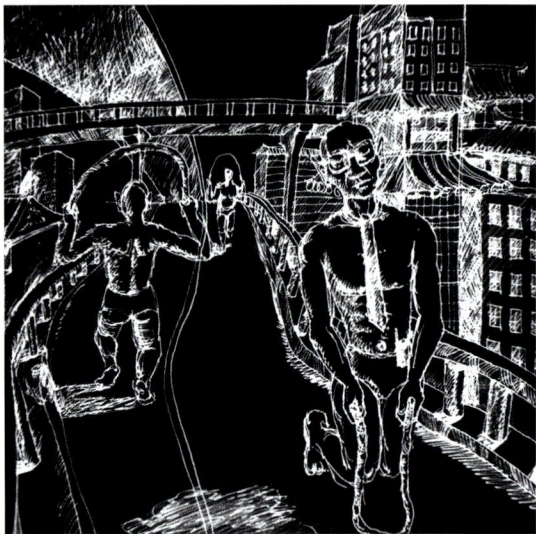

图1-4　主体的心理危机

图1-5　生态环境客体危机

代环境艺术特征的认知：首先，当代环境艺术注重以艺术的方式来帮助解决被科技理性异化的人类世界的单向度问题；其次，当代环境艺术注重发挥其社会心理协调功能应对主体出现的心理危机；再次，当代环境艺术注重发挥环境艺术的伦理功能来应对主体内部及主体与时空客体之间的关系和秩序危机；最后，当代环境艺术注重以环境观念帮助解决在人类生存时空环境客体世界里所面临的自然环境问题、社会环境问题、历史人文环境问题等一系列生存环境危机，从而在终极意义上协调时间、空间、客体、主体的关系。当代环境艺术的特征具体表现在以下方面。

（一）当代环境艺术注重以艺术的方式来解决问题

当代环境艺术作为主体依据事理与情理以艺术的方式协调时间、空间、客体、主体关系的人工构筑（物），就需要注重以艺术的方式来弥补停留在功能的物理—生理表面或形式美浅层的环境艺术的意义缺失，来完善环境艺术精神层次的主动社会性介入职能，从而在总体上，从人类的日常生存环境方面帮助解决被科技理性异化的人类世界的单向度问题。这是由主体的艺术方式与科技理性之间平衡互补的内在事理与情理所决定的。

1. 环境艺术在被科技理性异化的单向度人类世界中应运而生

长期以来人类信奉的科技理性在为人类带来生产发展物质享用的同时，也带来了人类生存环境的危机和

对于人类自身的异化：温室效应、资源枯竭、地域文化衰落、城市形象趋同、人际关系疏离冷漠、心理危机等等。这些都是科技的单极发展造成人类文明的失衡所致。人类的科技与人文、物质文明与精神文明必须均衡发展，长期过度地偏执于任何一面都会给世界和人类社会带来不良后果。当代科技的发展所带来的许多负面影响，包括人类自身生活方式的改变及其所依赖的物质生存环境的恶化、文化环境的退化，都是仅靠科技理性所难以解决的。这些问题必须仰仗文化艺术的灵光。所谓艺术的方式简要地说就是与人类理性相对的注重直觉感知的方式及与线性规律逻辑相对的发散性无规律逻辑。科技向人们提供认识自然规律的启示，而艺术的根本价值在于使生活饱满，从感性上体验自然和人生的韵味与诗意。当代"环境艺术"正应当是以艺术的方式从具体环境入手使被科技理性异化的单向度人类世界回复人性的生机与活力。当代环境艺术正是肩负着这样的使命从人类的智慧中应运而生的。

2. 被阉割的当代环境艺术——停留在功能的物理—生理表面或形式美浅层的环境艺术的意义缺失

我国的环境艺术专业大多都建立并存在于美术学院之中，对于环境艺术的艺术性问题，一直以来似乎是一个早已经被解决了的设计原则，似乎不仅不成问题，而且还具有天然的优势。而实际的状况是无论教学或研究乃至实践，环境艺术的艺术性呈现，要么仅仅是长期以来绘画式的效果图表现或雕塑壁画、装饰图案的拼装挪

用，要么只是粗浅地局限在诸如比例尺度、疏密节奏等这些艺术的形式美浅层。对于意义与内容的精神探究与考量也大都只是根据委托方的要求局限于形而上的笼统概念或形而下的具体形象，停留于文化意象的庸俗图解化或形象化。在这种思维定势和操作惯性支配下，环境艺术专业虽然大多跻身于美术学院，看似与艺术的关系很近，实则相去甚远。程式化的构图比例、形式法则不可能给我们带来多少更有价值的构思逻辑。腐朽掉的大多从业者自以为是的以及尚未来得及腐朽掉的大多学生盲目兴奋的"艺术"在观念上充其量不过是扩大了外延的"传统艺术"，其中那点可怜的玩意儿早在文艺复兴之前就已被玩得滚瓜烂熟。

而对于环境艺术的艺术性超越一般性的形式美法则从意义的层面实质性地介入社会和日常生活则被阉割了。从表面形式的杂乱无章直至深层次的意义缺失，都不同程度地反映在普遍缺乏价值观的现实生活当中。当下的许多所谓环境艺术实质上至多不过是些各自为政状态中具有孤立美感与风格的环境表面装饰美化而已，还有许多甚至降格为恶俗粉饰下政绩或商业的功利逐求及生理或心理的物欲满足。（图1-6）

这些徒具孤立美感与风格的环境艺术是种回避社会思考而导致意义缺失的"贫血环境艺术"，这种唯美形式的贫血环境艺术徒具其表的现代形式与现代艺术所表现出的强烈社会责任感和文化批评性的精神理念格格不入，当代中国社会需要的恰恰是这样一种具有包纳社会和文化的大艺术精神的环境艺术，而不仅仅是唯美形式的贫血环境艺术。

停留在功能的物质表面或形式美浅层的环境艺术教学研究与实践是极其被动腐朽的，其产生的价值充其量也只是物理功能、生理舒适度的提高。而人的物质生理需求是必须要有个限度的，它必须和人的精神世界一起提升，一味单极地向外逐物与寻求物质生理享受是不符合人性内在平衡的合理趋向的。当物化的经济技术指标已经被不断提高了之后，当被翻新了多次的豪华装饰装修再也遮掩不住人们日常生活和内心的粗劣和虚无时，环境艺术的艺术性重新考量就不再是一个现实之外的问题，何况教学与研究是必须走在社会实践产业发展之前的。

图1-6
具有孤立美感与风格的环境表面装饰美化

其实环境艺术正是在后工业社会物质繁荣基础上艺术介入社会、介入生活趋势下应运而生的，具有天然的社会性、精神性意义弥补功能，是应对科技对于人类生存环境、人类自身及其社会关系异化的利器。当代环境艺术的内涵所强调的以艺术的方式来解决问题，正是强调基于（社会）事理和（精神）情理考察基础上，以艺术的方式介入空间与社会环境，并且这种介入是超越一般性的形式美浅层的意义弥补，这是作为艺术的社会责任感和文化批评、观念拓展而存在的。这是顺应时代发展所需的。

（二）当代环境艺术的社会心理协调功能

主体及其所关联世界的单面化在主体一面表现为主体出现心理危机。这种主体心理危机包括个体和社会心理两个方面。而当代环境艺术对于主体的心理协调功能主要凸显在其社会心理一面。

1. 当代环境艺术社会心理协调功能研究及其主要内容和应对策略

当代环境艺术的社会心理协调功能本身是对既有环境心理学应用的扬弃，对它的研究是以社会环境尤其是承载着社会历史文化等民族、社会心理因素的人工构筑为研究对象，以环境艺术心理层面的主动社会性介入问题为核心，立足于对中国当代环境艺术面貌包括都市环境艺术和少数民族地区原生态建筑环境的实地考察及其社会心理解析，对环境艺术的实践现况及其社会角色和职责进行多方面的探讨和社会心理分析，着重对各种公共空间和场所中的一系列社会心理因素综合多学科进行社会历史文化脉络分析和人文尺度的价值评价，以求真务实的社会逻辑与人文尺度为准绳，以发展当代环境艺术的社会公益性为终极目标，面向当代提出相应的现实应对策略，以应对单面化的主体及其所关联世界中主体所出现的社会心理危机。

其涉及的主要内容基本包括：公共空间、场所精神、集体记忆；场所中形式的意义；环境艺术的社会角色与职责；环境艺术作为促成交流的媒介；当代都市环境艺术的面貌与社会心理解析；民族原生态建筑环境的社会心理考察与启示；当代环境艺术社会心理的社会历史文化脉络；当代环境艺术社会心理的人文尺度；当代环境艺术的社会心理策略等方面。

当代环境艺术的社会心理应对策略包括促进健康的环境策略、艺术介入生活的策略、都市公共空间促成交流的策略、共享社区及其交往诱导策略、信息社会环境艺术的社会心理策略等。

2. 当代环境艺术社会心理协调功能研究的必要性

环境科学的综合性探索使环境心理学逐步从生态环境圈步入社会行为思维环境圈，并愈加鲜明地渗透于艺术审美之中，成为一门广涉艺术——科学之间的边缘性学科。但是，既有的环境（建筑）心理学、环境艺术理论以及少量的两学科之间的跨学科研究中，以环境艺术为对象的社会心理（而非物理-生理功能）研究几乎是一片盲区，尚没有独立系统的出版物。这是既有的相关理论研究长期存在的以下缺陷所造成的：

（1）环境艺术的社会心理研究内容本属于环境心理学的研究范畴，但既有的环境心理学（包括建筑心理学）研究中却大多偏执于研究环境的物理-生理功能一端，环境艺术的社会心理研究长期裹足不前。因为环境心理学是研究环境与人的心理和行为之间关系的应用社会心理学领域，自然应当包含环境的社会（文化、历史等哲学社会科学）心理研究，应将其列为环境心理学的重要研究课题。但国内外环境心理学的研究中，由于偏向自然科学研究的机械唯物倾向和旧有习惯沿革，所指的环境从概念含义上虽然也包括社会（文化、历史）环境，但主要概念意旨和研究内容却是物理环境，如噪音、拥挤、空气质量、温度等。而针对社会环境的心理和行为研究却长期贫血，尤其是承载着社会历史文化等精神因素的环境艺术中人的心理和行为研究，由于种种原因长期裹足不前。当代环境艺术社会心理协调功能研究将弥补环境心理学研究中社会环境尤其是承载着社会历史文化等精神因素的环境艺术中人的心理和行为研究之不足。

（2）国内外环境心理学研究方法和理论架构的机械性倾向。在实证主义与行为主义的范型下，毫无质疑地使用既定的概念，并专注建构变数之间的一般关系与模型，而抽离了具体的社会与历史文化情境，以非社会和非历史非文化的方式呈现其概念和分析。而当代环境艺术社会心理协调功能研究将以环境艺术所处的具体社会与历史文化情境为研究依据，以艺术思维方式和社会的历史的文化的逻辑呈现其观念并展开分析论证。

（3）国内外环境心理学研究缺乏社会历史文化脉络分析。由于缺乏对空间与环境艺术之社会政治与历史文化艺术关系的思考，以及对其过程情境足够复杂的社会心理分析，因而既有的环境心理学研究对于环境艺术所依托之全局性历时性社会文化过程的理解过于简单幼稚，无法处理社会、政治、文化、历史、艺术与心理的问题，而有倾向于机械的功能论和唯心论的色彩（表现在环境艺术意象与认知，价值的形成等议题上），因而难以触及真实的社会历史文化现实。当代环境艺术社会心理协调功能研究将对环境艺术的社会与历史文化因素做全方位历时性社会过程的考察。

（4）国内外环境心理学研究价值评价系统的人文尺度缺位。由于环境心理学是从工程心理学或工效学发展而来的。工程心理学是研究人与工作、人与工具之间的关系，把这种关系推而广之，即成为人与环境之间的关系。因此既有的环境心理学研究的价值评价系统往往惯性地简单由工效学的使用功能认知或绩效价值来进行评价，甚至陷入被动片面的资本效用论或商业主义的单极消费价值观。而这些人文尺度缺位的取向和做法，在某种程度上，实际是替异化了的狭隘专业主义传统和习惯加上缓冲带，并未质疑基本的社会结构和社会价值趋向所存在的问题。当代环境艺术社会心理协调功能研究将以人文尺度来构建充满人文关怀符合当代和面向未来社会发展的价值评价系统。

（5）国内外环境心理学研究在设计应用上的缺失。既有的环境心理学研究忽视和回避空间的特定社会政治经济及历史文化性质，因而在政策规划上难以应用。甚至由于回避妥协而未能揭露和追问真正的社会逻辑，使得环境心理学的研究、计划、研习和设计应用，被操纵得像一种消极的表面作秀工具，来规避已经决定的政策的根本矛盾（亦即：学术被当成挡箭牌或化妆品，来合法化既定的政策失误）而专为作秀者一己之私牟利。安乐于功能的物理表面或形式的文化浅层之功利作秀的环境心理学设计应用是极其腐朽的，基于事理和情理考察基础上的当代环境艺术社会心理协调功能研究，需以求真务实的社会逻辑与人文关怀为准绳，以发展当代环境艺术的社会公益性为目标，面向当代的实际

问题提出相应的现实应对策略。

（三）环境艺术的伦理功能

由于主体及其所关联的世界被其自身科技理性的单向度发展所异化而趋向于单面化，并由于这种单面化使主体内部及主体与时空客体之间的关系和秩序陷入危机。当代环境艺术作为当代人类在时空客体中生命活动的场所应当发挥环境艺术的伦理功能并付诸于设计来改变人们的心理和行为，以介入社会和日常生活来应对这种主体内部及主体与时空客体之间关系和秩序的危机。

1. 生态伦理

传统伦理学的讨论对象是人，它被界定为"阐明人的关系，从而阐明作为人类共同体基础的秩序、道德的学问"。打破传统伦理学的固有定式，我们发现伦理就其实质而言是指我们根据一定的价值体系决策和行动的指导标准，传统伦理学将这种指导标准局限于主体内部。而人类当前所面临的日益严重的生态环境问题对人类生存构成的实质性威胁却来自于主体外部，这要求我们必须重新制定决策和行动的指导标准来协调已经出现问题的人与时空自然生态环境客体的关系，其实质是将传统伦理学的范畴从主体内部扩展至主体与时空客体之间。自然生态环境是时空客体与（人类）主体关系最为密切的一部分，自然生态环境与主体之间的关系和秩序是当前需要着重处理和协调的。

环境艺术设计首先应当建立在某种价值判断和意义判断的基础之上。基于价值和意义的基础，我们才能构建环境艺术设计的伦理体系。在当前的生态环境困境中，要促进人类新的发展所必须持有的基本价值和意义基础就是需要协调好主体与时空客体之间的关系和秩序，并努力使这种新的价值和意义基础转化为规范人类思想和行为的伦理道德标准和原则，通过构建一种新的生态伦理来重塑主体与时空客体的关系，目前着重的是其中自然生态环境与主体的关系。

生态伦理是法国著名医学家、哲学家、神学家、社会活动家、1952年世界诺贝尔和平奖得主施韦兹所提出的。作为对传统伦理学的补充和扩展，生态伦理的基本内容是主体放弃传统的人类中心主义，自觉提出环境保护的义务，从人类的根本利益和长远利益出发，为保留一个有利于人类生存和发展的生态环境而建立起来的道

德伦理，其中心内容是强调人际平等、代际平等、人与自然的和谐。生态伦理是关于主体与时空客体关系中人与自然关系的学问，倡导具有相同特征的非人类存在物也有资格获得道德代理人的道德关怀，自然生态环境中的一切存在物也必须拥有其自身的天赋权利。

于当前局限在功能的物质表面或形式的美学浅层的环境艺术教学研究与实践而言，环境艺术的职能中一直被忽略的，也就是环境艺术的伦理功能，是需要重新加以考量的。由于环境艺术是一个新兴的综合性学科，之前大部分的环境艺术理论研究与设计实践都偏重于功能的议题以及营造环境的视觉层面的形式美课题，而缺乏将环境作为伦理的物质载体来深入研究，对于环境艺术形式背后所承载的价值和意义，对于主体内部个体之间、个体与社会之间、主体与时空中生态环境客体之间关系和秩序的作用或功能尤其少有深入探讨。

应该说生态伦理是时代条件下所凸显出来的环境艺术伦理功能的一项重要内容。全面地看，环境艺术的伦理功能关注于主体内部个体之间、个体与社会之间、主体与时空客体之间的关系问题。自然生态环境只是相对于人类主体的客体的一个组成部分，随着人类对于（时空）客体那些未知的和尚未可言说部分的探索和发现，环境艺术的伦理功能亦将随之拓展。

2. 设计伦理

环境艺术作为主体（人）在时空之中依据事理与情理以艺术的方式解决时间、空间、客体、主体关系问题所营造的人工构筑（物），其自身也成为外在于主体（人）的（时空）客体的一个组成部分，那么就存在着人工构筑（物）与主体（人）的关系问题，这属于环境艺术伦理功能中的设计伦理，设计伦理本质上是考量人造物与人之间的关系问题。当下，人造物与人之间的关系问题主要体现在人造物对于人的影响，这种影响一方面表现为人造物对于人类社会公平与和谐的影响；另一方面表现为人造物对于人的"自由"的介入。而人对于人造物的影响的妥当性问题未来亦有可能因人类社会发展的情势变化尤其是人造物范畴的扩展而被重视。环境艺术伦理功能中的设计伦理就是要协调人工构筑（物）与主体（人）之间的这些关系问题。

（1）就人造物对于人类社会公平与和谐的影响而

言，在中西方都有过相关的状况和对这些状况的思考。欧洲近现代设计史上就发生过人造物的生产无视人性的状况，在《装饰与罪恶》一文中卢斯（A. LOOS，1870～1933）说："装饰严重地伤害人的健康，伤害国家预算，伤害文化进步，因而发生了罪行。""装饰的变换使劳动产品过早贬值。工人的时间和所用的材料是浪费掉了的资产。"装饰在卢斯眼中被认为是牵强的、扭曲的和病态的东西。这对于生产力还没有使社会富裕到一定程度的时代状况而言是正确而贴近人性的。虽然对于"装饰"的道德思考也会随着社会的发展而变化，但在社会大多数成员的最低成本存活都成问题的情况下，"装饰"的泛滥显然是超出当时社会生产力所允许的承受范围而严重影响人类社会的公平与和谐的。卢斯的批判其实在其基点上同古代中国战国时期的墨子是一样的。

古代中国墨子的思想与卢斯很相似。对于人造物对于人类社会公平与和谐的关系问题，墨子从工艺入手，提出了一系列改造标准来协调这些关系。他的"非乐""非美"思想是考虑当时在社会生产力尚不发达、人民生活困苦的情况下，必须强调先"质"后"文"，只有好用，才谈得上审美。墨子这种思想的价值和意义基础是："义"指导下"利"的平衡。墨子这种价值和意义基础上提出的指导工艺造物的标准和原则实质上就是一种设计伦理。而墨子身后的当代中国社会"利"的不平衡正是由于现实中价值和意义基础上"义"的缺失或虚假所造成的。客观地说价值和意义及其伦理都处于重构之中，而价值和意义及其伦理重构状态中的设计伦理自然是缺位或扭曲的，现代化需要有坚实的具有广泛认同感的价值和意义基础所生成的一般性伦理规范作为底线。而设计伦理是在这个底线之上自然生长出来的。

（2）就人造物对人的"自由"的介入而言，马克思认为首先劳动（即人造物的制造过程）对人有异化的作用；其次，同道家为避免"丧己于物"而主张"物物而不物于物"，即驾驭物而又不为物所支配的思想一致的是，马克思认为异化"不仅意味着他的劳动成为对象，成为外部的存在，而且意味着他的劳动作为一种异己的东西不依赖于他而在他之外存在，并成为同他对立的独立力量；意味着他给予对象的生命作为敌对的和异己的东西同他相对抗"。也就是说人造物的发展通过生产关系的转变又反过来影响到人工物品的制造者——人的自由发展的可能。马克思的"异化"理论深刻地揭示了人造物与人之间的关系问题，这促使我们从伦理学视野来重新审视设计及其结果——人造物，从而协调作为人造物的人工构筑（物）与主体（人）之间的关系问题。

3. 社会学式的巨大链条

最后，我们必须正视的一个问题是环境艺术的伦理功能不能脱离开社会学式的巨大链条而独立发生作用。这是因为没有纯粹的设计，设计最终要靠社会来实现其目的。如同设计产品是人的器官的延伸，我们可以将社会看做人的身体的延伸。因为人在使用设计的结果（人造物）时，所接触的不仅是一个物品，而是一个设计理念、营销计划（刺激消费的谋略）、商业利润、组织机构、售后服务等等，这是一个社会学式的巨大链条。设计的最终目的要通过这个社会学式的巨大链条来实现，数字化时代设计的综合性尤其是其与科技的结合使得它和传统的设计性质迥异，在设计思想通过这样一个巨大的综合性社会学式链条变现的过程中，设计的结果（人造物）可能在效用上是事与愿违的。在剩余价值的生产过程中，在时尚及社会惯性的压迫下，设计师的力量是有限的，因此经由设计的结果（人造物）而来的对人性及其自由的压迫，虽然不道德，但也不是设计能够完全承担的。

所以要实现环境艺术的伦理功能，仅仅构建诸如"生态伦理""设计伦理"这样一系列的伦理标准和原则及将这些伦理标准和原则指向环境艺术设计内部是不够的，必须研究环境艺术伦理功能经由上述巨大的综合性社会学式链条实施的过程和程序。当下环境艺术伦理功能的缺位或扭曲不是环境艺术设计师及其从业者的不作为，而是由这个社会学式的巨大链条的集体无力所致，我们甚至还可以上溯至由近代以来学科之间的分化所造成的障碍。这都是我们今后的着力点。

总之，环境艺术的伦理功能是一个现代化的中国社会真实而迫切需要的。环境艺术的角色和职能不能再简单初级地局限于人工构筑（物）表层的盲目装饰装修或美化，环境艺术作为主体（人）在时空之中依据事理与情理以艺术的方式解决时间、空间、客体、主体关系问

题所营造的人工构筑（物）。其伦理功能应当扩展开来去关注更广阔视野中主体内部个体之间、个体与社会之间、主体与时空客体之间的诸多的关系问题。

（四）当代环境艺术注重以环境观念解决人类面临的生存环境问题

由于人类赖以生存的生态空间环境客体出现了危机，那么当代环境艺术作为主体依据事理与情理以艺术的方式协调时间、空间、客体、主体关系的人工构筑（物），就需要当代人类（主体）研究在其生存时空环境客体世界里所面临的自然环境问题、社会环境问题、历史人文环境问题等一系列生存环境危机，并注重以环境观念帮助解决上述问题以应对所出现的危机，从而使时间、空间、客体、主体诸项关系得到协调发展。

1. 当代人类面临的生存环境问题

环境意味着人们周围的一切事物，包括物质和意识的内容，即与人类相关的物理功用等物质方面的问题以及文化心理等精神方面的问题。随着现代社会的发展，尤其是20世纪90年代以来全球自然环境日益遭到来自多方面的破坏，环境污染严重，致使生态环境出现危机。这迫使人们对自己的行为和生存作出选择，并促使设计界对环境进一步关注，设计从以往关注人与物的关系转向关注人与环境及环境自身的存在，从而出现了关注生态环境的设计思想和设计潮流。进行科学的、有目的的环境艺术设计成为人类拯救环境、与自然相存共处的一个十分重要的努力方向。环境艺术设计的一个重要现代品质就是对环境的密切关注，通过环境艺术设计，提高环境质量、创造理想的与自然共处互益的环境，已成为环境艺术设计的中心任务。现代"环境意识"的增强促进了"环境艺术设计"概念的确立和环境艺术设计专业的发展。当代"环境艺术"正是以环境问题为研究对象，当代人类随着社会经济科技文化的发展，面临的环境问题比人类历史上任何时候都要来得紧迫，所以称人类的生存环境问题为当代环境艺术的核心研究对象。

2. 自然环境问题、社会环境问题、历史人文环境问题

当代人类面临的生存环境问题可以归纳为自然环境问题、社会环境问题、历史人文环境问题三个主要的方

面。自然环境问题主要涉及人与自然关系的问题；社会环境问题主要涉及人与人的关系问题，人与人的关系又包括人与他人或群体、人与自身的关系。如果说社会环境问题侧重于考量"共时态"问题，历史人文环境问题则主要指向与当代相关的"历时态"问题，它涉及到人与其社会的文化背景、历史记忆、民族性格、风俗习惯等等。

自然环境问题方面，当代人类面临着诸如温室效应、臭氧空洞、酸雨、森林热带雨林肢解、野生动植物递减灭绝、不可再生的资源耗费破坏严重、海洋污染、荒漠化等紧迫的问题。

社会环境问题方面，当代人类面临着人口增长过快、贫富悬殊、地区发展不均衡、社会不公，以及城市化带来的交通运输、都市规划、人口居住、生活方式、社会混乱、社会关系隔膜冷淡、犯罪率剧增等一系列问题。

历史文化环境问题方面，生产与科技的发展给人们的价值观念、生活方式、文化习俗、物质生活环境等都带来了剧烈的震动和变化，这些剧烈的震动和变化造成人们的无归属感和孤独，每个人都变成了高傲的流浪者，而这都是由于生产与科技的发展所导致的历史文化环境的破碎和断裂所造成的。要弥补和代偿这一系列问题，需要恢复和保持环境的历史文化气息，延续环境的文脉和场所精神。

总体来看，近年来，经济的迅速发展，社会的物质财富日渐丰厚，城市和乡村都展开了大规模针对环境的建设或改造；人们在物质逐渐充足和富裕的条件下，对于自身的生存环境已从以前的"生存意识"进展到"环境意识"，对于环境已有更多的生活质量要求、艺术审美寄托以及文化精神期待。所以就时代条件下人类面临的问题来看，当代环境艺术必以环境问题为其核心研究对象。

3. 当代环境艺术须注重环境观念

（1）何为环境观念。诸多的环境问题必然要求我们在应对上述各种环境问题时注重环境观念。所谓环境观念说到根底上其实就是整体观念：通宇宙是一大生命体，众生之于宇宙如同树叶之于森林，而人却

常常忘却大体，执著于局部而不可自拔。这整体的环境观念即环境整体优先，一方面意指空间上的协调整体，局部与整体和谐而不是追求单体的奇异与眩目，着眼于整体的品质；另一方面，环境整体优先还意指时间上的连续，包括保护历史环境文化遗存，保持历史文脉，既注重当前的发展需要，又要考虑后代人的利益与发展需求等。而这整体环境观念的当代具体内容有：环境生态学的理念、环境诸要素和谐的艺术、保持历史文脉的连续性、环境艺术是多学科互补有机结合的系统关系等环境观念。

（2）环境生态学理念对于当代环境艺术的意义。就环境生态学的理念而言，面对当代严重的生态环境危机，当代环境艺术须以环境生态学的理念尤其是可持续发展观念为指导是确定不疑的时代大势。可持续发展是指"既满足当代人的要求，又不影响子孙后代他们自己需求能力的发展"；并且可持续性发展逐渐突破了自然环境的范围（即生态的可持续性，它是可持续性发展的最基本的内涵）扩展到经济、社会、文化领域的可持续性。环境退化会影响经济和社会发展，经济、环境与社会的发展是密不可分的，可持续发展是以保障环境可持续能力为基础的经济增长方式，而社会的发展和社会公平是可持续发展的根本保证。环境生态学理念于当代环境艺术而言，其终极意义也就在保护环境资源进而保持经济、社会、文化的可持续性以促进人类社会的公正和谐及可持续发展，这是环境生态学理念于当代环境艺术而言的第一层意义。

而具体的环境观念中，环境诸要素和谐的艺术、保持历史文脉的连续性、环境艺术是多学科互补有机结合的系统关系等都不难理解，需要强调的是它们的意义，也是在此要着重指出的环境生态学理念于当代环境艺术而言的第二层意义：即重视物质空间环境对人的心理行为、对人与人关系及社会状况的重要作用，以创造能够增进社会成员的身心健康、有利于文化生态的多元性及文化内涵的丰富性，以促进人的健康生活方式和品质，及增进人与人之间交流以利于社会和谐发展的物质空间环境。

第二节　少数民族环境艺术的概念辨析

一、"少数民族环境艺术"的概念

在获得对于当代环境艺术、环境艺术设计的基本认知基础上，我们来探讨"少数民族环境艺术"这个概念。

本书所谓"少数民族环境艺术"均指中国少数民族环境艺术。这里所说的"少数民族环境艺术"是指少数民族在其所处时空之中依据事理与情理以艺术的方式解决时间、空间、客体及自身关系问题所营造的人工构筑（物），由于这种人工构筑（物）承载着事理与情理支配下少数民族独特的生活方式、文化习俗、宗教信仰等时间向度上的单向线性因素，因而其类型、样式、风格及构造方式等这些空间向度的表征就具有了各少数民族自身的艺术特色。

"少数民族环境艺术"是一个新的称谓，或许有人会怀疑：少数民族有环境艺术吗？"少数民族环境艺术"这种提法有必要吗？有意义吗？合理吗？其实学术上任何一个新的概念或观点的提出都会伴随着种种的质疑，"理愈辩愈明"，也正是由于有了这种种的质疑，学术思考才得以不断地向前推进。上述的一系列质疑其实主要包含着以下两个方面的问题：其一是"少数民族环境艺术"的事实根据及其研究价值和意义的问题；其二是"少数民族环境艺术"这种提法的合理性根据及其分类方法的问题。

二、"少数民族环境艺术"的事实根据及其研究价值和意义

少数民族有环境艺术吗？"少数民族环境艺术"这种提法有必要吗？有意义吗？这样一个问题的实质是：一些少数民族村落民居宗教建筑环境等的建造水平发展程度等是否足以形成一个系统领域来作为学术研究的对象？即使暂且作为研究的对象，其研究的价值和意义又有多大？

这种质疑的前提是：学术作为文明演进的诠释，某一文明样态演进的规模及程度决定了其是否有资格被高贵的学术所诠释。因此少数民族建筑环境发展程度由于

不够规模、不够完善成熟从而不具备与现代的环境艺术概念相重合的条件，因而认为少数民族没有环境艺术，或者认为"少数民族环境艺术"这种提法牵强。

而实质上这种质疑的荒谬性是显而易见的：首先我们知道"差距"和"差异"是两回事，是不能相互覆盖或相互取代的。不同文明之间存在差距是客观实际，而更多展现的却是差异，并且这种差异往往被人们误读为差距。其实这种误判只是人类至今尚未克服的种种积习中的一种而已：由于人们已有的先入为主的固有观念，对于异类的事物习惯性地采取既有的判断标尺加以衡量，也就是习惯于在既有前提完好无损的情况下去考量这个既有前提之外的事物，这有些类似于用肉眼观察红外线或紫外线。我们不能因为肉眼看不见红外线或紫外线就否认其客观的存在。即使与西方现代文明相比，少数民族建筑环境发展的程度和规模都有巨大的差距，但"差距"是局限于同类项比较的结果，而"差异"却是放眼全局的判断，所以"差距"是相对的不是绝对的，是局部的不是全盘的。

差距的层面之下更加根本的是差异，少数民族建筑环境的一些独特形态及贯穿其中的独特观念和生活方式其实是发达的现代西方文明所没有的。中国有55个少数民族，各民族的文化都曾经得到不同程度的发展，并通过各民族文化之间的交流、融合与相互影响，共同创造了一个中华民族文化共同体。中国的建筑环境艺术，除了汉民族，还包括汉族之外各少数民族的建筑环境艺术。他们中有不少民族建筑环境艺术历史久远，形式特殊，风格迥异，文化意味隽永而深刻，是中国建筑环境艺术的重要构成，不可忽视。这些民族建筑环境艺术一般是在独异的自然条件、地理环境、经济生活与历史传统中发展的，所以往往反映出不同于汉族建筑环境艺术的某些观念、价值取向与审美情趣。在空间造型及形态上，也具有各自的文化符号表达。同时，在历史的文化陶冶中，一定程度上受到汉民族建筑环境艺术的濡染，却一般并未失去其本民族的殊异文化品格。并且，少数民族建筑环境艺术在内容体系及形式建构上一直得到汉

图1-7
西藏扎囊桑耶寺乌策大殿

民族建筑环境艺术的影响，从而推动与促进了其发展；而少数民族建筑环境艺术则以其特有的奇情异趣而成为富有地域色彩且不可替代的文化艺术存现。因而，中华民族建筑环境艺术才能得以雄踞于世界。各少数民族中，建筑艺术的民族和地域特点比较鲜明并取得较高成就的不在少数，如藏蒙地区的建筑环境艺术（图1-7，图1-8），新疆维吾尔族的建筑环境艺术，回族伊斯兰教的建筑环境艺术（图1-9，图1-10，图1-11），云南白族、纳西族和傣族的建筑环境艺术（图1-12），以及黔桂湘等省区的侗族建筑环境艺术等（图1-13）。

少数民族建筑环境多样性面貌的价值和生命力不仅不可否认，并且其异彩纷呈的多样性面貌的价值与当今提倡的文化艺术的民族性、地域性、多元化潮流是一致的。少数民族的建筑环境艺术的发展形成了一个有机的、完美的、极富生命力的存现系统，少数民族的建筑内外空间环境及景观的发展程度和水平形成了一个系统领域，足以成为富有巨大研究价值和研究意义的学术研究对象。

三、"少数民族环境艺术"的合理性根据及其分类方法

"少数民族环境艺术"这种提法合理吗？这个问题

的关键有两点：

其一，用"环境艺术"这样一个全新的当代概念去定义一个从传统中延续下来的对象，合理吗？

由于"环境艺术"本身是一个全新的基于现代思想观念、经济科技基础之上的当代概念，在国内从提出到现在至多也不过二十多年的时间，并且这个概念本身尚处于扩展和变动之中，将"环境艺术"这样一个全新的概念投射到一个主体为传统内容延续下来的对象上，是否合理呢？

实际上，任何传统内容的研究对象，随着人们认识的不断深化和观念的不断拓展，对其研究的视角和称谓都会不断更新。"环境艺术"虽然是一个基于现

图1-8 云南香格里拉松赞林寺

图1-9　新疆伊犁吐虎鲁克·铁木尔汗麻扎
图1-10　西宁东关大寺俯瞰（模型）
图1-11　西宁东关大寺入口（模型）

图1-12　云南傣族的佛塔
图1-13　贵州侗族建筑环境艺术

图1-9	图1-12
图1-10	
图1-11	图1-13

代思想观念、经济科技基础之上的全新概念，但其所指的对象无非是建筑的内外空间环境，并且十分明确的是这个所指的对象没有历史发展阶段上的限定。也就是说"环境艺术"并非特指当代的建筑内外空间环境，还指各历史发展阶段中的建筑内外空间环境，所以有《环境艺术史纲》、《环境艺术简史》这类的书籍出版。少数民族在长期的历史发展中形成的民居环境、宗教建筑及其他公共建筑环境毫无疑问亦为环境艺术的重要研究对象。同时值得一提的是，由于少数民族的民居环境、宗教建筑及其他公共建筑环境天然地与当地的气候、地质、植被等自然生态环境融为一体，因而，和现代的大工业生产条件下对人类的生存

19

环境造成极大破坏的现代建筑环境相比，少数民族的民居环境、宗教建筑及其他公共建筑环境与以环境生态学的理念为指导的当代环境艺术概念之间在事实上反而更容易构成交集，从而更为贴近和一致。

其二，中国有诸如佤族、高山族、土族、哈尼族等等55个少数民族，那么"少数民族环境艺术"的研究中也分为"佤族环境艺术""高山族环境艺术""土族环境艺术""哈尼族环境艺术"吗？在研究中的这种分类方法合理吗？

诚然，倘若按照上述的分类方法，就会有55种"少数民族环境艺术"，尤其是对于一些建筑环境发展程度不够完善成熟、不够规模的少数民族，就更显得牵强空洞。而即使是一些发展程度完善成熟、并形成一定规模体系的少数民族建筑环境，由于地域文化的作用，以及民族与民族之间建筑环境发展中长期的相互影响、相互渗透，从而形成了建筑环境中的相近、相似甚至一些主要方面的雷同。基于这种种的问题，"少数民族环境艺术"研究中按民族划分的这种分类方法，不仅会造成某些单项内容的空洞贫弱，而且还会在研究中造成大量的没有意义的重复，从而形成整个研究框架和体系不可救药的软肋。

所以在"少数民族环境艺术"的分类研究梳理中，采取按建筑环境的材料结构方式兼顾建筑环境的地域属性、宗教信仰属性来分类的方法更为科学。在这里采取的具体分类方法是：按照归纳概括的方式，在"少数民族民居环境艺术"的分类研究梳理中，以最能显示民居环境艺术实体外显特征，也是最能起到空间划分作用的主体围护构件的材料和结构特点为依据，其分为四部分：第一部分，木竹架构的少数民族民居环境艺术；第二部分，土石砌筑的少数民族民居环境艺术；第三部分，拆装移动的少数民族民居环境艺术；第四部分，庭院围合的少数民族民居环境艺术。而在每部分具体的分类研究梳理中则选取并细分有代表性的少数民族环境艺术个案深入考察分析。以

上的这种分类研究和梳理方法，力求宏观的理论归纳概括与微观的个案分析结合起来，力求理论分析的深度与信息的含量兼具。

四、"少数民族环境艺术"的全球视野

另外需要指出的是"少数民族环境艺术"研究中考察思索的立足点或曰视野的不同：过去大多只是在全国范围之内看待本国各民族的各种工艺美术或艺术设计乃至文化，而在一个不可逆转的现实的"全球化"时代，在一个由数字网络高科技所缔造的"地球村"，并且我们针对的是一个全新的基于现代思想观念、经济科技基础之上的当代"环境艺术"概念，我们考察思索时不可回避的背景或前提就是必须置身于世界的大视野，也就是全球视野之中对待问题。

"少数民族环境艺术"是一个涉及面广，联系多层面多样态的民族文化艺术传统，又置身全球化语境，立足中国当代社会文化的具体实践和诸多现实问题的课题。势必需要从多方面作学理层面上的探讨，并涉及社会、经济、文化转型与变化。因为环境艺术是一个当代人类在面临现实社会环境问题时提出的全新概念，承载着一种全新的人与环境关系的观念，而少数民族生存的物质文化环境积累承载着与各个民族独特的生活方式、文化习俗相关联的丰富信息，并且其中许多原生态的丰富信息与现代人类的环境观念暗合。"少数民族环境艺术"是一个有着丰富相关文化艺术资源积累而需要传承，又必须运用立足现实面向未来的眼光和观念进行思考的课题。"少数民族环境艺术"是一种文化的范畴，需具备文化应当必备的两个基本要素，一是继承传统，二是进行思考。做一个有文化的人，就是置身于人类精神传统之中进行思考。作为文化传承与发展的"少数民族环境艺术"研究说到根本上就是能够置身于民族精神传统之中进行思考，对此作出合乎人类文化变迁与艺术发展规律的探究与阐释。

第三节 全球化背景下少数民族环境艺术的含义

一、环境艺术民族性形成的内在原理

各民族在漫漫的历史长河里创造出灿烂辉煌的古代文明。作为人类生存繁衍过程中所依附的空间向度的物质环境，从最早的意义来说，其人工构筑只是供人们遮风避雨而已，再往后，人工构筑才演变成为一种具有形而上层面意义的艺术而形成环境艺术。这种演变的实质其实是空间向度的物质环境（包括人工环境与自然地理环境）与时间向度所复合而被填充，其人工构筑物的类型、样式、风格及构造方法等这些空间向度的表征与不同的空间中所独具的社会经济、历史、生活习俗、文化传统、宗教信仰等时间向度上的单向线性因素相作用，构成了一个复合型的密切关系结果。

由于不同民族、部落所处空间向度上自然地理环境等这些前提性条件的差异及时间向度上的诸多不同，这种复合型的关系作用的结果因而也就具有了确定而多元化的面貌，这就是民族性，这样就形成了各具民族性特征的环境艺术。现在我们很难寻觅到人类早期的"巢穴"，而由于少数民族环境艺术在空间向度的相对隔离和时间向度上单向线性因素的相对稳定与均质，我们却能在少数民族地区找到人类早期人工构筑的痕迹。（图1-14）诸如草房、竹楼等这些不同原始形态的少数民族环境艺术，作为在毫无人性的时间行进中得以幸存，并承载了历时态中人类参与时空复合作用所产生的诸多信息的空间向度的物质载体，无疑是我们今天研究民族文化的一个重要依据。保存至今的少数民族环境艺术是身处不同空间区域中的民族、部落在时空复合型关系中参与作用的结果，是民族文化最为直接的反映和真实的记录。

（一）空间向度的宿命式逻辑

促使环境艺术具有民族性在空间向度上的因素是不同民族、部落所处自然环境的差异，当然这其中也包含了地理与气候。少数民族环境艺术不仅与该民族人们所处自然环境的依从性、应对性很强，而且，这种由空间向度所确定的依从性、应对性的宿命式逻辑又从根本上决定着一个民族环境艺术观念延展与形态建构的特殊

性。即该民族在相对稳定的空间环境中，在较漫长的时空复合型关系内参与作用的过程中，虽然作为一个具有主观能动性的存在能够在一定限度上改造自然环境，却不得不在更全局、更根本的层面上依赖自然环境，并为了主观个体和种族的存续力求与自然环境息息相通。以更为长远的发展眼光来看，一个民族环境艺术所依赖的自然环境的空间限定将随其所掌握的科学技术的发展而得到不断扩展，但空间范围的扩展并不能取消上述空间向度所确定的民族环境艺术与自然环境之间的这种宿命式逻辑，这是因为任何时候一个民族环境艺术所依赖的自然环境的空间限定只是空间的主观占有的局限，而不是空间本身的客观存在，空间本身的客观存在是无限的，或者说就是一种向度。

（二）宿命式逻辑在时间向度上所产生的主观结果

普列汉诺夫说："任何一个民族的艺术都是由它的心理所决定的；它的心理是由他的境况所造成的。"对于主观个体和种族而言，这种人与自然环境的宿命式逻辑无可挽回地致使其在主观方面构建起了与地理气候等自然环境和谐相适的文化心理结构，以至于在该民族环境艺术传统里形成一套特殊的符码，这套特殊的符码被寄予种族的显性知识与隐性集体无意识而代代相因，被传承下来。一个民族环境艺术的观念与决定其形态建构的方法论就形成于其中。

1. 上述宿命式逻辑所决定的主观结果首先体现在少数民族环境艺术的观念内容上。少数民族环境艺术

图1-14 黎族草房

不拘一格而自由活泼，同自然环境融为一体，反映了一个特定民族、特定地域、特定时期所独特的崇尚实用性和功能性的生活理念；少数民族环境艺术与民间习俗相结合，成为各种民俗文化活动的空间和场所，本身也构成民俗环境的一部分；少数民族环境艺术是其独特文化的重要组成部分，少数民族环境艺术发展到今天远不仅仅是少数民族的栖居之所，它承载了更多的含义，它是时代的产物，也是一个民族、地区社会生产力、科技水平和社会制度、意识形态及文化艺术的综合反映，因此可以说少数民族环境艺术本质上是文化的容器。上述所有这些方面都反映着这个民族与地域性相关的审美观念、社会观念等具体的观念内容。这些由宿命式逻辑所决定的主观结果进一步细化到不同的民族对于环境艺术的建置选址、包括空间朝向在内的形态特征及环境布局、类型样式、结构材料、拆装架设、空间内部的布局与陈设等诸多方面。并且，总体上，由于上述人与自然环境的宿命式逻辑，少数民族环境艺术作为由主观个体组成的民族在时空复合型关系中参与作用的主观结果，而在文化根性上展现出一种人适应环境的生存方式。

2. 就少数民族环境艺术具体形态建构的方法论而言，我国古代各族人民在环境艺术的营造过程中积累了丰富的经验，这些由许多杰出的被人称之为能工巧匠的个体的无形营造实践经验与环境艺术有形成果成为一种被打上该民族独特文化心理结构烙印的物质和精神积累，而对我们现代环境艺术创作及其他相关学科富有启迪和价值。文化心理结构作为一个民族在上述宿命式逻辑中不断挣扎所获得的主观结果而蕴涵或记载在民族建筑环境艺术实物遗址、遗迹和营造著作等文献史料上。这种主观结果可以具体分类为营造思想和营造活动方式及营造制度，民族建筑环境艺术类型、形式及装饰，独特的木作、瓦作、土作营造技艺等诸多的方面。

二、环境艺术民族性的内涵

如前所述，"少数民族环境艺术"是指少数民族在时空之中依据事理与情理以艺术的方式解决时间、空间、客体及自身关系问题所营造的人工构筑（物），由于这种人工构筑（物）承载着事理与情理支配下少数民族独特的生活方式、文化习俗、宗教信仰等时间向度上的单向线性因素，因而其类型、样式、风格及构造方式等这些空间向度的表征就具有了各少数民族自身的艺术特色。

环境艺术的民族性，由于空间向度上的相对隔离和时间向度上单向线性因素的相对稳定与均质，少数民族环境艺术作为原始人类早期人工构筑的继承和发展，更加贴近该民族纯粹的早期人工构筑的传统形态，并且在这些形态中可以找到该民族生活的原点。在这个民族的经济地理、人文地理，以及因此而形成的情感方式、道德观念、生存状态、民族性格等等多种时间向度上因素长期作用下，这种贴近该民族纯粹早期人工构筑传统形态的少数民族环境艺术在空间向度上获得了相对稳定的基本形态。这种空间向度上的"基本形态"一经形成，便往往具有较强的自足性和鲜明的独特性，并在特定范围之内呈现出有效的延续性，虽然总体上以主观的封闭性为前提。

一个民族特有的民族性环境艺术思维观念乃至其环境艺术形态及形态建构的方法论总是以其极大的潜在惯性，携带着本民族在时空复合型关系中参与作用的历时态中所积累的一系列主观结果，呼应着空间向度上特定的自然环境，对一代代被人称之为能工巧匠的个体的环境艺术思维观念及建构的方法起着共塑的作用，因而在历时态的总体上呈现为相对的自足性与稳定性。这种由民族文化心理结构所支撑的自足性与稳定性愈强，其环境艺术思维观念及建构的方法的趋同性往往也愈强。由于空间向度上的相对隔离所促成的地理环境对于交流途径的阻隔和时间向度上单向线性因素的相对稳定与均质所导致的局限，在特定民族文化心理结构基础上生成的少数民族环境艺术思维观念乃至其环境艺术形态及形态建构的方法论上的稳定性与自足性，则要更为突出些。而且事实证明，越是环境闭锁的弱小民族，这种自足、自重及自我保护意识越强，越是看重自己的环境艺术思维观念及形态建构的方法论传统。

这是因为，环境艺术思维观念及形态建构的方法论传统作为一个民族的文化沉积层，是这个民族在时空复合型关系中主观参与作用，并在宿命式逻辑的支配下于时间向度的历时态中所积累的主观结果，这种主观结果是这个民族成熟与文明程度的重要表征。因而包括汉民族在内的任何一个民族在其自觉的成长与发展中，都十分重视本民族文化沉积层的形成积累与丰厚，以力图形成以稳态化的民族文化心理结构为支撑的独具特色的系统和稳定的人文机制，以及与之内在相依的群体性思维观念和方法论传统。而这种群体性思维观念和方法论传统的自足性在一个民族自觉的成长与发展过程中，作为一种正向发展的文化心理现象派生出来。这种群体性思维观念和方法论传统的自足性，在民族环境艺术个性风格及环境艺术传统的建设和传承中，无疑是具有一定的积极意义的。

环境艺术思维观念及其形态建构方法论传统的相对自足、自重，存在于民族的文化心理结构之中，这是由人在时空复合型关系中参与作用的主观地位或角色所注定的。而少数民族环境艺术由于空间向度上包括地理、气候在内的自然环境因素通过前述宿命式逻辑对于环境艺术思维观念及形态建构方法论的决定性作用而成为典型的地域文化形式，其封闭性、自足性以及自重性便更为突出，并同时精确而详尽地展现了少数民族人们的精神世界与生存状态等这些历时态所积累的一系列主观性存在结果。对于环境艺术的民族性不可以凭靠某种外力去强行改变之，也绝不可以脱开其自身所处的自然条件与人文背景作简单化的评判，环境艺术民族性的嬗变只有随着历史的变迁、时代的发展、经济的变革、文化的交流、直至这个民族生存条件与生活方式发生某种深刻的变化，而自然地出现某种新的变化。

在高楼鳞次栉比的今天，由于人类在技术上的成就，使人类逐渐克服了来自于空间与时间对于人类活动的限制，或者说人类在参与时空复合型关系作用中获得了更多的主观可能性，因而，来自于空间向度上自然地理环境前提性条件限制及时间向度上的诸多差异性被削弱，这就是全球化的内在脉络，而这一过程也伴随着未经审视的技术对于人性的冲突，诸如钢筋混凝土丛林中人们由于不能客观定向和主观确认而产生的焦虑与痛苦都是这种冲突的表象。而诸如回族的清真寺、蒙古族的蒙古包、苗族的吊脚楼、藏族的藤索桥、侗族的风雨楼等少数民族环境艺术由于其民族性所拥有的时空复合型关系作用的一系列结果的存在，而显现出其各自确定而多元化的

图1-15　便于人们客观定向和主观确认的侗寨

面貌，这一系列结果由其所在的空间向度上的表征（包括人工构筑物的类型、样式、风格及构造方法等）与其所在的时间向度上的诸多差异性（包括社会经济、历史、生活习俗、文化传统、宗教信仰等）相作用，而具有了不可复制的具有唯一性的独特面貌与实质，成为了人们客观定向和主观确认的依据（图1-15），因而环境艺术的民族性对于抵消单一面貌的建筑环境所带给人们的焦虑与痛苦具有显而易见的客观效果。

三、少数民族环境艺术优质与局限的二律背反

由于如上所述民族性所拥有的来自于空间向度上的自然的表征以及时间向度上所独具的人文的单向线性因素复合关系作用的一系列结果的存在，少数民族环境艺术的优质与局限同在，则成为必然的客观事实。就中国不同地域的少数民族环境艺术乃至整个艺术活动作历史性考察，其优质可归纳为以下这样几个方面：（1）最重要的，如前所述少数民族环境艺术具有不可复制的唯一性独特面貌与实质，可以成为了人们在建筑环境中客观定向和主观确认的依据，因而少数民族环境艺术对于抵消全球化背景下单一面貌的建筑环境所带来的种种弊端。（2）在少数民族环境艺术的外在形态及内在场所精神层面，更多地存留着民族环境艺术的原生态及其背后的本民族历史信息的本真。（3）它从一个侧面反映着对本民族环境艺术的自尊和自信，同时也内在地固化着本民族环境艺术的支撑系统——民族文化心理结构。（4）少数民族环境艺术的民族性在相当程度上规定着少数民族环境艺术的基本构架、发展趋势及其和谐态。（5）少数民族及其个体的生存状态、生活方式、心理

特质以及其所处地域的自然环境、人文景观、民俗风情等因素的特殊性为该民族环境艺术提供了独特的元素和生长点。（6）少数民族环境艺术可以开启和激活本民族以外更多人们对于环境艺术新的审美感受，从而拓宽环境艺术审美视野。

如同人的每一种美德总是与其某种缺点相关联，与以上优质同在，少数民族环境艺术的局限也是显而易见的，可以归纳为以下这样几个方面：（1）体现在环境艺术的意境追求上，由于过多地沉湎于对过往历史陈迹的怀恋，以致使少数民族环境艺术在很大程度上满足于某种民族的或地域性的规制习惯的层面，消解着在自觉状态中建树起的环境艺术的独立品格。这是因为如果一个少数民族环境艺术表现与生长仅仅满足于对以先民生存状态的信息传达为主要内容的陈陈相因的历史惯性，那么这种民族环境艺术必然是缺乏创造力的。（2）体现在环境艺术的设计实践中，更可见出诸如设计思路狭窄、设计手法单一、素材运用上的低端重复（拥有素材优势而缺乏新的开掘视野与力度）、老调填新词的民间游戏式的底层次运作，等等局限。（3）体现在环境艺术的创造心态上，便是封闭保守、盲目自大、怠惰停滞、固执排外等。（4）容易使本民族、本地区的受众在审美取向上形成因循而单一的惯性而流于被动因循的状态。

对以上少数民族环境艺术的优质与局限从民族文化的深层意义上进行总体的审视，我们会注意到少数民族环境艺术自身所存在的二律背反问题。首先是少数民族环境艺术素材或程式化形式手法的二律背反问题。少数民族环境艺术素材或程式化形式手法是在少数民族环境艺术设计营造中体现其独特民族性所凭借的资本和优势。许多少数民族环境艺术作品的生命力首先来自于其诸如形态特征及环境布局、类型样式、结构材料、拆装架设、空间内部的布局与陈设等诸多方面固有素材或程式化形式手法上的特色，这些固有特色带给人们独特的审美情趣与启迪。但是，如果把民族性、地域性固有素材或程式化形式手法本身的作用放大到一种不适当的程度而形成对环境艺术全局性的覆盖，就会形成少数民族环境艺术设计营造中某些固有素材或程式化形式手法的

低端衍化或重复，出现了某些环境艺术设计者以"吃现成民族饭"而自足的现象。势必会适得其反地更加固化少数民族环境艺术的"自足性"，并滋长和加深少数民族环境艺术设计营造中的惰性而最终导致由个体到群体环境艺术设计创造才能的退化。

其次是经典性少数民族环境艺术作品的二律背反问题。经典性少数民族环境艺术作品无论在环境艺术的建构方式及形式手法上，还是在审美内涵以及文化根基上，往往都具有其突出的典范性，它是一个民族社会发展到某种程度上群体的物质世界及精神世界的写照，是这个民族群体智慧的结晶。与此同时，经典性少数民族环境艺术作品也正因为上述的典范性而极易成为一种从环境艺术表现形式和手法到文化范式上均备受推崇的范本。其实质所呈现的是少数民族环境艺术较强的群体自足性，这种群体自足性愈强，其深层的人文机制及作为其支撑系统的民族文化心理结构也就愈加稳态或超稳态化，而少数民族环境艺术设计营造中的群体性思维观念和方法论传统的"临范"性便愈强，甚至逐渐进入集体无意识的层面而最终变得不能自拔。这说明一旦出现来自于自然生命内在调节更新机制的长期蒙蔽或缺位，少数民族环境艺术作品经典则有可能成为一种压抑主体创造精神和自我更新才能的沉重包袱。

尽管以民族文化心理结构为支撑系统的稳态化人文机制以及由此而派生出的少数民族环境艺术的自足性根系深，惯性大，但却并不是说其一成不变。因为从根本上说，民族性不过是活生生的在不同的历史时期拥有自己民族文化的人们的独特生活方式及精神状态，也就是说所谓民族性除了来自于自然地理气候等这些空间向度上的规定性之外，更多的是与时间向度上的社会经济、历史、生活习俗、文化传统、宗教信仰等诸多差异性相关联，而这种关联的发生是通过主观在时空复合型关系作用中的参与来实现的，主观的参与使来自于自然生命的内在调节更新机制发挥作用，产生效能，以使民族性终究呈现为流动的活态化，展现出其根本上的时间向度属性。所以，从来就没有根本上凝固不变而僵化刻板的民族性。

第四节　少数民族环境艺术概况

一、少数民族人口及分布

祖国神州大地上多民族的大家庭中共有56个民族，除汉族外，少数民族有55个。汉族占全国人口的90%以上，其他55个民族统称为少数民族。2000年第五次人口普查表明，少数民族人口为10449万人，占全国总人口的8.41%。1995年全国百分之一人口抽样调查表明，少数民族人口约10846万，占全国人口的8.98%。各少数民族的人口数量多少不等，相差悬殊。据2000年人口普查统计，在中国55个少数民族中，人口在1000万以上的有壮族（1500万）、满族（1068万）；人口在1000万以下、100万以上的有蒙古、回、藏、维吾尔、苗、彝、布依、朝鲜、侗、瑶、白、土家、哈尼、哈萨克、傣、黎16个民族；人口在百万以下，10万以上的有傈僳、佤、畲、拉祜、水、东乡、纳西、景颇、柯尔克孜、土、达斡尔、仫佬、羌、撒拉、毛南、仡佬、锡伯17个民族；人口在10万以下，1万以上的有布朗、阿昌、普米、塔吉克、怒、乌兹别克、俄罗斯、鄂温克、德昂、保安、裕固、京、基诺13个民族；人口在1万以下的有：高山、塔塔尔、独龙、鄂伦春、门巴、珞巴、赫哲7个民族。

各少数民族除了散布于全国的回族外，其分布区占全国面积一半以上，主要在西部和北部边疆省区（图1-16）。中国少数民族人口分布的特点有：

（一）分布地域辽阔。少数民族在全国县级行政区域都有居住，绝大多数县都有两个以上民族成分。

（二）分布极不平衡。西北、西南地区的少数民族人口分别占全国少数民族人口的30.1%和29.4%，而华东地区的少数民族人口只占全国少数民族人口的1.9%。少数民族人口主要分布在辽宁、吉林、内蒙古、新疆、宁夏、广西、西藏、云南、青海、四川、贵州、甘肃、湖南、湖北、河北、海南、重庆等省、自治区、直辖市。

（三）大杂居、小聚居。中国各民族经过几千年的不断相互交往，形成了各民族既杂居又聚居，互相交错的居住状况。有些少数民族既聚居在一个地区或几个地区，又散居在其他地区。内蒙古、新疆、西藏、广西、宁夏五个自治区和云南、贵州、青海等省是少数民族比较集中的地区。各民族的分布特点是大杂居、小聚居。以五个民族自治区为例，在新疆维吾尔自治区和西藏自治区，少数民族人口约占全区人口的50%以上，在宁夏回族自治区、内蒙古自治区、广西壮族自治区，少数民族人口约占全区人口的40%以上。

（四）民族地区人口密度较小。据1998年人口年报数，民族自治地方的人口为16616万人（其中少数民族人口为7577.5万人），占全国人口总数的13.7%，平均每平方公里只有27人，仅相当于全国平均密度126人的1/5。少数民族人口虽少，但分布地区却占全国总面积的60%以上。

二、少数民族环境艺术的多元化面貌

55个少数民族在漫漫的历史长河里创造出灿烂辉煌的文明。各少数民族先民生活起居、生产活动环境不仅满足了实用功能，同时也形成为环境艺术。

中国的少数民族环境艺术蔚为大观，类型众多，呈现出多元化的面貌。作为各少数民族生活起居生产活动环境所形成的独特环境艺术，其环境艺术的类型、样式、风格及构造方法等与自然地理条件、宗教信仰、社会政治、经济技术、生活习俗、历史文化传统与交流等

图1-16　景颇族的"长脊短檐"式民居（模型）

的关系极为密切。各民族交叉杂居的特点，反映在环境艺术方面由于地域、自然环境和文化传统等等的不同，我国各少数民族的环境艺术既各具特色、异彩纷呈，也互相渗透、互相吸收。各少数民族中，环境艺术的民族和地域特点比较鲜明并取得较高成就的不在少数，如藏蒙地区环境艺术，新疆维吾尔族环境艺术，回族伊斯兰教环境艺术，云南白族、纳西族和傣族环境艺术，以及黔桂湘等省区的侗族环境艺术等。其他民族的环境艺术，有的与汉族相近，有的则与相邻的民族相近。55个少数民族之间既互相融合又相对独立，因而各少数民族环境艺术土生土长，乡土气十足，不同的民族对于环境艺术的地理位置和形式、朝向、内部空间的布局等都不尽相同，反映了一个特定民族、特定地域、特定时期所独具的生活理念，这体现出了少数民族环境艺术的多样化：如回族的清真寺、蒙古族的蒙古包、苗族的吊脚楼、藏族的藤索桥、侗族的风雨楼，大都不拘一格，自由活泼，人工环境与自然环境融为一体，显现出迷人的民族特色。（图1-16至图1-18）

三、少数民族环境艺术的物质基础及社会文化背景

民族环境艺术与某一民族的社会结构、宗教信仰、生活方式及当地的自然环境等密切相关，它是一个民族物质生活水平和精神生活的集中体现。中国少数民族环境艺术的发展受到各种条件的阻碍限制及催逼促进，在这种环境氛围中发展起来的少数民族环境艺术在本质上就取决于一系列物质基础及社会文化背景所构成的制约因素。各少数民族环境艺术在风格特色、形式内容、呈现状态及文化内涵等方面存在较大差异并不是偶然的，这是因为他们各自所承受的制约因素不管在数量、种类上，还是在作用程度上都存在一定的差异，他们各自所具有的不同发展历史、文化背景、生活环境、价值取向、审美情趣及经济基础直接导致了中国各少数民族环境艺术的发展的非平衡性及非一致性，呈现出非常强烈的民族性、地域性差异和特色。

虽然各少数民族环境艺术在具体的发展过程中，各自经受着面貌程度各不相同的状况的作用和影响，但我们知道作为环境艺术的基本物质基础及社会文化背景条件等这些内部质的规定性方面，它们还是相同或相近的，存在着许多共同的制约因素。其中制约各少数民族环境艺术发展的重大因素，主要可归纳为自然地理环境、宗教信仰环境、社会政治环境、经济技术条件、文化传统与交流等五个方面。

四、少数民族环境艺术的基本特征

中国少数民族环境艺术，经过漫长的发展历程形成了自己独具特色的环境艺术体系。从其体系的内部构成看，中国少数民族环境艺术的一般特点及一般发展趋势，大致可以归纳为以下几个方面：

1. 少数民族环境艺术选址与结构布局

由于在我国历史上，少数民族地区长期处于战事纷扰、械斗不断状态，因此不管是南方少数民族还是北方少数民族，人们对于人工环境筑构的择基选址及其防攻

图1-17 维族院落式民居（模型）

图1-18 维族"阿以旺"民居（模型）

御战性能都尤为重视并予以特别的考虑。多山多岭地区的少数民族大多选择依山借势及居高临下处建房扎舍。比如北方的藏族就喜欢在山坡高地处建制碉房或寺庙，而南方的苗族、侗族等少数民族也更喜欢在高坡山地筑房建寨。在草原平川地区，少数民族基于无险可守、无势可依的实情，则选择水丰草美处建舍立屋，而将房屋的防御优势寄托在屋舍自身及其附带的设施上。由于受本族宗教观念及汉民族风水意识的影响，有不少民族在建房选址时常常要进行占卜问卦仪式。

少数民族环境艺术的布局和结构一般也比较灵活多样。除大多为规制不一的矩形平面布局外，更有平面圆形布局，如蒙区蒙古族的蒙古包环境艺术均为圆形平面布局。在建制结构上，除井干式及汉式平房院落结构外，还有许多少数民族都喜欢采用向空间上方发展的楼层式环境艺术，如南方少数民族的干栏式竹楼，土掌房以及北方藏族的碉房、维吾尔族的平顶土屋等都可视为楼层环境艺术。

2. 少数民族环境艺术用材与装饰

由于南北方少数民族所处生活地域的气候状况及资源情况区别较大，因而在环境艺术用材上存有不同的选择取向。南方因气候炎热，树木草植丰富，因而在建房时多以林木竹草为主要建材；而北方则因气候寒冷林木草被稀少，所以在建房上更多的是以砖石土木为主要环境艺术用材。由于取材不同，因此，南方少数民族的人工环境筑构大多墙顶轻薄、构制简练；相比之下，北方及西部少数民族的人工环境筑构大多墙厚顶实、构制繁重。（图1-19，图1-20）

在少数民族环境艺术中，民居环境艺术的装饰一般不如宗教环境艺术的装饰那样精巧细腻。在南方一些少数民族中，由于受旧有的英雄崇拜或图腾崇拜的影响，人们喜欢在屋舍内外施置各种饰物，尤其喜欢以兽类或一些崇拜物作为装饰物。例如南方纳西族一些民居的梁头画有麒麟、有的则画有狮子头，也有不少民居屋头上施有悬鱼饰物。南方还有一些少数民族喜欢在屋宇环境艺术中绘制山水风景及人物花草图案；也有一些少数民族常常在房头屋檐下悬挂动物野兽的头颅，以此来显示自己狩猎的勇气和实绩。在北方穆斯林民族中，一般不以人物动物为环境艺术装饰题材，而以花草树木、

几何图形及阿拉伯经文美术字为装饰题材，这种特殊的装饰选择和伊斯兰教不设崇拜偶像的宗教教义有关。（图1-21）

少数民族环境艺术发展进入到现代阶段后，其环境

图1-19　南方少数民族的人工环境筑构

图1-20　北方少数民族的人工环境筑构

图1-21　北方穆斯林民族环境艺术装饰

艺术选址、布局结构，环境艺术用材及环境艺术装饰等均出现了新的发展趋势。现今人们选址布局大多以实用方便为目的，选材及装饰也以迎合时代时尚为主。由于社会时局的祥和平安，人们无需考虑环境艺术的防攻御战功能，而更多地考虑环境艺术是否符合人们生活起居的实际需要。随着新技术新工艺及新材料向少数民族地区的传入，人们认识到了采用这些新东西的益处，于是水泥钢混结构以及现代室内室外装潢被广泛应用于少数民族环境艺术中。从总的方面看，似乎可以认为中国少数民族环境艺术的发展正呈现出一种缓慢地向中华民族环境艺术主体体系靠拢的趋势，但是其个性色彩不可能在短时间内失去存在，这一点在藏族及维吾尔族等民族的宗教环境艺术上表现得尤为突出。由于各少数民族对于现代文明的感知和接受程度不尽相同，因此各种风格特色的有机融合与自然归并将是一个漫长的历史过程。虽然我们偶尔也可以在一些少数民族地区看到一些颇具现代环境艺术特点的宗教或民居环境艺术，但它们还不足以代表民族环境艺术体系的全部，因此我们或许有理由相信，少数民族环境艺术必将继续以其特有的形式和内容在中华民族环境艺术中大放异彩。

五、少数民族环境艺术作为民族文化的载体

各少数民族环境艺术之规模、形体、工艺，艺术之嬗递演变乃其各民族特殊文化兴衰潮汐之折射。建筑活动与民族文化之动向实相牵连，互为因果者。各民族环境艺术产生于民众生活，本质上生成于各少数民族自身独特的生活方式之中，崇尚实用性和功能性，与民间习俗相结合，成为各种民俗文化活动的空间和场所，本身也构成民俗环境的一部分，承载着民族文化发展与交融的历史。

每个民族都有自己独特的文化，民族环境艺术就是其文化的重要组成部分，少数民族环境艺术发展到今天既为人类提供了栖居之所，亦承载了更多的文化含义，这种文化含义囊括了诸多方面：它是时代的产物，也是一个民族、一个地区的地域性、社会制度、科技水平、社会生产力和社会意识形态观念及文化艺术审美观念的综合反映。

少数民族环境艺术是人类在自然环境中的杰作，也是少数民族文化最为直接的反映，可以说，少数民族环境艺术本质上就是少数民族的"文化场所"。场所区别于环境的关键就在于场所更加强调文化和精神的含量，少数民族环境艺术天然地更加具有场所性。

在高楼鳞次栉比的当今社会很难寻觅到人类早期的建筑环境，而在少数民族地区，我们却能够找到它们的痕迹。现在的少数民族环境艺术继承和发展了各少数民族原始生存环境的诸多特征，人们可以从中看到许多纯粹的传统形态，在它的深处可以找到人类生活的原点。从这种意义上说，异彩纷呈的少数民族环境艺术是我们今天研究民族文化的重要依据。

六、少数民族环境艺术的价值衡量

我国古代各族人民在少数民族环境艺术营造过程中积累了丰富的经验，出现了许多杰出的能工巧匠，他们的营造实践经验与少数民族环境艺术成就一道为中国和全人类增添了物质和精神财富，保存至今的富有民族特色的少数民族环境艺术仍对我们当下和未来的环境艺术设计富有启迪，同时对其他相关学科也有研究价值。现存少数民族环境艺术实物和营造著作等文献史料体现了古代人们的营造活动和营造思想、充满智慧的少数民族环境艺术形式，朴素而深邃的生存环境哲理，臻于完备的营造制度，种类多样的装饰，独特的营造技艺，分布广泛的各种环境艺术形态都是中华民族悠久历史的见证和丰富多样文化的遗产，至今仍光彩夺目。

在信息化高速发展的今天，科学技术所创造的现代文明使我们的生活趋于一体化，文化艺术趋于单一化。通过阅读少数民族环境艺术这本活教科书，可以让我们重新认识我国各少数民族的环境艺术风采，体会少数民族环境艺术中蕴藏着的文化内涵。如今的少数民族环境艺术所体现的功能和价值不仅是少数民族的一种生存方式，更是一种文化的、经济的资源。也许，从这些多彩的少数民族环境艺术之中可以发展出更多富有时代感而同时富含民族文化艺术因子的环境艺术形式，来丰富我们所居住的这个贫乏的世界。

第二章 少数民族民居环境艺术概述

少数民族民居环境艺术空间上的差异性及其基本划分

少数民族民居环境艺术时间上的稳定性

少数民族民居环境艺术形式的同一性及其群体意识

少数民族民居环境艺术构筑的集体性

少数民族民居环境艺术作为一种适应环境的生存方式展现的文化根性

我国是一个统一的多民族国家，在祖国辽阔广袤的土地上，在漫长的历史发展进程中，勤劳勇敢的各族人民，在创造自己民族丰富多彩的物质文化的同时，也创造了自己民族璀璨夺目的精神文化。有着深厚的历史文化渊源并深深植根于各个民族文化沃土之中的中国少数民族民居环境艺术，体现了少数民族的率直品格、富含着深邃的哲理、散发着诱人魅力并充满了旺盛的生机。异彩纷呈的中国少数民族民居环境艺术是少数民族传统文化的重要组成部分，是各族人民传统思想的表达和聪明才智的结晶，是各族人民物质文化和精神文化的集中体现。

民居环境艺术是主体（人）在时空之中依据事理与情理以艺术的方式从生理和心理上满足人们的日常生活需要所营造的人工构筑（物）。《住屋形式与文化》一书是著名设计理论家拉普普多年来对原始及乡土风味的民居与聚落的研究与思考所得到的成果，他认为建筑环境有"归属于民俗传统和归属于壮丽设计传统"两种类型。其中，直接而不自觉地把地域环境内人们的需求和价值观，以及欲望、梦想和情感等所组成的文化转化为物质形式的建筑环境属于"民俗传统"的类型。而归属于"壮丽设计传统"建筑的建造目的则只是"向老百姓夸示威权，或向同行设计家或鉴赏家展示设计者的聪颖或主事者的艺术修养"。少数民族民居环境艺术就归属于"民俗传统"类型的建筑环境，少数民族民居环境艺术直接而不自觉地把地域文化转化为用物质来诠释意义的形式，这种意义包括地域环境内人们的世界观，它并非来自专业建筑师的绘图桌，而是根源于地域环境内人们的集体记忆。

第一节　少数民族民居环境艺术空间上的差异性及其基本划分

一、少数民族民居环境艺术空间上的差异性

少数民族民居环境艺术与各个民族社会发展和经济发展水平相适应，承载各民族思想观念、审美情趣、宗教信仰和生活习俗上的特定信息，因而少数民族民居环境艺术呈现出形式独特、异彩纷呈、姿态万千、风格迥异的面貌，而在根本上这都是由于少数民族民居环境艺术空间上的差异性所决定的。空间上的差异性也就是居住地域的不同使各少数民族形成了各自不同的风俗习惯、生活方式、文化特征，也就决定了各不相同的民居环境艺术的典型样式或类型。虽然大杂居、小聚居的人口分布特点使少数民族传统民居环境艺术呈现出一定的杂糅性，但少数民族民居环境艺术空间上的差异性使其明显地呈现出按地域分布的特点，并在不同的少数民族聚居区呈现出民居的不同典型样式。而我们的理论梳理和概括基本上是以民族主要聚居区民居的典型样式兼顾地域分布情况来进行的。那么具体怎样对不同地域的少数民族民居的不同典型样式来作出基本划分呢？也就是说这种划分基本依据是什么呢？

二、划分的依据

本书对少数民族民居环境艺术的基本划分是以其主体围护构件的材料和结构特点为依据的。这是因为，一般来说传统的民居环境艺术，多由承重构件、围护构件、遮盖构件、辅助构件等构成。而其中主体围护构件是四类构件当中最能起到空间划分作用的，是民居实体的最外显部分，也是最能显示民居环境艺术实体外部特征的部分。就中国少数民族传统民居来说，构成主体围护构件的材料有竹木、毡毯、生土、岩石等等，十分丰富。少数民族民居环境艺术在运用木构架很好地解决了承重问题的基础上，大都充分利用当地丰富的资源因地制宜来作为民居环境艺术的建构材料，这样能够降低成本、节省人力财力，更有价值和意义的是这种做法适应当地的地理环境和气候条件。

三、划分的类型

基于以上的事理，以主体围护构件的材料和结构特点为依据，我们将少数民族传统民居环境艺术基本划分为四种类型：木竹架构的少数民族民居环境艺术、土石砌筑的少数民族民居环境艺术、拆装移动的少数民族民居环境艺术、庭院围合的少数民族民居环境艺术。

木竹架构的少数民族民居环境艺术是我国南方许多少数民族中典型的传统民居，历史悠久。其主体围护构件的材料以竹木为主。木竹架构的少数民族民居环境艺术又包括干栏式少数民族民居环境艺术和井干式少数民族民居环境艺术。干栏式少数民族民居环境艺术灵活多变的构筑形式多建于山区，可以不占或少占耕地从而争取更多的生存空间，利用山区的自然地貌，形成了具有浓郁民族特点的家园。"风土下湿上热"的南方，"多瘴疬，山有毒草、沙虱、蝮蛇"，因此，竹木结构的干栏式民居至今仍是以农耕为主要生计方式的众多南方少数民族的主要民居形式。湘、鄂、桂、粤、闽、浙、滇、黔、川等长江流域及其以南地区，以及海南岛和台湾的少数民族民居中大量保存着这种民居形制。不同地区、不同民族的干栏式民居环境艺术有其共同的特征又呈现出各具特色的形态。本书中干栏式少数民族民居环境艺术主要包括侗族民居环境艺术、壮族民居环境艺术、傣族民居环境艺术、景颇族民居环境艺术、苗族、土家族民居环境艺术等。（图2-1）井干式少数民族民居环境艺术在我国有很悠久的历史。由于井干式结构需用大量木材，在绝对尺度和开设门窗上也都受很大限制，因此随着森林面积的缩减其通用程度就明显不如抬梁式构架和穿斗式构架。目前中国这种结构的房屋大多分布在新疆、东北、西南等气候比较寒冷、森林资源比较丰富而构筑技术不甚发达的一些地区。滇西北横断山脉高山峡谷的纳西族、普米族、彝族、独龙族、怒族、傈僳族及喜玛拉雅山南麓的珞巴族及门巴族部分传统民居，就属于井干式民居。（图2-2）本书中井干式少数民族民居环境艺术以独龙族民居环境艺术作为实例进行了分析梳理。

土石砌筑的少数民族民居环境艺术是居住在云贵川等省境内的彝、藏、羌、哈尼、布依等少数民族依据半山区或山区的自然地理条件就地取材建造的经济适用、造价低廉的传统民居。其主体围护构件的材料以生土、岩石为主。彝族、哈尼族等少数民族的土掌房就是以生土为主体围护构件材料的，土掌房为土墙土顶，利用当地的黏性沙土修建的平顶土房，屋顶兼作晾晒场所，外观敦厚朴实，易于修建。而在"地无三里平"的贵州，到处是崎岖不平的山地，山多石头多，属于农耕经济文化类型的部分布依族人民由于所处地区"产石丰富，厚薄俱全。薄者为瓦，厚者代砖"，因而就地开发岩石为主体围护构件材料，修建了风格独特的石砌民居。四川岷江上游的羌族地区，也是"片石俯拾皆是"，因此，这一地区的羌族群众，也多"依山居止，累石为室"。本书中土石砌筑的少数民族民居环境艺术主要包括彝族、哈尼族民居环境艺术，维吾尔族"阿以旺"民居环境艺术，藏族、羌族碉楼民居环境艺术，布依族石板房民居环境艺术等。（图2-3）

拆装移动的少数民族民居环境艺术是我国游牧民族为适应游牧生活和北方寒冷的气候，便于拆装组合的

图2-1　干栏式少数民族民居环境艺术

图2-2
井干式少数民族
民居环境艺术

图2-3
土石砌筑的少数民族
民居环境艺术

图2-4 拆装移动的少数民族民居环境艺术（模型）

图2-5 庭院围合的少数民族民居环境艺术（模型）

移动式民居。其主体围护构件的材料以毡毯为主。在戈壁草原、江源草地及天山草场上多以畜牧为生计方式，在经济文化类型里属畜牧经济文化类型的部分蒙古族、藏族、裕固族、哈萨克族、柯尔克孜族，为适应逐水草而居的游牧生活，牧民们所居住的，是便于拆装、便于移动的穹庐毡帐移动式民居。另外，分布在我国东北黑龙江流域大、小兴安岭地区的鄂伦春族、鄂温克族以及居住在黑龙江、松花江、乌苏里江三江流域的赫哲族，基本上都是以狩猎采集为主要生计方式，为适应这种追逐猎物不断迁徙的生计方式，他们的住所也属于移动式民居。本书所收录的移动式民居主要包括蒙古包民居环境艺术；藏族及裕固族毡帐民居环境艺术；（图2-4）哈萨克族、柯尔克孜族毡房民居环境艺术；鄂伦春族的"斜仁柱"、鄂温克族的"萨喜格柱"及赫哲族的"撮罗子"民居环境艺术等。

庭院围合的少数民族民居环境艺术由住宅和院落两大部分组成，功能齐全，较好地适应了生产和生活的需要。其主体围护构件的材料也是以生土、岩石为主，之

所以没有将其归入土石砌筑的少数民族民居环境艺术，是因为这些院落式民居具有其不同于一般的土石砌筑民居的特点，并且，我国北方和南方少数民族中院落式民居还各具特色，无论在平面布局、空间组合或建筑装饰手法上，反映了较高的建筑艺术水平。庭院围合的少数民族民居环境艺术主要包括维吾尔族民居环境艺术，满族民居环境艺术，达斡尔族民居环境艺术，白族民居环境艺术，纳西族民居环境艺术，藏、回、土、撒拉等民族民居环境艺术，藏族院落式民居环境艺术，彝族"一颗印"民居环境艺术等。（图2-5）

在少数民族民居的理论梳理和概括中，我们对少数民族主要聚居区民居的不同典型样式兼顾地域分布情况来进行基本划分，有利于我们把握不同地域、不同少数民族传统民居由于空间上（地理上）的差异性所产生的形式、结构、风格上的差异性，这种差异性可以说是各个民族对生活的不同看法和对真理的不同认识的一种外在表现，也是中国少数民族传统民居文化特征的一种外显。

第二节 少数民族民居环境艺术时间上的稳定性

所谓少数民族民居环境艺术时间上的稳定性，确切地说是少数民族民居环境艺术在过去相当长的时间域中空间向度上表征的相对稳定性。而从根本上看，这是人类在过去数千年的发展中对自身空间向度限定克服过程的缓慢和迟滞所致。由于国家、民族、地域间空间向度上稳定而长期的限定，不同文化之间难以获得时间向度上的相对共时性，也就很难能够获得多少接触、交流、互动、杂交、吸收、融合或碰撞、借鉴的机会。人类在过去数千年中对自身空间向度限定克服过程的缓慢和迟滞，进而使人类在过去相当长的时间域中对于时间向度上的自由度几乎无从谈起，从而使主观参与时空复合作用的机会、方式和效用都受到了局限，而作为时空复合型关系中主观参与作用的客观结果之显现的少数民族民

居环境艺术也就不可避免地受到了局限，从而使其在过去相当长的时间域中空间向度上的表征呈现出时间上的稳定性。

少数民族民居环境艺术在过去相当长的时间域中空间向度上表征的相对稳定性是客观存在的。通过考证我们发现，与千百年前人们记述的基本一致，现今哈萨克族及蒙古族牧民始终按照传统指向、采用传统材料、遵循传统方式建造和居住在其各自历史延续下来的变化缓慢、形式持久的民居里，他们所居住民居的形状、材料、结构基本上都没有发生什么变化。公元前105年，汉武帝选江都王刘建之女细君为公主与乌孙国和亲，年少远嫁他乡的公主胸中忧郁，作歌一首："穹庐为室兮旃为墙，以肉为食兮酪为浆。"这就是两千多年前乌孙

人吃住等生活习俗的真实写照。而千百年来，这样的吃住习俗在经过融合发展的乌孙人后裔哈萨克族牧民的现实生活中一直保存至今。而公元1232年，奉命出使蒙古汗国的南宋官员彭大雅在《黑鞑事略》里对当时蒙古族牧民的住居情况做了这样的记述，"其居穹庐，无城壁栋宇，迁就水草无常"。同时期意大利教士柏朗嘉宾在出使蒙古国时对蒙古族牧民的居住环境作了更为详细的记录："他们的住宅为圆形，利用木桩和木杆而支成帐篷形。这些幕帐在顶部的中央开一个圆洞，光线可以通过此口而射入，同时也可使烟雾从中冒出去，因为他们始终是在帐幕中央生火的。四壁与幕顶均以毡毯覆盖，门同样也是以毡毯做成的。"

而南方以农耕为生计方式的少数民族，其传统民居和北方游牧民族一样，在过去相当长的时间域中空间向度上表征的相对稳定性在时间上也呈现出持续的稳定性。汉文古籍《旧唐书·南平僚传》、《魏书·僚传》、周去非撰《岭外代答》等就有关于干栏架构的民居的记载："土气多瘴疬，山有毒草及沙虱、蝮蛇。"而"民编竹苫茅为两重，上以自处，下居鸡豚，谓之麻栏"。这就是现在人们常说的干栏架构的民居建筑，其主要特征至今仍保存于许多少数民族民居建筑之中，

千百年来直至现今这种民居形式仍是侗、傣、壮、景颇、佤、傈僳等众多南方少数民族在其聚落里所建造民居的主要形式。（图2-6）

由于少数民族乃至整个人类在过去相当长的时间域中对自身空间向度限定克服过程的缓慢和迟滞，以及由此而来的在时间向度上所获得的自由度的相对微弱，以及主观参与时空复合作用的机会、方式和效用所受到的局限，从而致使少数民族民居环境艺术所承载的时间向度上的单向线性因素呈现出相对的稳定性，它们包括少数民族的经济地理、人文地理，以及因此而形成的生活习俗、文化传统、宗教信仰、情感方式、道德观念、生存状态、民族性格等的相对稳定性和常态性。少数民族民居环境艺术所承载的时间向度上的单向线性因素凝结为聚落内的群体认同感和群体意识，而其所呈现出的相对稳定性更使这种群体认同感和群体意识得到强化，这也就决定了在过去相当长的时间域中，各个地区不同少数民族民居环境艺术在空间向度上表征的相对稳定性，它们包括：其作为人工构筑物的类型、样式、风格及构造方式等等。这都有力地保证了聚落内部传统民居形式同一性的长久存在及其形式变化的微乎其微。

图2-6
南方少数民族干栏架构的民居

第三节　少数民族民居环境艺术形式的同一性及其群体意识

虽然如前所述，少数民族民居环境艺术呈现出形式独特、异彩纷呈、姿态万千、风格迥异的面貌，显示出十分明显的空间差异性。然而，我们注意到，在同一地域环境中同一少数民族聚落内部，几乎所有的民居，都是按照一个既定的"模式"来建造的。也就是说同一地域环境中同一民族聚落内部的少数民族传统民居环境艺术形式具有令人难以置信的同一性。这些按照既定"模式"建造的少数民族民居环境艺术，不能说不自具其形式美。但是，在这里我们所探讨的并非这种形式本身是否美的问题，而是说这种形式本身并不专属于某一座民居，而是传统的、普遍采用的和世代相传的，也就是这种形式同一性的问题。

一、少数民族民居环境艺术形式同一性的原因

那么为什么同一地域环境中同一少数民族聚落内部的少数民族民居环境艺术会出现这种明显的形式同一性呢？当然，若仅从决定形式的物质技术层面看问题，显然决定少数民族民居环境艺术形式的是其结构材料，而决定其结构材料的又无非是地域内的地理环境、气候条件所提供的建材资源及其可能的构筑技术。

但上述这种物质技术决定论并不完全，因为即使在同一地理环境、气候条件下，不同的少数民族其民居环境艺术形式还会出现很大的差异。例如云南的彝族土掌房与傣族的竹楼就处于同一地理环境、气候条件下，但其民居环境艺术形式却有天壤之别。这是因为决定民居环境艺术形式的还有其他更为复杂的因素。少数民族民居环境艺术形式的同一性既不是少数民族有意识的美学抗争，也不是少数民族对某种样式所特有的兴趣，而是一种自然的群体意识的显现。少数民族民居环境艺术作为时空复合型关系中主观参与作用的结果，承载着由各个民族内部经济状况、生计方式所决定的这个少数民族独特的社会形态、婚姻形式、家庭结构、生活方式、宗教信仰、观念意识、审美情趣、文化习俗等这些时间向度上所积累的单向线性因素。瑞士心理学家荣格认为人的精神分为三个层面：意识、个人无意识和集体无意

识。而上述这些时间向度上所积累的单向线性因素或为显性或为隐性，显性因素属于荣格所谓的意识层面，隐性因素属于荣格所谓的集体无意识层面，它们共同构成这个民族的群体意识。

也就是说，除了物质技术层面的原因，少数民族民居环境艺术形式的同一性还由存在于少数民族之中的群体意识所决定。这种群体意识包含着荣格所说的意识层面以及集体无意识层面。当地少数民族人们共同的宇宙观、宗教观、道德观、价值观、审美观等因素基本属于荣格所说的意识层面，它们显性地支配着少数民族民居环境艺术形式趋向于同一。但同无意识相比，荣格认为以往对意识强调得太多，他认为精神的意识方面犹如一个岛的可见部分，而无意识则是那神秘的隐藏于水面之下的巨大底层。

二、"集体无意识"对于民居环境的正向作用

荣格认为"个人无意识下面是第三层，集体无意识。这个层次是不自觉的，它包含着连远祖在内的过去所有各个世代累积起来的那些经验的影响"。集体无意识是从人的祖先的种族历史遗传下来的潜在的记忆痕，它是许多世代的反复的经验结果，荣格认为这些经验往往是同像生与死这样至关重要的人类体验相关，并且这种记忆痕使个体按照他的本族祖先当时面临的类似情境所表现的方法去获得心理体验与行动。在共同的集体无意识支配下经过长期的筛选调整而形成的少数民族民居环境艺术形式，自然而不经意地向人们展现着由其共同祖先的种族历史遗传下来的潜在的记忆痕所凝结出的理想居住环境意向，而被这个民族人们当然地接受且历久不变。这种居住环境意向作为一个民族或种族许多世代反复的经验结果，已经成为了一种经过这个民族人人的认可而成立，而被尊重、遵守，而有法律般力量的模式。可以说，包括意识层面以及集体无意识层面在内的群体意识使少数民族民居环境艺术任何新的建构都不违背反映在民居形式里的价值系统，而始终在一个既定的"模式"下运作，虽然这个"模式"的形成还必然地

图2-7
宣扬儒家伦理纲常
的祠堂

要经历一个曲折、漫长的发展、变化、吸收、改进、筛选、调整并逐渐趋于规范化的过程，但最终这都不可避免地使少数民族民居环境艺术形式趋向于同一。这是正向的作用。

三、民居环境对于"集体无意识"的反向作用

而相反地，少数民族传统民居环境艺术实际上也促成了"集体无意识"的形成和延续。少数民族人群或种族所生活的共同环境，尤其是传统民居环境，是荣格所指的"集体无意识"形成和延续的物质载体。促成"集体无意识"形成和延续的少数民族传统民居环境艺术是一种具有社会文化场所性的环境，它包括一切民居的室内、室外的人造环境和自然环境。这种环境的根本特征是舒尔茨所谓的场所精神，它造就并延续着存在于人的精神层面最深处的"集体无意识"。以一个既定的"模式"不断建造的少数民族传统民居环境，不仅以传统材料构筑、按传统方式营造，还在无形中规定着生活在其中的少数民族一代又一代新的生命个体按照其祖辈陈陈相因下来的传统习俗生活、居住，甚至按照其传统观念思考和行动。"皮之不存，毛将焉附"。我们很难想象一个传统民居建筑都被毁弃的社会还会有多少传统文化

和思想观念会得到传承。而只要我们置身于一个民族的传统民居建筑之中，我们都会感受到这个民族独特的精神信息。这种精神信息其实就是蕴涵在这个民族的传统民居建筑之中的"集体无意识"，它通过舒尔茨所谓的场所精神让我们感同身受。荣格强调在无意识中潜伏着强大的力量，这些力量对精神发展起着巨大的作用。这种巨大的作用将使今天的人们无法摆脱从他们的祖先那里遗传下来的记忆痕的魔力，这种魔力决定了一定场所中人的心理状态与精神状态。生活在少数民族传统民居环境中的少数民族新的生命个体的思维方式与行为模式都被从这些传统民居环境中渗透出来的"集体无意识"所影响、制约和规范，以使其所有的意识活动和肢体活动都不超出传统的框架。

拿那种以"间"为单位，按序列排列在中轴线上，构成一庞大集群的汉族传统建筑布局来说，就和封建宗法观念直接相关。皇家建筑等级森严的层层大门、步步台阶、高围墙、大轴线自不待说，就连传统的民居，也要以家长居住的正屋为中心，儿孙小辈居住的偏屋、厢房按辈分向两旁呈轴对称地铺开。儿孙愈多、院落愈大。群体中的任何一"间"独立出来都不成体统。这样的建筑布局象征着家长的权威，象征着宗族的繁衍和兴

旺，象征着个人无法脱离宗族而独立存在。还有那家庙，即《朱子家礼》里所说的"祠堂"，由于是至高无上的族权的象征，其建筑往往是同姓村落小镇上最显眼的。祠堂在我国南方如江苏、安徽、福建、江西等地比较多见。其建筑的色调风格总是趋于冷峻，好比族长或者一族之祖先的那张冷冰冰的脸。你很难看到色彩欢快的、造型通透的轻盈的形式，严肃是祠堂一贯的基本品性。祠堂所宣扬的是儒家极为重视的伦理纲常，离不开忠孝节义的主题。（图2-7）如果族中有人触犯天条，比如说族中女子私奔之类，祠堂可以成为惩罚的场所，"沉塘"之类的悲剧可以残酷地发生在祠堂边。这一切造就一种被动拒变、单一趋同、中庸封闭、敌视个人异质的社会心理。所以包括自然环境和一切室内、室外的人造环境组成的以舒尔茨所谓的场所精神为根本特征的具有社会文化场所性的环境帮助形成和延续着这种"集体无意识"。

可见，如同汉族传统建筑布局帮助形成和延续着其与封建宗法观念相关的种种"集体无意识"一样，少数民族传统民居环境艺术实际上对于少数民族的"集体无意识"也起到了促成和延续的作用。而这又将进一步促使少数民族传统民居环境艺术形式在规范化的过程中更加趋向于的同一化。

四、"集体无意识"的层次性与民居丰富外显形态的演化

（一）集体无意识的层次性

我们在社会交往中会发现，来自不同国家、地区甚至在像中国这样幅员广阔的国家来自于不同省份的人们，在交往之中有某些潜在的东西阻碍了人们充分的交流，在人们之间似乎存在着一种无法逾越的障碍。这是由于来自不同国家、地域和省份的人们之间缺乏某些充分共享的集体记忆包括集体无意识。当在交流的过程中面对某些问题的时候，由于双方缺乏某些共同的记忆和无意识体验，而丧失了对于双方理智或感情间隙的弥合基础，人们就被排除在各自的集体记忆和集体无意识之外。

集体无意识不是一个既定的概念，而是一个社会建构的概念。由于集体无意识属于一种潜在的处于人们

意识层之下的集体记忆，所以在这一点上法国著名社会学家，涂尔干学派的重要人物莫里斯·哈布瓦赫对集体记忆的论述应当也适用于集体无意识，哈布瓦赫在《论集体记忆》一书中指出："尽管集体记忆是在一个由人们构成的聚合体中存续着，并且从其基础中汲取力量，但也只是作为群体成员的个体才进行记忆。"顺理成章，推而论之：在一个社会中有多少群体和机构，就储存了多少集体记忆以及集体无意识。社会阶级、家庭、学校、公司、军队和不同的政府及社会机构，不同的民族、国家都拥有不同的记忆以及集体无意识，这些不同的记忆都是由其各自的成员通常经历很长的时间才建构起来的。当然，进行记忆的是个体，而不是群体或机构，但是，这些植根在特定群体情境中的个体，也是利用这个情境去记忆或再现过去的。工人、农民这些体力劳动阶层与大学的教师之间所关注的内容会有很大的不同，这是由于他们潜在的记忆痕不同。对于大多数中国人来说，春节或中秋节会唤起对亲人和生活充满深情的记忆；而对于启蒙运动策源地的富有革命精神的法国人来说，巴士底日则更具有举足轻重的分量。这主要是由于集体无意识的不同导致了对于事物兴奋点关注的不同。哈布瓦赫说："每一个集体记忆，都需要得到在时空被界定的群体的支持。"（顺便提一下，我们应注意到，在涂尔干提到以大写"S"开头的"Society"的几乎每一处地方，哈布瓦赫说的都是"Group"——这是一种更加小心谨慎的用法）在这里哈布瓦赫显然注意到了集体记忆的多级性，这对于集体无意识同样是适用的，也就是说，与集体记忆的多级性相对应的是集体无意识的层次性。

（二）少数民族民居环境艺术丰富外显形态的演化

集体无意识的层次性使"模式"化、形式同一化的少数民族民居环境艺术演化出比较丰富的外显形态。这是因为，集体无意识的层次性不仅缘于国家、民族、地域的不同，还缘于组成这些国家、民族、地域的社会的多种群体和机构，群体和机构的多层次性和多样性更加导致了集体记忆的层次性。社会阶级、群体和不同的社会机构中各自的成员经历很长的时间建构起来的不同的集体无意识都具有各自的独特性，包含有各自丰富的富有特色的内容，这也就要求这些相应的不同场所都应

具有各自的独特性，包含有各自丰富的富有特色的场所精神。由于民族内部的分化以及群体的微差，都使一个民族的集体无意识呈现出丰富的层次性，这种丰富的层次性并没有超出根本的传统框架而只是一种微差，也就不会致使其民居环境艺术的外显形态在视觉上或观念上发生重大改变，一个民族集体无意识的层次性所导致的该民族民居环境艺术所演化出的外显形态充其量只是对"模式"化、形式同一化的少数民族民居环境艺术某一局部所做的简单、谨慎的调整。因此也就顺理成章地不

会遭受民族聚落群体的排斥，其所包含的理想居住环境意向，由于更细微地贴近聚落群体的集体无意识的细节，也就理所当然地更能得到民族聚落群体的认同，并进一步加强了民族聚落群体的认同感，促进了民族群体意识的强化。一个民族集体无意识的层次性使同一地区、同一民族聚落内部"模式"化的少数民族民居环境艺术演化出比较丰富的外显形态。当然其中部分原因还来自于在实际营造中的地形条件、实际需要等物质层面的显性原因，在此就不赘述了。

第四节　少数民族民居环境艺术构筑的集体性

一、社会结构形态基础

少数民族民居环境艺术构筑的集体性，首先有少数民族社会特殊的社会结构形态为基础。中国的少数民族，由于一般都地处气候及自然环境条件复杂的地方，并多有毒蛇猛兽出没，时刻面临着危险。面对恶劣的环境条件，生命个体的力量显得极其有限和脆弱，所以同一地区的同一少数民族大都只好聚族而居，以敌群害。并且由于历史上征战频繁，人们为了加强自身的防御力量，都不得不以家族、亲族、民族为纽带形成血缘聚落、亲缘聚落或地缘聚落。生命个体只有在这种血缘聚落、亲缘聚落或地缘聚落中才能够获得安全的保障和生存的依靠。聚落内部成员生活在一种共同的利害关系制约之中，一损俱损，一荣俱荣，聚落内部每个成员生命个体行动都必须服从于集体性的要求。可以说，少数民族聚族而居的社会结构形态为少数民族民居环境艺术构筑的集体性提供了基础。

二、伦理观念习俗

其次，少数民族民居环境艺术构筑的集体性是以少数民族普遍存在的伦理观念习俗为条件的。中国聚族而居的少数民族普遍存在着互相关心、互相照顾、互相支持、互相帮助的伦理观念习俗，这实质上已在聚落内部成员

之间形成了一种权利和义务的关系，"一家盖房，全村帮忙"，就是这种权利和义务的一种表现，是我国少数民族流传至今良好的伦理观念习俗。这种团结互助的美德在聚族而居的拉祜族建房盖屋中就体现得十分明显。西双版纳布朗山区的拉祜族民居属于竹木结构干栏式建筑，上层人居下层圈畜，大多坐落在密林深处的山巅斜坡上。这里的拉祜族任何一家建房盖屋，村寨全体成员皆不请自来，踊跃参加，女的割茅草、编草排，男的砍木料、整地基。因为房子的"图纸"都在心里，因此，大家齐心协力，不出三两日，一幢竹楼便可落成。建房盖屋期间，主家仅备酒肉招待大家两餐午饭，不需另付其他任何报酬。再例如花腰傣人的社会生活中，其建房盖屋也是如此，并且花腰傣人还非常热心于公益事业，大凡修路、挖修水沟、修水库等，花腰傣人都是有征必应、积极参加。包括其他许多聚族而居的少数民族，这种良好的习俗或美德也处处都有体现。互相关心、互相照顾、互相支持、互相帮助在中国少数民族社会中是一种普遍存在着的伦理观念习俗，这为少数民族民居环境艺术构筑的集体性提供了条件。

三、模式化的建造方式

另外，中国少数民族传统民居环境艺术模式化的建造方式，为人们普遍掌握建造自己民族传统民居的知识

和技能提供了可能。由于前述中国少数民族传统民居环境艺术在不同地区、不同民族当中所存在的形式同一、时间持续稳定的特性，因此，同一地区同一民族聚落内部的全体成员，大都十分了解、熟悉并掌握着关于他们祖先延续下来的模式化的民居建造知识和技能。这就为少数民族民居环境艺术构筑的集体性提供了可能。

以位于哀牢山西麓的沙村这个彝族村落为例，其民居的建造就基本都是由这个村落内部的人来承担的，由于聚族而居，这些人也都是有着血缘关系的亲戚朋友。沙村这种由正房、耳房组成的土木结构的彝族民居类似于一种宫室式建筑。其营造工种和工序十分繁杂，包括取石、运石、理石脚、砍木头、运木头、做房架、做门窗、竖柱、冲墙、上闪片（木片瓦）、编竹篾楼、装门窗等等，总共约需1200多个工。但由于这种彝族民居模式化的建造方式，其所有的工作均由村落内部人员互相协作而成。甚至是做房架、门窗等所请的木匠也并非什么专业化的技师，这些所谓的"木匠"也只是同村或邻村有着血缘关系的亲戚朋友，在平时也没有脱离其所从事的农业生产，依然在耕种着他的土地，只是因为他了解、熟悉并掌握更多关于建造这种彝族民居的细节而已。

总之，中国少数民族传统民居环境艺术模式化的建造方式，使人们能够普遍掌握建造自己民族传统民居的知识和技能，这就为少数民族民居环境艺术构筑的集体性提供了可能。

四、集体构筑活动

集体构筑活动为人们普遍掌握建造自己民族传统民居的知识和技能提供了契机。少数民族建房盖屋的过程作为一种集体构筑活动向当地人生动地展现了从材料准备、地基平整、构件加工到房屋构筑的整个工序和流程，本身就是一个面向所有人的本民族传统民居知识和技能的普及课。并且这种普及课从准备到开课到课间休息直至完结都伴随着一系列隆重而夸张的仪式，包括平时难得一见的丰盛的食物的诱惑以使其能够吸引更多的人参与其中，从而使民族传统民居知识和技能得到尽可能的普及。

以佤族盖新房为例，佤族有专门的"盖房月"。一般是夏历十月。谁家要盖新房，只要事先招呼一声，各家便主动出工相助，主人则为帮忙的乡亲们准备泡酒和粮食，供盖房时解热消暑。亲友邻居也事先准备泡酒或粮食。到盖房之日，送给盖房者，表示关心和祝贺。盖完房后，乡亲们欢聚在新房前"贺新房"歌舞中，尽情地喝泡酒，热烈祝贺。西盟马散等寨，还有"大房子"。在盖大房子时，主人必须剽牛做鬼，备酒饭，供参加修建者和祝贺者食用。盖大房子前后几天，有全寨性的唱歌跳舞。佤族一家盖房大家相帮，是他们的传统习俗，有的出劳力，有的既出劳力还送建筑材料和酒饭。因此，参加修建房的常有三四十人，甚至全寨都参加。云南的花腰傣盖房也是这样，一家盖房，全寨帮忙。

由于人们皆掌握建造自己民族传统民居的知识和技能，聚落内部全体成员又有互相照顾、互相帮助的义务，因此，聚落内部的民居构筑，从材料的准备、地基的平整、构件的加工到房屋的架构，无一不是一种集体活动。新房落成时还伴随着诸如"架竹楼"这样的仪式。主人招待大家吃饭，全村人在一起共同庆祝；这时候，全寨子的人都蜂拥而至，喜气洋洋，像过节一般热闹。同时例如花腰傣还要请"赞哈"（歌手）唱"贺新房"的曲子，据说这样才能吉祥、平安、家道兴旺。伴随着这样一系列隆重而夸张仪式包括平时难得一见的丰盛食物诱惑的少数民族建房盖屋过程，作为一种集体构筑活动，无疑为人们普遍掌握建造自己民族传统民居的知识和技能提供了契机，这种集体构筑活动在事实上已经成为了少数民族传统民居知识和技能的独特传承方式。

综上所述，中国少数民族传统民居环境艺术所显示的空间差异性、时间稳定性、形式同一性、构筑集体性等特征，深深地扎根于少数民族固有的日常生活状态之中，是少数民族整个生态的一个自然组成部分，长期以来一直十分明显地存续着，共同组合构成了内容丰富、内涵深邃的少数民族传统民居环境艺术所植根的肥沃土壤。中国少数民族传统民居环境艺术的绚丽花朵，正是这片肥沃土壤孕育出的艳丽奇葩。

第五节　少数民族民居环境艺术
　　　　作为一种适应环境的生存方式展现的文化根性

我国境内的55个少数民族，绝大部分生活在祖国的东西南北边疆，身处独特的生存环境并形成了自身独特的生活方式。少数民族民居环境艺术作为适应于少数民族独特生存环境和生活方式的住居形式是经过千百年历史发展形成的。由于各个民族所处地区地理环境、气候条件的不同，以及与之相适应的各个民族内部经济状况、生计方式、社会形态、婚姻形式、家庭结构、宗教信仰、观念意识、审美情趣、风俗习惯等等的差异，决定了我国少数民族传统民居的建材资源和构筑技术及其作为人工构筑物的类型、样式、风格及构造方式等的千姿百态，异彩纷呈。

建构材料和构筑技术以及类型、样式、风格及构造方式等的不同决定了中国少数民族民居环境艺术类型上的异彩纷呈，也体现了中国少数民族在民居环境艺术方面的聪明才智。虽然少数民族民居环境艺术的建造材料和构筑技术往往看上去与现代建造材料技术不能相比，甚至还显得简单易制，材料方便易得，但实际上它反映出少数民族人民顺应自然规律的生存活动中所独具的聪明才智，这种独特的聪明才智凝结为其自身的文化根性。少数民族民居环境艺术正是作为一种适应环境的生存方式而展现了少数民族的文化根性。我们知道一个民族的生存智慧，必须从其文化根性加以探究。我们探究少数民族民居环境艺术也需从文化根性上去考察。而文化根性根植于人作为生物与环境的一种本质联系。生物适应环境是生态学中的一条重要规律，少数民族民居环境艺术就是少数民族与特定的自然环境相适应来建造自己家园的结果。（图2-8）

图2-8
少数民族民居环境艺术是与特定的自然环境相适应的结果

第三章 木竹架构的少数民族民居环境艺术

第一节 木竹架构的少数民族民居环境艺术

以土和岩石作为围护构件材料构筑的少数民族民居环境艺术，我们称之为土石砌筑的少数民族民居环境艺术；以木、竹为围护构件材料构筑的少数民族民居环境艺术，我们称之为木竹架构的少数民族民居环境艺术。著名的中国古建筑研究专家刘致平教授在他的专著《中国建筑类型及结构》中说："因为木材轻便坚韧，抚摸舒适，便于施工，而梁柱式结构开门开窗甚方便，所以木构宫室，在我国很早就用，而且相当普遍。"（图3-1）

以木、竹为主要建筑材料的木竹架构是世界古代建筑中的一个独特体系，不仅广泛分布在中国的中原汉族地区，同时也广泛分布在中国的边疆少数民族地区。中国南方少数民族地区形态各异的干栏式和井干式传统民居就是木竹架构的少数民族民居环境艺术的典型。

图3-1 木构

一、干栏式少数民族民居环境艺术

（一）干栏式民居的起源

干栏式民居起源于什么时候？目前考古发现距今七千年前的浙江余姚河姆渡新石器时代遗址作为稻作文化的表征，是迄今最早的干栏式民居遗存。西南的许多少数民族古时多属百越族群，原多居住于江浙、福建一带，越王勾践的故事就发生在当时百越居住的地区，后因战乱，百越族群多有迁徙至我国西南或东南亚地区。在云南晋宁石寨山出土的几件西汉中期滇族干栏式小铜屋和铜棺，证实当时的百越各族干栏式民居多采用两坡、屋脊向两端伸出很多的长脊短檐倒梯形屋顶。（图3-2）石寨山某些小铜屋在山墙外还另加了一根山柱以支持屋顶的长脊两端。屋顶可能铺盖草、树枝或木片，用多根交叉出头的木棍压住。在江西贵溪的古越族崖墓中，也曾发现带有这种屋顶的屋形水棺，其底部有六足支撑而悬空，棺盖两头翘起而盖面呈两坡式，棺底则向内收缩。长脊短檐倒梯形屋顶的干栏式民居，直到今天在云南许多少数民族中和东南亚仍然可以经常见到。壮语称"屋"为"栏"或者"干栏"，称回家为"麻栏"。壮族的"干栏"起源于"巢居"。所谓"巢居"，即把住所直接构筑在一棵或数棵树上，若鸟巢然。从文献上看，晋人张华在总结先秦至汉关于初民住所的起源时，曾指出南方越人的巢居，主要是为了适应南方炎热多雨、潮湿的气候环境。晋朝沈怀远所作《南越志》一书记载："栅居，实惟俚僚之城落。"南北朝时俚僚的"栏居"和远古时代的巢居有了更加明显的区别，其特点是"构木为巢"，而非依赖于自然生长的树枝。住址可以随意选择，甚至移至平地。建筑材料除树木外，还可利用竹、茅草、泥石等。宋人周去非《岭外代答》："民编竹苫茅为两重，上以自处，下居鸡豚，谓之麻栏。" 明代《赤雅》："缉茅索陶，伐木驾楹，人栖其上，牛、羊、犬、猪畜其下，谓之麻栏。"可见宋明僚人在"构木为巢"的基础上进一步发展成上下两层，编竹为栈、苫茅为栅的"干栏""上以自处，下蓄牛豕"，形成了相对稳定的聚落。

图3-2
云南晋宁石寨山西汉滇族干栏式小铜屋

图3-3　干栏式民居

"干栏"是从巢居演变过来的，"干栏"民居源于人类由树居转移到地面居住时保留下来的"集体无意识"，这也许不无道理。而巢居的产生与地域的气候及自然条件息息相关，多属亚热带气候的南方各省，雨量充沛，气候温暖，既蕴藏着丰富的自然资源，又是个毒蛇猛兽出没的地方，且地面潮湿，古时人类在地上露宿十分危险，只好构木为巢，以避群害，渐渐地形成了干栏式的民居模式。

（二）干栏式民居的分布

作为一种原始的民居形式，干栏式民居在中国古代主要为百越和百濮两大族群所居住，他们主要分布在我国西南和长江流域及其以南的广大地区。而今干栏式民居不仅在我国少数民族地区依旧存在，而且是西南地区众多少数民族传统民居的主要特点。现在鄂、湘、粤、桂、浙、闽、川、滇、黔、海南岛及台湾的壮、侗、瑶、傣、景颇、苗、土家、黎、德昂、拉祜、仫佬、佤、毛南、京、珞巴族等少数民族乃至汉族民居中都依然大量保存着"干栏"这种典型的传统民居形式。

干栏式民居在我国的这种分布与南方的地理环境、气候条件以及人们的生活方式颇有关系。首先，在地理环境上，南方的地形及环境条件都很复杂，至关重要的一点就在于干栏式民居形式对地形变化的高度适应性，

水平空间、竖向空间几个方向均可随意调整，什么样的复杂地形都可应付自如。并且南方多毒草、毒蛇、毒虫和猛兽，居于楼上可以便防御；其次，就气候条件而言，南方炎热多雨，地气上蒸而多潮湿，人居楼上可避暑防潮；再次，南方民族多以定居农业为生计方式，除了农作还饲养家畜，家畜圈养楼下，可便于照管。

（三）干栏式民居的共同特征

我国少数民族的干栏式民居，有其共同的特征，一般干栏式建筑多建于山区，多为两层，上层一般为3开间或5开间，作为卧室和客厅以供住人，客厅和多数卧室设火塘，火塘四周铺篾席，为休息睡觉的地方。四壁和地板多为竹片、木板镶拼而成，四壁不开窗或仅开小窗，室内光线昏暗。底层为木楼柱脚，可圈养牲畜，或堆放农具、柴火、杂物。干栏式民居一般还有晒台晾晒谷物，出入需通过楼梯。干栏式民居多依山傍水，面向山野，前景开阔，采光也好，利用山区的自然地貌，以灵活多变的建筑形式不占或少占耕地，争取了更多的生存空间。干栏下部开敞的柱林与上部轮廓优美的庞大屋顶形成了强烈的虚实对比，功能结构和形式韵味浑然一体，朴素自然。（图3-3）

（四）干栏式民居的不同形态

适应于中南、西南不同地区的地形、气候、生态等自然环境，不同民族人们在实践中又依据各自文化特

色予以不断改进、完善、丰富、发展，因而干栏式民居又呈现出各种各样各具特色的形态。从我国各民族的实例看，干栏式民居可分为支撑框架体系和整体框架体系两大类。支撑框架体系由下部支撑结构和上部围护结构组合而成。根据结构剖面不同，整体框架体系又分为全楼型、半楼型两种，而全楼型又可区分为高敞型和重楼型。总体而全面地来区分，我们可将干栏式民居划分为以下几种不同的类型。

1. 高敞型，以傣族竹楼为典型代表，具有独特的热带建筑风格。高大坡陡的歇山式屋顶，设重檐，出际深远，在棕榈、芭蕉、凤尾竹的绿荫丛中，整座竹楼造型别致。竹楼室内空间高敞宏大，由竹片编排的墙壁和楼面缝隙较多，上下通风。平面布局灵活多变，内外结合自然。整座建筑由于底层架空，更显轻盈通透。

2. 重楼型，以壮族麻栏为代表，外观以楼房形态出现。平面布局强调堂屋为主空间，面积宽敞。壮族麻栏为穿斗木构架，穿斗构架体系成熟，在经济条件较好的地区，有条件建造大进深的住宅。壮族串联式和并联式的干栏群落，更别具一格，保留了同一家族成员相对聚居的传统。

3. 半边楼型，以黔东南雷山、台江、丹寨一带苗族的吊脚楼为代表，极富山区特色。苗族民居半边楼是干栏建筑在山区的独特类型。为适应山区地形坡度大，平整地基的条件差，苗族人民创造了半楼半地的平面空间组合—半边楼，表现出少地基、多空间、小体型、大容量的建筑特色。

4. 宽廊型，以侗族民居为代表，其特征是前廊宽大异常，几乎达到房屋进深的1／3以上，成为住居主体空间和日常家务活动的中心。有的侗居连排建造，各家廊檐相通，成为喜庆节日活动的公共场所，极具民族特色。

5. 船篷型，以海南岛黎族船形屋为代表，它具有船形外观，平面空间狭长单一，吊脚可高可低，房屋构架原始简易。

6. 长脊短檐型，以景颇族民居为代表，形制古朴，与云南晋宁石寨山出土的汉代铜屋模型和越南东山文化铜器时代民居建筑别无二致，是干栏式民居的早期类型。

另外，景颇族、德昂族、拉祜族、侗族、佤族、珞巴族等都居住干栏式民居，虽然不同民族的干栏式民居多为竹木草顶结构，但是民居的外观造型、平面布局以及使用功能都有所区别。平面布局上，景颇族、珞巴族采用矩形，德昂族、拉祜族、佤族则采用方形、椭圆形。屋顶形式方面，景颇族、珞巴族采用双面坡，德昂族、拉祜族等民族采用歇山顶。

（五）干栏式民居的生命力及在当代遇到的主要问题

1. 干栏式民居的生命力。干栏式民居历史悠久，分布地区广，具有极强的生命力，能够历经数千年的历史，其主要原因在于：

（1）干栏式民居是适应地形地貌特征变化需要而产生的。此类房屋对地形变化有高度的适应性，水平空间，竖向空间几个方向都可以随意调整，顺应自然，灵活多变，如吊脚楼的屋基一边实，一边虚，主要是一边临水或临沟，为了拓展住房面积，需要向外凌空拓展，有高屋建瓴之势。在山势陡峭，坡大沟深的峭壁，少数民族的吊脚楼都可以站稳脚跟，凌空而立。

（2）干栏式民居就地取材，经济实惠，便于建造。

（3）干栏式的民居主要分布在我国南方，这与南方的地理环境，气候条件存在着密切的关系。南方炎热多雨，地气上升，土多潮湿，人易生病，人居楼上可以避暑防潮，维护人的身体健康。

（4）干栏式民居还具有防御性的功能。南方多毒草、毒蛇、毒虫，人居楼上，便于防御。

（5）南方少数民族多以定居农业为生计，除了种植农作物外还饲养家畜，在传统的干栏式建筑中，人在楼上，家畜在楼下，家畜便于照管。现在随着生产和生活的改善，人畜分开已经成为必然趋势。

总之，干栏式民居适应了少数民族传统生活方式各方面的实际需要。因此，干栏式民居经久不衰，各民族间互相借鉴，取长补短，在发展中创造、完善，显示出极强的生命力。

2. 干栏式民居在当代遇到的主要问题。在当代条件下，由于人口的增长，经济的发展，木竹架构的干栏式民居遇到的主要问题一方面是材料缺乏及建造技术变革的问题，另一方面是主体生活方式与外界环境条件的改变带来的问题。作为乡土文化的珍贵历史遗存，人们对它持有极大的兴趣，设计上的改造与更新需要从当代使用者生活方式出发，采用适宜的材料与构筑技术，以

图3-4 井干式民居

图3-5 豪放的井干式

适应环境条件的改变等诸多问题。如传统木竹架构的干栏式民居的造型特点如何发展变化等原有乡土风格文脉延续的问题，新的生活方式、新的材料技术工艺下如何保持室内外空间相联系的问题，新的功能变化进而导致空间开敞封闭形态变化及划分的问题，起居中心改变平面布局重新配置的问题，现代建筑材料工艺的选择应用问题，通风及卫生条件如何改善的问题等等都是在新的设计实践创造中需要我们去考虑和解决的。

二、井干式少数民族民居环境艺术

（一）井干式民居的起源

井干式民居，也是我国古老的建筑形式之一，中国商代墓椁中已应用井干式结构，汉墓仍有应用。目前所见最早的井干式房屋的形象和文献都属汉代。《淮南子》中有"延楼栈道，鸡栖井干"的记载。云南晋宁石寨山和江川李家山出土的约公元前100年，相当于战国至西汉中期的几批青铜器文物，其中就有三个青铜房屋模型，墙为方木叠成的双坡顶井干式壁体。平面有一间和两间两种。外观为悬山屋顶，倒梯形屋面，山面中柱较檐柱突出，并在中柱上部用木斜支撑成山尖屋脊，下挂一牛头。从这些出土文物可见早期的井干建筑形式。这种民居历代流传，传到全国各地，今天仍在一些林区建造与使用。

（二）井干式民居的分布

井干式民居在我国及东亚、东南亚使用较广。日本名人把它叫做"校仓式"，实际就是井干式，另外在马来西亚井干式民居分布也很广，主要是井干式与干栏式民居相结合的式样，当地人叫做"高脚屋"。而美国的

一些大学和某些大城市里也存在井干式民居，至于这种民居式样是人类共同创造的产物，还是从中国流传过去的，还需进一步考证。

井干式民居在我国分布很广，也有很悠久的历史。但中国目前这种结构的房屋只在新疆地区、东北林区、西南山区尚有部分保留和使用。这是因为在整个木构架体系中，由于井干式结构需用大量木材，在绝对尺度和开设门窗上也都受很大限制，因此随着森林面积的缩减其通用程度就明显不如抬梁式构架和穿斗式构架。但在一些山川隔阻、交通不便、开发较迟的地方，由于森林面积仍有较多保留，比干栏式民居用木更多的井干式民居，至今仍有一定数量的存在。此类形式的民居大多分布在气候比较寒冷、森林资源比较丰富而构筑技术不甚发达的一些地区。如青藏高原南麓的门巴族和珞巴族以及滇西北横断山脉高山峡谷的纳西族、普米族、彝族、独龙族、怒族、傈僳族部分传统民居，就属于井干式民居。（图3-4）

（三）井干式民居的共同特征

井干式民居多在森林区，由于其四壁形如古代井上的木围栏，故名井干。从总体来看，此类民居有其鲜明的共同特征。井干式民居又名"木楞房"，其外围护墙、内分隔墙皆以圆木或方木、六角形楞木料上下削平，两端砍上缺口在转角处互相咬合衔接、交接紧密平行向上层层垒叠而成，屋顶做平顶或者做起脊式覆以木片构成房屋。井干式民居利于防寒抗震，就地取材，用料简单，施工简捷，坚固耐久，费用低廉，而且居之安全，且冬暖夏凉，感觉舒适。此外，井干的圆木伸出的交头有长有短，不呆板，如同绘画，表现出写意的手法，风格豪放。（图3-5）

（四）井干式民居的不同形态

各地的井干式民居在结构和外形上又不尽相同，有方形、矩形、条形、曲尺形等不同外形。在考察中发现这种房屋有带外廊的、带门廊的，式样还不少。在长期的使用过程中，居民们建起了颇具地方特色的井干式民居，其中以新疆地区、东北地区和西南地区最具代表性。

1. 新疆地区的井干式民居。如新疆阿尔泰山以北地区农村中的民居及新疆维吾尔自治区天山北麓巴里坤草原哈萨克牧民的部分冬季居室也属于井干式民居。分布于新疆维吾尔自治区天山北麓巴里坤草原以牧业为主的哈萨克族，其春夏秋三季多居住在便于拆卸、携带的毡房里，而冬季在林区，其居室则也是用挺拔坚实的木头垒成的井干式民居。哈萨克族越冬居住的井干式民居，有方形平顶和圆形坡顶两种。

圆形坡顶井干式民居用木料仿照哈萨克毡房的形式拼叠而成，其平面多为八角形，其基础比较简单，将墙基处植被铲除后原土夯实，以石块砌筑勒脚，使木墙与地面隔离，以防潮湿，不致霉烂。石砌勒脚高度随地形及建筑要求而定。作为墙体的条木是直径20厘米左右、两端砍有凹口的去皮圆木，圆木上下两侧用斧削砍平直。将裁制好的条木按照要求垒叠在石砌勒脚上作为墙体。垒叠时为使墙体稳固不致松散，有的用树胶、泥浆、灰浆等作黏合剂、填充剂，用稳钉或蚂蟥钉为拉结件。其门、窗都以门楣、窗楣为框与墙体的连接构件用钉钉牢。方形平顶的井干式民居墙壁垒叠方法与上述圆形坡顶井干式民居墙壁的垒叠方法相同。此外，新疆阿尔泰山以北地区农村中的井干式民居也均以平顶为主，同时把泥都抹在墙里，从外表还看出木楞的形状。

2. 东北地区的井干式民居。在吉林省长白山北坡及南坡一些山林，也都有井干式民居的构筑。吉林长白山井干式民居以二道白河为主，从二道白河到天池，及长白朝鲜族自治县也都以井干式民居为主。长白山地区井干式民居均以两间、三间房为主，间宽3米，进深6米，墙壁内外均抹土泥防风。吉林地区每到冬季寒冷，一年四季冷天过多，所以井干式房屋主要是为了防寒，才在墙面上抹泥。当地井干式房屋都做双坡顶排山式，每间房屋共9条檩，在屋顶上抹上泥，然后铺木板瓦，正脊也做木板瓦脊，房屋周围均用木条做围墙。房屋内

图3-6 二层楼的井干式

生火或者用火炕都用木板做烟囱。长白山井干式房屋建造的体形都比较小，没有云南井干式房屋的尺度大，这与气候有一定关系。

在吉林省境内农村主要是种玉米，秋后玉米的储藏也是农民要解决的一大问题。他们通常将玉米放在一个玉米楼里，这个玉米楼是一种干栏式与井干式两种做法相结合的建筑，楼下为干栏式以保证通风、防潮，所以做干栏式，用四根柱子支撑上部井干式的玉米楼，这样的玉米楼遍及东北农村，家家户户都建设这样的楼。

此外，长期以来游猎于我国东北大小兴安岭深山密林里的鄂伦春族、赫哲族、鄂温克族以及部分达斡尔族，20世纪50年代后期定居以后，其部分住屋也是用挺直粗大的圆木垒叠而成的井干式民居，与吉林长白山的井干式民居基本近似。

3. 西南地区的井干式民居。在云南的大姚、姚安、南桦等地还有井干式与干栏式民居相结合的式样。云南南华井干式结构民居是井干式民居的实例，它有平房和二层楼两种，其外围护墙、内分隔墙墙壁垒砌方法与一般井干式没有什么不同，平面也都是长方形，面阔两间，上覆悬山屋顶。屋顶做法是左右侧壁顶部正中立短柱承脊檩，椽子搭在脊檩和前后檐墙顶的井干木上，房屋进深只有二椽。（图3-6）而云南贡山独龙族怒族自治县传统民居是一种"井干式"竹木结构的长形草房，其空间布局较有特点。其通道往往设在屋内一侧，另一侧依次隔成大小相同的相连数间，通道两头接通向屋外的左右两门，每间敞向通道的房间均无墙和门，共一个双坡屋顶。屋内成员多属兄弟关系，每遇家庭中男

子成婚，则依草房两头于同一水平高度上再行伸延搭建。此外，在贵州有的村庄，也有井干式民居，与上述云南的井干式民居基本近似。

（五）井干式民居的生命力及在当代遇到的主要问题

井干式民居是居住在高寒山区的少数民族的主要民居形式，是高寒山区少数民族为适应寒冷的气候条件因地制宜就地取材创造力的体现。但是，由于耗用木材过多，在森林面积日趋缩小、森林资源匮乏的今天，和干栏式民居一样，此类民居数量也已日渐减少，分布范围日渐收缩。

第二节　侗族民居环境艺术

侗族主要分布在黔东南的黎平、从江、榕江、天柱、锦屏，湘西丘陵地带的新晃、靖县、通道和桂北的三江、龙胜等县，鄂西南一带也有少量的侗族居民。侗族人口发展很快，据统计已接近300万人。侗族来源于秦汉时期的"骆越"，属于百越族系，信仰多神，崇拜自然物。主要从事农业，兼营林木，以生产鱼粳稻为主，善用稻田养鱼，林业以产杉木著称。侗族有自己的语言，多通汉语，原无文字。侗族还以民居艺术见长，侗族民居属于干栏式，并受到了汉族较大的影响，每个寨子都有造型别致的木楼。这种不用一钉一铆的木结构建筑吸收了中国古代亭台、楼阁建筑的部分精髓。鼓楼、桥梁、凉亭等是侗族民居环境艺术的精华，其建筑环境营造水平达到了相当高的水准。其独具特色的鼓楼和风雨桥闻名于世，少数民族环境艺术是少数民族生活方式及其文化的反映，侗族民居环境艺术显示出了浓郁的水稻民族特色。

一、侗族民居的选址布局及形态特征

同其他百越族系的民族一样，侗族村寨常选址于依山傍水的河谷或山坡地带。（图3-7）侗寨以鼓楼为中心，向四周扩散，侗寨没有寨墙，只设寨门，对村寨领域略作界定。寨门多是二层，方形，上覆重檐歇山顶。由于村寨处在山坡，建筑密度较高，相邻各宅逶迤上下，总体轮廓活泼多变。侗寨内水塘密布，穿插于民居群落之中，这种水面既可成为防火隔离带，又是消防水源、塘内养鱼，一水多用；同时，也美化了侗族村寨的水空间。

图3-7　侗寨

侗族地区民居形态多为底层架空的传统山地生态家屋，被称之为吊脚楼，属于干栏式民居，侗族这种干栏式民居面阔多为三间，一般三层。侗族干栏式吊脚楼民居是随着农耕的开发、生产技术的进步，由古时的"巢居"逐渐演变而来的。（图3-8）这种干栏式吊脚楼民居以它独特的构筑结构成为一个民族的标志，并且每个地方的吊脚楼都各有特色。黎平、榕江等地山区的民房以及广西三江和湖南通道一带的吊脚楼最具代表性。从外观上看整座吊脚楼高低错落，富于变化。侗族北部方言区的干栏房还有一个特点，就是整个房屋形成"凹"字形，平房为单檐结构，开口屋为双檐结构。沿河岸修建的吊脚楼，靠河一侧均将底层局部架空，形成长廊式通道，道路从沿河民居的架空层下穿过，既保证了建筑用地，又使寨内道路通畅。凡吊脚楼多为四面滴水的四斜面屋顶，因地形地势设计修建，有些村寨往往根据地形宽窄由几户共同建造连带状的房屋，在各家敞廊穿行即可走到其他人家，有些老寨甚至形成了大团寨，团寨中楼楼相通，一上木楼，往往可以走遍全寨不需下楼。由于山区平地很少，且侗族的私有观念不强，所以侗族民居没有汉族住宅常见的围墙和院落，都是外向的。侗族民居尤其是团寨的建筑空间环境居住模式反映了侗族私有观念淡薄以及侗族社会的人际共生的和谐状态。

二、侗族鼓楼、风雨桥和凉亭

1. 侗族鼓楼

鼓楼是侗寨民居环境艺术中最引人注目的部分，侗乡寨内所有民宅都不得高于鼓楼。鼓楼是侗族独特的楼宇建筑形式，也是侗族传统文化的重要标志，体现了侗族的民族精神。鼓楼是聚汇多种功能于一体的公共社交中心，更是大家精神维系之所。其实际物质功能和精神功能，均与源自于氏族社会的原始信仰和社会生活密切相关。侗族人民在建一座新的村寨之前，必先要建造一座新的鼓楼，并以其为中心，在它周围盖吊脚楼。正如侗族民歌唱道："未建寨子，先建萨坛（祭祀的坛堂）和鼓楼。"在鼓楼所进行的政治、军事、经济、文化等社会活动，更赋予了鼓楼深刻的文化内涵，其所具有的精神性意义不止于审美，更是民族精神凝聚力的鲜明体现。（图3-9）

（1）鼓楼的大树崇拜观念

如同世界很多原始村落或保留着原始习俗的西南少数民族村寨都对"寨心"表现出特殊的关注一样，侗族鼓楼被尊为"寨之魂"的神圣意义，可能也是由于大树崇拜观念的影响。大树曾是南方先民们几乎唯一的安全庇护所，也是先民在新石器时代以前攫取经济时期没有住屋时聊可仰赖的生活来源和夜间避难所，与人有着生死攸关的密切关系，人们由此产生了对大树的特殊感情。鼓楼如树冠样的亭式屋顶、高耸的体形以及如枝叶般伸出的层层多角水平屋檐，印证着广泛流行的侗族民间传说中称鼓楼是照"杉树王"建造的说法。傣、拉祜、布朗、佤族部分村寨常在寨心栽立五根或三根或仅一根短木桩，桩头稍加凿琢。有的还在木桩上建一小亭，或以一块石头或以篱笆围成的土台代替。对寨心每年都要举行全村祭祀。

图3-8 侗族干栏式吊脚楼（模型）

图3-9 以鼓楼为中心的侗寨（模型）

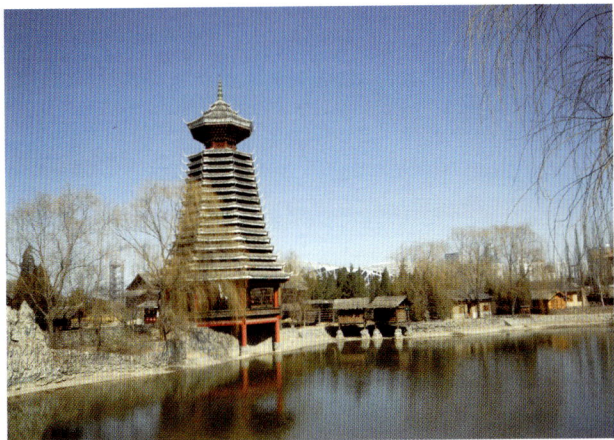

图3-10　如大树般的鼓楼

在寨心木桩上建造小亭的做法更可使我们想到原始巢居，其进一步发展就是侗族村寨中心的"鼓楼"了。明末邝露（1604～1650）所著《赤雅》描述的"罗汉楼"，或称"独脚楼"等关于鼓楼起源的最早记载，透露出从寨桩向鼓楼演变的发展踪迹。贵州黎平侗寨鼓楼就是独脚鼓楼至今为数不多的珍贵遗存，其外观与其他塔式鼓楼相似，但楼内不是普通的四柱，而是正中独柱直通到顶。

大树崇拜，使寨心具有了特殊的意义，人们相信寨心枝叶繁茂的大树是寨心神居住的地方，他们保护着全村人畜平安。寨心维系着村寨的认同感和凝聚力，自然成为全寨日常交往和公共议事的场所。（图3-10）

（2）鼓楼的形态结构特征

"位于黎平县城南七八公里，具有'七百贯洞、千家肇洞'之称的肇兴侗寨，全寨分为五大房族，分居于五个自然片区，也分别建有各自的鼓楼，并配有花桥和戏台，一个鼓楼代表一个族姓，从高处远眺，高耸的五座鼓楼竖立于村寨民居木楼之中……远看也似五株金银巨杉屹立寨中。五座风雨桥横跨于溪河河水之上，极富浓郁的侗族风情，为肇兴侗寨增添了神话般的色彩。"（罗德启《侗寨特征及侗居空间形态影响因素》，《建筑学报》1993年第4期）

侗族鼓楼每寨必有，有的不止一座，在一些大的或经济条件比较好的村寨，一个村寨就建有四五座鼓楼。据调查，全部侗族鼓楼有五百多座，而在集中了58%侗族的黔东南地区，现存鼓楼就有三百多座，繁复精美的侗族鼓楼属于重檐、多柱式建筑。"梁枋、柱子等全部

构件，采用接榫结构，不施一钉一铆、横穿、斜撑、直套，纵横交错，精密而牢固，充分显示出侗族人民的高超技艺和建筑水平"（《中国美术辞典》，第248页）。

式样有塔式、干栏式、厅堂式等几种。塔式鼓楼多落地建造，平面方形或八角形，也有六角形，多用4根粗大结实的杉木作擎天柱直达顶部，鼓楼分三部分：鼓楼的实际使用部分为底部，一般为占地约八九米见方的正方形，少数呈六边形，柱间长凳围着中心火塘。中部是层层叠叠形似宝塔的塔身，内有雕刻、绘画，内容多为鱼鸟虫草，外观密密层叠七层九层甚至多至十多层檐子，自下而上，面积逐层递减，许多只是最下一两层檐子是方形，以上改为多角，并且重檐的层数均为奇数，顶棚覆盖青瓦，每层楼檐均有翘角突出翘起，宛如白鹤展翅，玲珑雅致。上部复杂者拔高成亭，或为单檐或为重檐，多为八角攒尖或六角攒尖，偶有歇山，檐下用如意斗拱层层出挑。顶尖部内雷公柱伸出为刹杆，为木质或者铁质的桅杆，串以从大到小的3个至7个钵罐构成葫芦状宝顶。塔式鼓楼形一株大树，顶部若为亭式，轮廓华丽丰富更似树冠。"楼"内其实并不分层，构架悉数可见，在顶部悬一周长3-4米的牛皮大鼓，有独木梯上下，遇报警或集会大事击之召集众人，声闻数里，因此得名"鼓楼"。也有极少数干栏式鼓楼，除了楼下有架空或部分架空的底层外，与落地鼓楼基本相同。而经济实力不足的寨子可以选择建造仅一层近似普通厅堂式鼓楼。

2. 侗族风雨桥、凉亭

侗区多有河溪，因此，侗寨就出现了各式各样的桥梁，几乎每寨都有桥，都为风雨桥，有的不止一座，为入寨的必经之路。其实风雨桥早已有之，又称廊桥、亭桥，就是在木平桥上建造长廊和楼亭。风雨桥不限于侗族而以侗族地区分布最密成就最高，风雨桥以其独特的建筑结构和艺术风格成为了中国建筑文化中的精粹。（图3-11）

侗族的风雨桥集桥、廊、亭为一体，这种桥栏边设长椅，既可行人，又可坐卧小憩，还能避风遮雨。风雨桥的选址十分注意成景和得景，使之既能在桥内观赏到周围的美好景色，又能装点大好河山。典型的风雨桥作对称构图，如二台一墩三楼或二台三墩五

图3-11　侗族风雨桥

图3-12　用杉木建造的侗族民居

楼。其结构多以大青石砌桥墩，在石桥墩上采用托架简梁式结构多层铺架成排的杉木，悬臂梁逐层向外挑出构成桥梁以增大桥孔跨度，再加梁面，再在各桥台桥墩上建造形如塔式鼓楼的桥楼，以增加桥的美观和跨梁两端的重量，加强桥身的牢固。桥廊连通各楼，内用油漆彩绘，雕梁画栋，为保护桥下梁木在桥廊栏杆以下又加了一重通长附檐。楼间廊道既可兼作寨门又可供行人遮风避雨游息聚谈，廊两头常伸出在边楼以外处设登桥下桥的出入口。整座风雨桥不用一根铁钉，全部以榫衔接。风雨桥都由各寨作为村寨的骄傲以极大热情合力共建的。桂北三江县马安寨的程阳桥是现存最大也最著名的侗族风雨桥。

风雨桥除了上述一些具体的功用之外，在侗族的观念还把它当做彩龙的化身，吉祥的象征，称风雨桥为"回龙桥"，是"留得龙在""财留水走"的意思，其含意应是受了汉族风水之说的影响。龙为吉祥保护之神。每逢家有不幸或寨有不幸，或水灾天旱，人们便携香带纸地到桥上楼亭的神龛上祭。同时，与鼓楼一样，风雨桥也常是家族的象征。若一寨有几个家族，除分建几座鼓楼外，还要分建几座风雨桥，成为全寨的重点。

另外，侗族山区，山高路陡，上下山很不容易。侗族的先人便在山间小道处、山坳或半山腰处，修建多座小凉亭。凉亭的结构简单，多是以四、六、八根柱子撑起，亭内两边放置长凳供人歇息。冬天，天寒地冻，老

人们还喜欢在凉亭中做一个火塘，烧水泡茶，让路人们取暖饮茶，而青少年在过生日时喜欢给亭子添瓦补漏打扫卫生，以示自己良好的家庭教养和素质。

侗族鼓楼、风雨桥和凉亭等民居环境艺术表现出了侗族人民乐善好施，热心公益事业的传统民族美德。

三、侗族民居的结构材料

侗族吊脚楼面阔多为三间，一般三层，大多为六排五柱五空式，每空宽为4米左右，深为10米左右。柱、梁、枋、瓜、串、檩等，均以榫卯穿合。侗族民居以悬山顶为主，形体处理自由，为弥补悬山顶的不足，在悬山屋顶下，山墙面和长面增设一至两条挡雨披檐，不必到头，更不必交圈，随时而止。二层常局部外挑成凸阁，上面也有披檐，四周加设腰檐。腰檐是从横梁下挑出悬臂，上置檩角盖瓦形成披檐。腰檐、披檐对保护梁枋、梁柱、节点和其他构件不被腐蚀，以及民居的遮阳降温起到良好的作用。

侗族地区盛产树干笔直、生长迅速、防腐性强的杉木，传统的建筑材料多用杉木、竹子、松木、茅草或石灰、土瓦等当地材料。（图3-12）

四、侗族民居的室内空间布局与装饰陈设

就侗族民居的室内功能空间布局设置而言，通常是底层架空，有板壁围护，为畜养猪牛鸡鸭、碓舂、厕所，存放柴木、农具和贮藏的场所。二层是主要居

住层，比较干爽，有较大堂屋和火塘间及隔成小间的卧室，火塘间（厨房）设有煮食和烤火的火塘，正中安放桌子，两侧放凳椅，是待人接客和全家人日常围坐炊饮聚谈的活动中心。二楼居住层堂屋总有一面朝向视线开阔、景观良好的方向，这一面常采用挑廊、挑台、栅墙等开敞作法，在半人高的木壁以上完全开敞，置身室内，可领略室外自然风光，取得室内外空间相互渗透的效果。侗族民居前廊宽敞、开阔，并设有长凳，便于通风、采光，是全家人休息及妇女纺纱织布做针线活儿的场所。为争取更多的使用空间，侗族民居常采用"出挑"和"吊柜"的手法。挑廊、挑台都是采用出挑的手法增加楼层的户外空间。吊柜是利用火塘间的内外壁挑出箱柜，既利用了墙面，又不占用室内面积；堂屋多不装门，有门也总是敞开着，形同虚设，以示随时迎接财富和人口。但有特高的门槛以防财富外流。偏厦、火塘和厅堂的后面为卧室。祖先崇拜和鬼神崇拜对侗族村寨及民居有重大影响，大多数的厅堂与大门相对的中轴线上设置神龛，家人在神龛上供奉"天地君亲师神位"。三层在屋顶内，有子女卧室和储藏间等谷仓和晾晒的地方，屋顶用杉木皮或瓦覆盖，屋檐洁白，有的还雕有花鸟图案，顶棚层为堆放杂物之处。侗族民居内部空间虽然功能分布明确，但也可以随时根据需要变动板墙的位置，调整空间布局，如农忙季节或举办红白喜事，可拆除几个板墙，构成临时性大空间，以便使用。

第三节　壮族"干栏屋"民居环境艺术

壮族，中国人口最多的少数民族。现有人口1540多万人。主要分布在广西壮族自治区、云南省文山壮族苗族自治州、广东省连山壮族瑶族自治县、贵州省黔东南苗族侗族自治州等地。这些地区多属亚热带气候，气候温暖，雨量充沛。古代的广西既蕴藏着丰富的自然资源，又是个毒蛇猛兽出没的地方，并且地面潮湿，人类不宜在地上露宿，只好"构木为巢，以避群害"，壮族传统民居就是这种适应岭南地区潮湿炎热、毒蛇猛兽横行的"干栏屋"，是一种干栏式楼房。壮族的"干栏屋"与北京的四合院、福建的客家土楼、陕北的窑洞、云南的"一颗印"合称为中国五大古代民居遗产。

一、壮族"干栏屋"的选址布局及形态特征

一般壮族"干栏屋"都面向山野依山傍水，前景开阔，采光也好。在青山绿水之间，点缀着一栋栋干栏式木楼，一个寨子一个聚落，整体望去，既雄伟又壮观。这就是壮族人民的传统民居。有些村寨，家家相通，连成一体，就像一个大家庭。（图3-13）

与西南少数民族的民居相比，壮族的"干栏屋"为长方形人字顶的二层结构，上层一般为3开间或5开间，可供住人。下层为木楼柱脚，多用竹片、木板镶拼为墙，可作畜厩，或堆放农具、柴火、杂物。在"干栏屋"的左侧或者右侧，建有与正屋齐高的晒台，并有侧门与厅堂相通。壮族是稻作民族，有着悠久种植水稻的历史。为了烘干粮食，"干栏屋"要适当地加高，因而有高达三层的"干栏屋"。明清以来，壮族地区富贵人家的民居，普遍采用砖木结构的民居形式，与中原汉族的民居无多大差别。平房是由"干栏屋"演变而来的砖墙瓦顶民居，受汉族民居形式的影响很明显。贫苦农民仍是就地取材，因陋就简，"茅檐土壁瓮牖而居"。这种差别一直持续到近现代。而干栏式民居一直是壮族民居形式的主流。（图3-14）

大多数壮族地区在干栏民居的四周还常用荆棘或竹木编成篱笆围成庭院，在干栏和篱笆之间庭院的空地

图3-13 壮族"干栏屋"（模型）

图3-14
干栏式民居一直是壮族民居形式的主流（模型）

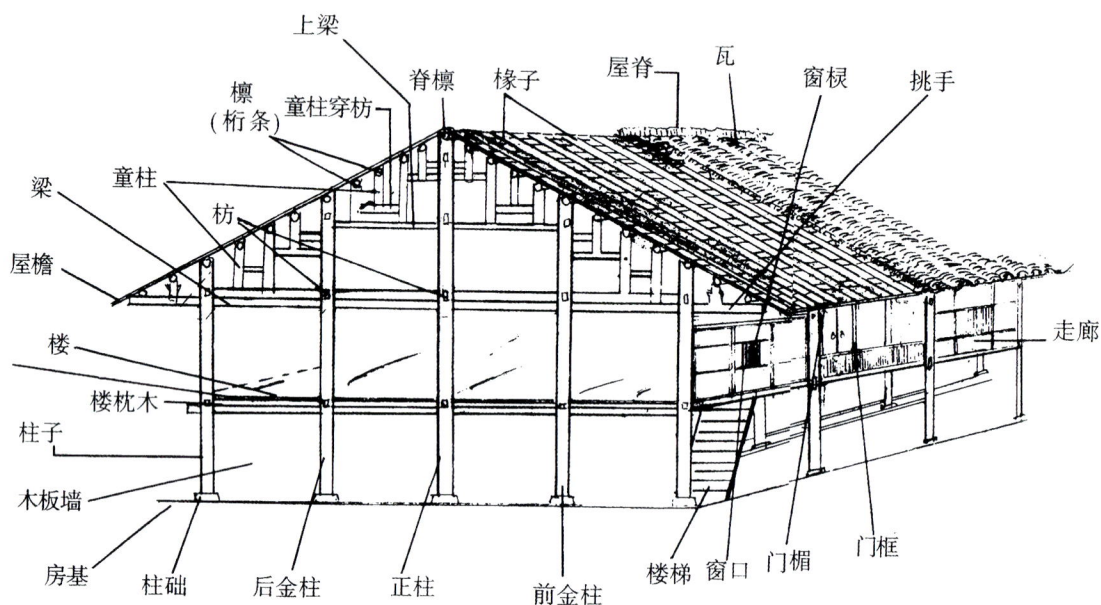

图3-15 壮族"干栏屋"的结构

内种上蔬菜、木瓜和柑橘、芭蕉等果树或翠竹，绿树成荫，花香袭人，整座干栏民居掩映在竹林丛中，别有一番情趣。

干栏式群落是按照壮族地区同一家族的成员要相对聚居的习惯布局的，可分为串联式和并联式两种布局类型。串联式干栏群落由山腰向山下呈辐射状，每行辐射线上的建筑用飞桥串联起来。并联式干栏群落将若干干栏排成两行，中间留有通道，两端有围墙和院门，形成一长方形院落，同一家族的兄弟之间，可不经过外门而相互联系。干栏式群落的布局，反映了壮族地区同一家族聚族而居的习俗。

二、壮族"干栏屋"的类型样式

由于地区不同，壮族的"干栏屋"千姿百态。壮族地区的民居有全楼居麻栏和半楼居麻栏之分，还有"四封山"土屋、"二封山"土屋等，这些都是由"干栏屋"演变而来的。

在盛产木材的山区，全楼居麻栏为全木构，连外墙也用木料做成。全楼居麻栏可根据家庭的需要，外山墙增加偏厦、挑楼、前面有抱厦和望楼谷仓等，使建筑空间更加扩充。挑楼亦称挑廊，是利用出挑来争取空间，扩大使用面积，它在建筑四周皆可出挑，手法灵活。抱厦突出于建筑前部，是望楼的扩大部分，它打破了一般麻栏建筑简单的"一"字形，使建筑造型更加丰富。广西百色和云南文山地区"干栏屋"成"凹"字形，前面的缺口处留有登口，凹处的走廊形成一个长方形的空间。云南文山地区的"干栏屋"走廊上盖顶棚，以45度角斜向前方，棚上的侧高度在二层窗户之下。走廊两边的耳房或侧墙顶盖上顶棚，呈"人"字形，给人轻巧的美感。桂西北地区，在"干栏屋"前面正中位置建有高于"干栏屋"顶的望楼，也有的前方左右侧接上抱厦或耳房，形成四合院，院门上方便是望楼。

半楼居麻栏是缺乏木材的丘陵地区的一种建筑形式。其主要外墙和部分内墙用冲土或砖墙代替木料，底层较低，且只利用一部分空间，另一部分填土，居住层就成为半楼半地，故称为半楼居麻栏。丘陵地区地势平缓，许多杂物可堆放户外，故半楼居麻栏一般面积较小。

三、壮族"干栏屋"的结构材料

壮族"干栏屋"所使用的材料和建筑式样因地而异，但大多数壮族"干栏屋"仍然保持着古老"干栏"式基本的特征，结构材料上全系木质构架，一般先起底层，后立屋架，两头搭以偏厦，多用竹片、木板镶拼为墙，顶上盖茅草或杉皮，有三间五间不等。木材较多的地方，干栏多为竹木结构，竖木为柱。缺乏木材的地区，则以竹子作篱和楼板。经济发达的地区，干栏多为泥石结构或砖石结构，用石头砌柱础，冲泥为墙或砌砖为墙，屋顶盖瓦。这种因地制宜的干栏式民居古今沿袭，历久不衰，深为壮族人民和南方其他民族所喜爱。（图3–15）

四、壮族"干栏屋"的室内空间布局与装饰陈设

"干栏屋"用木板围成，主建筑分上下两层及阁楼，以三开间带偏厦和五开间居多，每开间宽度约四米左右，进深约十米左右。底层可做牛栏、猪圈关养牲畜家禽，亦可堆放柴草、置农具及杂物或做厕所，设舂碓、磨坊等。底层外墙可用木栏墙或石墙，也可用木栏窗，四周通透。

楼上住人，居住层由望楼、堂屋、火塘间和卧室组成，通常还设有粮仓或杂物间。房屋内部布局为前堂后房，各地壮族的干栏式民居式样也不尽相同，不管其式样、布局如何，进大门中间的一间屋必是堂屋，用于接待客人和供奉祖先，并且都要把神龛放在整个房子的中轴线上。堂屋用来举行庆典和社交活动，旁边左右两间厢房或其他房间有的做卧室，有的做客房，后厅为生活区。堂屋侧边为火塘间，兼做厨房和餐室，屋内的生活以火塘为中心，每日就餐都在火塘边进行，也是全家聚合、会客、娱乐的地方。高寒山村的壮族人家，有常年围塘烤火的习惯。火塘间室外的向阳面还搭有晒排，以供晾晒之用。望楼是居住层半户外空间，是休息、眺望、晾晒的场所，凭栏远眺，视野开阔，房前竖立一排高约丈许的挂木架，名叫禾廊，作为秋收晾晒禾把，待晾干后堆入粮仓。楼梯设于屋内一侧，楼上前边为走廊，较宽敞，围以栏杆或半节板壁，光线充足，壮家人在这里会客、乘凉和纺织。另外，室内空间布局各地还自有特点。

阁楼是利用堂屋和望楼以外部分的屋顶空间设置的，用来贮存农作物、杂物，对居住层起防寒、隔热的作用。采用活动爬梯或固定木板梯上下。

壮族"干栏屋"的装饰多体现在门窗棂格的装修上，棂格造型多样、美观，常见的有菱纹、回纹、锦纹以及花鸟图案，充分利用门窗榫接拼联的特点组成各种精美图案，体现了精湛的装饰艺术。

第四节　傣族竹楼民居环境艺术

傣族现在有人口约102万。主要聚居在云南省西部靠边境的弧形地带，西双版纳傣族自治州、德宏傣族景颇族自治州以及耿马、孟连、元江、新平等自治县。傣族历史悠久，属于"百越"族群。在汉代，傣族先民称为"滇越"，清代多称"摆夷"。傣语属于汉藏语系壮侗语族壮傣语支。傣文都从印度字母脱化而来。傣族主要有三种方言，即傣泐语、傣那语和傣绷语。傣族有"旱傣""水傣""花腰傣"之分，傣泐，习称水傣，傣那习称旱（汉）傣，傣绷习称花腰傣。其中傣那在历史上与汉族在政治、商业和文化上交流较多，因而受汉族影响较深，风俗及耕作技术与汉族相近。云南的傣族远古时就信奉上座部佛教，是经由泰国、缅甸于公元6世纪左右传入的。除佛教外，在百越族群各族中普遍存在的原始宗教信仰在傣族中仍保持一定地位，包括万物有灵的多神崇拜。

傣族民居多建于云南境内的河谷子坝地区，地势较低，终年无雪，雨量充沛，属亚热带气候。西双版纳和德宏州部分地区以竹楼为主，另外，在傣那（俗称旱傣）地区，受汉文化影响较大，民居以院落式平房为主；元江一带的傣族民居，为泥土平顶式"土掌房"，与当地彝族民居相同。虽然有种种不同变化，但总体来看，傣族千百年来基本上保持了干栏式民居的居住形式。直到今天，傣族民居一直以干栏式竹楼闻名天下，竹楼以竹、木为主要建筑材料搭成楼房，上层住人，下层为畜圈或堆放杂物，以朴素见长，且富于地方特色。这种民居文化是在长期的历史发展与自然环境中形成的。（图3-16）

一、傣族竹楼的选址布局及形态特征

傣族村寨多坐落在丘陵地带大小坪坝江河沿岸、溪流近旁、四周绿树翠竹环绕之处。每个村寨一般有30户~50户，多则上百户。村寨由民居和佛寺组成，佛寺的位置选择在村寨主要入口处，四周平坦开阔，地势高而显要，风景优美。高大的寺塔建筑，居高临下地俯视着村寨片片竹楼，显示了佛教在傣族人民心中的崇高地位。古人说："宁可食无肉，不可居无竹"，从这个意义上说，生活在云南西双版纳地区的傣族算得上是最幸福的人，因为他们不仅吃着"竹"筒饭、喝着"竹"筒酒，还居住在"竹"楼里。掩映在翠竹浓荫里的傣族竹楼，通风凉爽，其外形就像一只开屏的金孔雀，它以"金鸡独立"的舞姿站立于翠竹绿林之中，近看整齐有序，小巧别致，别有特色；远望则影影绰绰，似隐似现，别有一番情趣，充满诗情画意。

傣族竹楼是一种全用竹子建造的高脚楼房，虽说是楼，但是一般只有一层，只是整个房子被一根根木桩高高地撑起，就像空中楼阁。（图3-17）房顶呈"人"字形，这是由于西双版纳地区属热带雨林气候，降雨量大，"人"字形房顶易于排水，可以避免造成积水的情况出现。一般傣家竹楼分上下两层，下层为架空层，以防止地面的潮气，一般不设围墙不住人，由数十根木柱支撑整座建筑物，木柱之间的空地是储藏杂物和养猪圈牛饲养家畜的地方。廊下安装楼梯供人上下；上层有堂屋、卧室、前廊、晒台及楼梯。在竹楼主房四周常扩大一圈檐柱，盖披屋（即偏厦），偏厦可以遮挡烈日，使主楼室内阴凉，但影响外墙不能开窗，对采光不利。竹楼的大小规模以使用木柱的数量来判断。（图3-18）此外，傣族还是个爱水、恋水、惜水、敬水的民族，以水表示祝福和傣族的洁净，因而傣族居住的村寨、寨边的竹丛中，还经常会看到造型独特而别具一格的水井塔。

二、傣族竹楼的类型样式

云南傣族主要聚居于地势较平坦、河谷纵横、气候温暖的滇南西双版纳和介于地形变化和气候差异都较大的滇西南德宏州。由于地理和气候条件的区别以及不同地域的傣族在文化发展上存在的差异，傣族竹楼在结构的形式、平面布局、外部造型、室内布置等许多方面都因地而异，呈现出不同的类型样式。

1. 西双版纳民居。西双版纳民居平面近于方形，先由楼下登梯至"廊"，廊外连以晒台，入门进入堂屋，设火塘，由堂屋转弯可至卧室。廊与梯相连而无

图3-16
傣族干栏式竹楼（模型）

图3-17
底层架空的傣族竹楼

图3-18
竹楼的大小规模以使用木柱的数量来判断（模型）

墙，仅有重檐屋面遮阳避雨，明亮而通风，在廊的外檐处设靠背坐凳栏杆，廊面铺席，是日间乘凉、进餐、纺织、家务活动、待客的理想地方，成为堂屋的延伸，富有生活气息。晒台很简单，只是一方竹片铺成的平台，用来晾晒粮食衣物，还兼作冲凉地，置贮水罐。傣族没那么多礼法规矩，冲凉时并不避人。

西双版纳民居全宅以木柱木梁构成，使用木或竹楼板和只是一片薄薄篾席的篾"墙"。外墙向外倾侧，不开窗。用陶土制带小钩的薄平瓦覆顶，也有少数草顶。屋顶类似歇山式，屋脊较短，坡度较陡，分两折，上折比下折更陡。多半在下层以下又加一圈下檐，形成重檐，整座建筑完全覆于浓荫之中。檐端平直无角翘，没有什么装饰。这种形式的产生，并非刻意追求，而是对内部空间的自然顺应。将西双版纳的傣族住宅典型构架作一分解图示，可以发现它实际上是一个带有悬山式屋顶的主体空间加上一圈带披檐的附属空间组合而成的复合形式，只不过在其连接处作了相应的构造处理，使之过渡自然，一气呵成。干栏上有轮廓丰富的庞大屋顶，下为开敞的柱林，虚实对比强烈，坦然地表露功能和结构，朴素自然，光影错落，再加上绿化得很好的院子，极富情趣。

西双版纳民居有时平面为曲尺形，两个歇山顶垂直穿插。又有的在方形平面附近另建谷仓而与晒台相联系。全宅各种房间都组成在一幢楼房中，四周是包括菜园果木的场地，围以篱笆，呈内实外虚式。相邻各宅之间可以互望和对话，恰与汉族以院落方式为主的外实内虚式民居形成鲜明对比，是两种文化的反映。

在西双版纳傣族村寨中，佛寺是最重要的公共建筑，常建在村寨的主要入口、地势险要风景佳胜处，以其位置优势和高大体量成为整个村寨的视觉中心。

2. 德宏州民居。

同为竹楼，不同区域的傣族竹楼也有很大的差异。德宏州的民居可以瑞丽为代表，生活在德宏傣族景颇族自治州瑞丽市的傣族一般称为水傣，与居住在西双版纳等地区的傣族同胞有一样的宗教信仰和生活习惯，但是他们的竹楼却不一样。瑞丽傣族的竹楼是由前面一座南北纵长矩形平面的"干栏"与紧接其后的横向"平房"两部分组成的。"干栏"为住房，"平房"为厨房。

"干栏"屋脊较长，其楼下架空层用竹篱围栏，而且没有披檐屋面，堂屋外形也为歇山屋顶，外墙开窗户，有的还是落地窗。竹楼的歇山屋顶坡陡脊短，山尖正好起采光、通风、散烟的作用。外墙向外倾斜，支撑着很深的出檐。竹楼下部的坡屋面起着遮阳伞的作用，抵御烈日的照射。

从瑞丽傣族竹楼的平面布局来看，其入口、堂屋、卧室三者呈前后串联关系，平面设计合理而周详。由南部从侧面入口登梯上至前廊，更南接建晒台，北通堂屋。在堂屋一侧设神龛，供家神；再北分为东西二部，东为卧室，西置一梯，下通平房。平房用做厨房，由厨房转南是干栏下层。这样，晒台可充分利用阳光，堂屋有南北穿堂风，若左、右开窗，或在堂的西侧设阳台，通风更好；卧室可避西晒；厨房与干栏下层的米碓、粮囤、畜圈联系很好；厨房单独设置，使堂屋不受炊事烟火。瑞丽傣族竹楼的平面布局还有一些变体，如上述典型平面的干栏后部墙与屋面建为半圆形或在典型平面堂屋的一侧加建卧室数间，形成曲尺形平面等。

瑞丽盛产竹，旧时瑞丽傣族竹楼的梁、柱、楼板和墙悉用竹，近时其承重构架已改用木。篾墙普遍利用竹篾两面肌理的不同，编织成各种图案，成为装饰。瑞丽傣族竹楼屋顶均多覆茅草。

瑞丽傣族村寨内部布局比较自由，单体住屋平行排列在道路两侧，佛寺一般都在村寨中部或后部。

三、傣族竹楼的结构材料

傣族地区盛产竹子。以前，傣家竹楼的所有梁、柱、墙及附件几乎都是竹子制成的，用竹片、圆竹筒、半圆竹、竹篾等制作竹柱、竹梁、竹壁、竹楼板等，其中，柱、梁和屋架结构用粗竹，削开的竹子压平做楼板，门窗用竹子制作，围墙也用竹片编织。各种竹料或少许木料紧扣在一起，互相牵扯而极为牢固，可谓名符其实的"竹楼"。新中国成立以前，头人、大户的住房也有以采用木料为主的，现在随着傣族人民生活水平的不断提高，屋架、柱子、梁檩等构件普遍已经改用上好木料，只是楼板、墙壁有的仍用竹子，那是因为竹子质轻、光滑、透风性好，经济又实用。所以，现在人们常说的傣族"竹楼"，实际上已经不是严格意义上的"竹楼"。人们沿用"竹楼"这一称谓，只不过是延续一种习惯，顺应于已经形成的心理情感。以下对傣族竹楼的结构材料分部位来做具体分析。（图3-19）

（一）承重构架：傣族竹楼以柱、梁、屋架等组成承重构架。主屋架跨度一般为5至6米，两侧再搭接辅屋架。主、辅屋架坡度不同，主屋架上折45°至50°，辅屋架下折35°至45°，使屋架形成了两折面的形状。屋架形式多样，各地采用形式随民居匠师习惯做法而定。一般傣族竹楼坡屋面下都会另有一圈檐柱支撑，此柱与上檐柱之间用横枋连接，枋上立有向外倾斜的小柱，既是上檐的挑檐柱，支撑着探出很多的上檐，同时也是外墙的骨架，使外墙向外倾斜，加大房屋的空间。屋面下另有一圈槽柱支持，此柱与上檐柱有横枋相连，枋上立有向外倾斜的小柱。向外倾斜的小柱，既是上檐的挑檐柱，支撑出檐深远的上檐，同时也是外墙的骨架，使外墙向外倾斜，加大使用空间。当傣族竹楼的承重构架榫孔间隙较大出现歪斜时，多采用木楔固定。

（二）柱：傣族竹楼柱网一般为5至6行纵向列柱，每列7跨，使用木柱共约40至50根左右。木柱横向间距约为3米，纵向间距约为1米至1.5米左右。木柱多为圆形或方形。木梁柱不用五金铁件结合，而用榫，但做工比较粗糙，榫孔不甚密合，故多用木楔加固。

（三）屋顶：傣族竹楼屋顶多为灵活多变、脊短坡陡而轮廓丰富的歇山式，利于排水遮阳。两山尖不封闭而可起采光、排烟、通风等作用。屋面用料，以前多覆草排，即将茅草扎成排状，可自制亦可到市场购买。现在屋面很少再用茅草，而多改用端部带钩三寸见方的小薄方平瓦，将其挂于傣语称做"朗片"的竹片挂瓦条上，平瓦错缝而平铺叠放两层以避免漏雨。现在屋面也有改用铁皮的，延长了住房的使用年限。（图3-20）

（四）楼板：傣族竹楼楼板用料有木有竹，木耐久而竹易得，各有短长。竹楼板系将圆竹纵剖展平、利用断缝处未断的纤维保持连接，压平成板，平铺于楼楞上，并以竹篾或细藤捆紧扎牢，走在竹制的楼板上，富有弹性。

（五）墙壁：傣族竹楼墙壁常利用竹材正反皮、里两面的不同质感与色泽，编织出各种花纹。现在的竹楼墙壁也多有使用木材的，虽然材质有变化，然而竹楼的

图3-19 傣族竹楼的结构（模型）

图3-20 傣族竹楼的屋顶结构（模型）

构筑方法，结构形式，以及浓郁的民族风格并没有太大的改变。

四、傣族竹楼的室内空间布局与装饰陈设

傣族竹楼的二层为人们居住的地方，这一层是整个竹楼的中心，室内的布局很简单，一般分为堂屋和卧室两部分。堂屋设在木梯进门的地方，比较开阔，在正中央铺有大的竹席。（图3-21）堂屋内一般设有火塘，在火塘上架一个三角支架以放置锅、壶等炊具，是烧饭做菜、烧茶及招待来客、商谈事宜的地方。主客双方围火塘团坐，主人习惯于坐火塘内侧。

从堂屋向里走便是用竹围子或木板隔出来的卧室，堂屋与卧室之间的竹编篱笆隔墙设两个门以供出入。门上悬挂布帘，以遮视线。这两个门，一个在男柱一侧，习惯上是家庭男性成员进出卧室的门。另一个门在女柱一侧，是家庭女性成员出入寝室的门。傣族风俗一般不欢迎外人进入卧室，外人来访仅能停留在火塘所在的堂屋里。卧室为一大通间，在地面也铺上竹席，一家数代

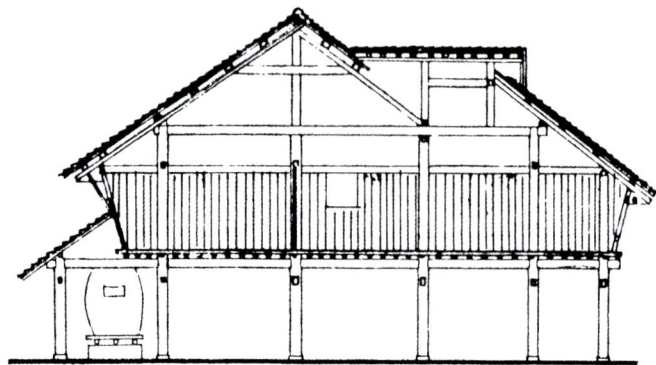

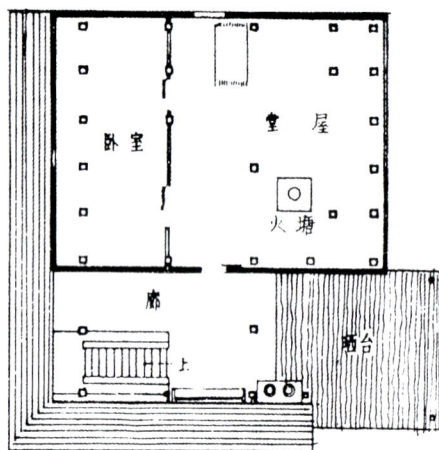

图3-21 傣族竹楼二层居住空间的室内布局

图3-22 竹楼上层的前廊

人席地而卧，同室而寝，睡觉位置排列有序。屋里的家具非常简单，多为竹制，凡桌、椅、床、箱、笼、筐，全是用竹制成。因有蚊虫，家家有简单的被和帐。偶然也见有毛毡，铅铁等器物，农具和锅刀及厨具多为铁器，都仅有使用着的一套，少见有多余者。陶制的器具也很普遍，水盂水缸的形式花纹都具地方色彩。

竹楼上层的前廊宽敞通风，四周无墙，仅有重檐屋顶遮阳挡雨，家人们可以在这里享受清凉的微风，也可晾晒衣物，在前廊上放着傣家人最喜爱的饮水工具竹筒、水罐等，这里也是傣家纺织、家务活动以及妇女做针线活的好处所。（图3-22）每座竹楼都有一个晒台，面积有15至20平方米左右，有矮栏围护或不设栏，主要用于晾晒。整个竹楼很宽敞，空间很大，且少遮挡物，通风条件极好，非常适宜潮湿多雨的气候条件。竹楼少有装饰，朴实无华。

过去傣家竹楼的建造还反映着傣家人严格的等级、辈分等伦理观念。比如凡是长辈居住的楼室的柱子不能低于6尺，室内不允许有"人"字架，显得非常

宽敞明亮；竹楼的木梯也有明确规定，一股要在9级以上。晚辈的竹楼一般较差一些，首先高度要低于长辈的竹楼，其次木梯也只能在7级以下，室内的结构也显得简单许多。

竹楼上的每一个部分都有不同的含义，走进竹楼就好像走进傣家的历史和文化。竹楼的顶梁大柱被称为"坠落之柱"，这是竹楼里最神圣的柱子，不能随意倚靠和堆放东西，它是保佑竹楼免于灾祸的象征。除了顶梁大柱外竹楼里还有分别代表男女的柱子，竹楼内中间较粗大的柱子是代表男性的，而侧面的矮柱子则代表着女性，屋脊象征凤凰尾，屋角象征鹭鸶翅膀等等。

五、傣族竹楼作为一种适应环境的生存方式所展现的文化根性

傣族竹楼轻巧简洁、朴素无华，轮廓丰富、典雅大方、舒适美观、实用牢固。屋顶和柱林，墙面和敞廊，构成强烈的虚实对比，形成一个轮廓多变、光影

错落、富于建筑空间感的优美形式。傣族居住地区的气候炎热，潮湿多雨，通过架空居所，才能创造出干燥的居住环境。干栏式竹楼深受傣族人民的喜爱，其兴起与长期得到留存乃至延续数百年而无大的变化，很大程度上是傣族人长期以来在生产、生活实践中适应当地特定的地理气候与资源等自然条件、经济条件并经过无数次的筛选而定型的，傣族竹楼作为一种适应环境的生存方式所展现的文化根性主要体现在以下几个方面：

1. 便取材。傣族居住的坝区，河谷纵横，土地肥沃，宜于种植水稻、热带植物和多种经济作物。茂密参天的森林分布广泛，有"植物王国""动物王国"之誉。这种丰富的自然物资资源，为民居提供了天然的建筑材料。傣族"竹楼"，就因所用材料几乎全部为竹材而得名。以竹为材，这是由自然环境与物产条件所决定的。傣族地处云南边隅，这里几乎处处植竹，是一个"竹"的海洋。这种自然条件，不仅为傣家营构提供了材料来源，而且更重要的是，培养了对于"竹"的审美感情，因地制宜、因材施建，"竹楼"便应运而生了，并且源远流长。

2. 防潮湿。傣族居住之地，主要在云南省的西部和西南部，这里有山地、高原、平原等地形，地势起伏差异很大。由这种垂直高差的地势，引出了变化较大的气候，有温带、亚热带、热带的气候分布，终年无雪，雨量充沛，全年无四季之分，只有明显的干季（每年11月至次年4月）和湿季（每年5月至10月）之别。傣族居住的绝大多数地区气候炎热，潮湿多雨，楼居架空，既可避开地面的湿气，又利于散发室内潮气，变得较为干燥。利于散热通风。当地气候本已十分炎热，室内又设有火塘炊事，墙壁楼板等用竹篾或木板织构而成，有较大缝隙，可以及时散热排烟，形成良好的通风。

3. 避虫害。西双版纳森林丰茂，林中珍禽异兽毒虫猛兽等野生动物种类繁多，危害人类生命，楼居则较为安全。

4. 避洪水。傣族居于坝区，每年雨量集中，常遇洪水骤增，泛滥成灾，而楼下架空，则利于洪水通过，减少危险。同时竹楼的竹篾多空隙，且系绑于梁上，洪水泛滥时，容易将其取下，减少浮力，待洪水退去后再系上，这也是出于防洪水的考虑。

第五节 景颇族民居环境艺术

景颇族，中国少数民族之一。现有人口约12万人。主要分布在云南德宏傣族景颇族自治州的潞西、陇川、盈江、瑞丽、梁河五县，少部分散居于其他州县。景颇族大多住在海拔1500－2000米的山区。这里气候温和，雨量充沛，土地肥沃，物产丰富。除种植旱谷、玉米、水稻外，盛产名贵的红木、楠木和各种竹子，还有橡胶、油桐、咖啡、茶叶、香茅草等经济作物，以及热带、亚热带水果菠萝、菠萝蜜、芒果、芭蕉等。深山老林中栖息着各种珍禽异兽。地下矿藏也很丰富。景颇族民居外观粗犷简朴，多为一种矮脚竹楼形态的干栏式民居。（图3-23）

图3-23 景颇族外观粗犷简朴的矮脚竹楼

图3-24 硕大的屋面，很深的出檐

图3-25 低楼式楼居室内

一、景颇族民居的选址布局及形态特征

（一）选址布局。西南地区景颇族人聚居在大山之中，海拔一般在1500-2000米左右。景颇山寨的寨门由立着的两根木柱及木柱架着的横梁构成，横梁上画着简单的线条和粗犷的图案，进入寨门走不多远，就会看到在绿树翠竹掩映下的景颇族寨子，他们的住房四周种着竹子和芭蕉、菠萝蜜等果树。山区地形起伏，很少大块平地，房屋多随地形灵活布置，无一定成规。20世纪中期前，居住在深山老林之中的景颇族人处于轮歇游耕、刀耕火种的落后的生产力水平下，由于土地不固定，因而形成了"地跟山转、人跟地走、寨跟人跑"的情况。20世纪中期之后，景颇族改变了这种落后的生产状况和生活状况，住房虽然相对固定下来，但景颇村寨一般都只有几十户人家，不但寨子小而且住户之间离得比较远，仍保持着历史中形成的寨小分散的特点。

（二）形态特征。景颇族民居使用的竹木材料保持着自然的粗糙状态，民居外观粗犷简朴。一字形的房屋笼罩在陡峭的茅草屋顶下，硕大的屋面，很深的出檐，低矮的墙身，架空的竹楼构成了景颇族民居的特色。（图3-24）受汉族及傣族的影响，景颇族民居也有的将架空层提高，楼下饲养家畜，进行舂米等劳作。也有的模仿德宏傣族民居，做成平房的形式。也有模仿瑞丽傣族民居，建成干栏式的形式。

二、景颇族民居的类型样式

景颇族民居以干栏式楼居为主，这种楼居的类型样式依其入口和房内过道的位置不同又可分为两种：一种是景颇样式与汉族样式混合的矮脚竹楼，在房屋的前面有一敞开的小门廊，从此进屋后左右两边各有一两个房间，侧面的房间有门通外面；而另一种是景颇传统样式矮脚竹楼，房屋为竹木结构，木头的房屋框架用棚杈支撑，以藤条绑扎。房顶以山茅草覆盖，墙面和地面均为竹子编织或削开而成，这种景颇传统样式民居已很少见。而景颇样式与汉族样式混合的矮脚竹楼居又可分为低楼式、高楼式、外廊式和傣族干栏式几种不同类型。楼居之外还有平房式民居。

（一）低楼式是景颇干栏式楼居的典型形式，楼面架空，距地面60-100厘米左右，主要进口设在山墙一端，登梯入室。低楼式因楼层不高，底层只能养猪、鸡，大牲畜则在门廊处另设畜舍。底层高60-100厘米，其下圈养牲畜，楼上是居室，入口处有开敞式平台，居室依纵轴分隔为左右两部分，分别为堂屋、卧室和厨房，室内无桌、椅、床、柜之类。一般是席地坐卧，故楼层很低，楼高也只有120-150厘米，从而形成独特的民居造型。（图3-25）

（二）高楼式民居，平面也是长条形，主要进口仍设在山墙一端，通过楼梯达到二层进入室内。高楼式与低楼式的主要区别在楼层较高，底层高160-180厘米左右，大牲畜亦可进入底层。上层住人，高120-150厘米，室内与低楼式无异。

（三）外廊式民居多出现在景颇族与汉族、傣族杂居的地区，显然在外族的影响下，改善了民居的布局。外廊式楼居一般底层高度低者100-120厘米左右，高者200-220厘米左右。底层只作谷仓贮藏农作物或堆放杂物使用，已不关牲畜而另建畜厩。楼上住人，楼梯仍设在山墙端或外廊一端，一般厨房都与正房分开单建，与正房形成曲尺形或"凹"形平面。畜厩、厨房与居室的分离大大改善了居住的卫生条件。

（四）傣族干栏式，一些与傣族毗邻地区的景颇族也采用傣族的房屋样式。入口多设在山墙一端，门前有竹制晒台。楼高200厘米左右，下层关牲畜而上层住人。房间根据需要自由分隔，无一定格局。

（五）平房式民居。景颇族平房式民居一般3-4间，入口仍在山墙一端，有一较浅的开敞式门廊进入室内，室内光线较好，高约200厘米，在住房附近另建有畜舍。

三、景颇族民居的结构材料

景颇族民居外观简朴，深远的出檐，陡峭的茅草屋顶，屋脊向山墙方向挑出，形成倒梯形屋顶侧面，

这与古代"长脊短檐"式屋顶相近，属于干栏式民居的早期形态，有较好的防雨效果。而景颇族受傣族、汉族民居影响修建的外廊式楼房或平房的民居结构则有明显改进，多采用穿斗式木构架承重，有檩条和穿枋纵向联系。

景颇民居的建筑材料都是就地取材，可分竹结构、竹木结构和木结构三种。墙面材料为竹片或小竹筒，也有用竹篾、木板或土坯的。楼面材料也用竹片，将圆竹剖开压平，用竹篾将竹片绑于柱上，即构成墙面和楼面。屋顶材料也用竹，也有用杉木皮做屋顶的。景颇民居的材料构件多保持自然形态，建筑技术简单粗糙，如木柱可直接选用树杈或竹柱承重，树杈或竹柱直接埋入土中约50厘米，表面粗糙，不再加工。由于建筑材料和营造技术粗糙，景颇民居使用年限极短，一座竹屋一般住四五年就朽坏了而又要另盖新居，这与他们过去迁徙的时间相吻合。

四、景颇族民居的室内空间布局与装饰陈设

景颇族民居的室内空间分隔分纵式分隔、横式分隔和傣族干栏式分隔三种形式。房间组成一般包括前廊、堂屋、卧室、客房、厨房及贮藏间。前廊是居室的入口处，常安置杵臼或脚碓，可在此舂米或编织；位于楼上的堂屋是家人起居与待客的场所，室内一般没有柱子也不摆放坐椅等家具，左右外墙开窗户而采光通风良好。堂屋内前面角上设佛龛，佛像面西，与佛寺中的佛像面东正好相对，以供人们祭祀。堂屋正对大门的中后部安放火塘，火塘灶是用两块石头垒成的，便于景颇人的频繁迁徙。景颇人经常围火塘而卧，故火塘四周的楼板上铺设毡子或席子，人们也常围火塘而坐以喝茶聊天；（图3-26）卧室的位置一般在楼上的东北角，可避免西晒。卧室分为两种类型：一种是不分室，一家人同居一室，分帐席地而卧；一种是分室，根据人口状况多少，一般用"竹墙"分隔2-3间，无窗无门扇且光线极差；（图3-27）客房是起居、饮食、待客之处，客房一角设有祭台，祭祀活动亦可在客房举行。（图3-28）景颇民居客房还设有一称为"鬼门"的后门，外人不得出入；厨房相接在主房的后边，单层而面积较大，有楼梯可以通到楼

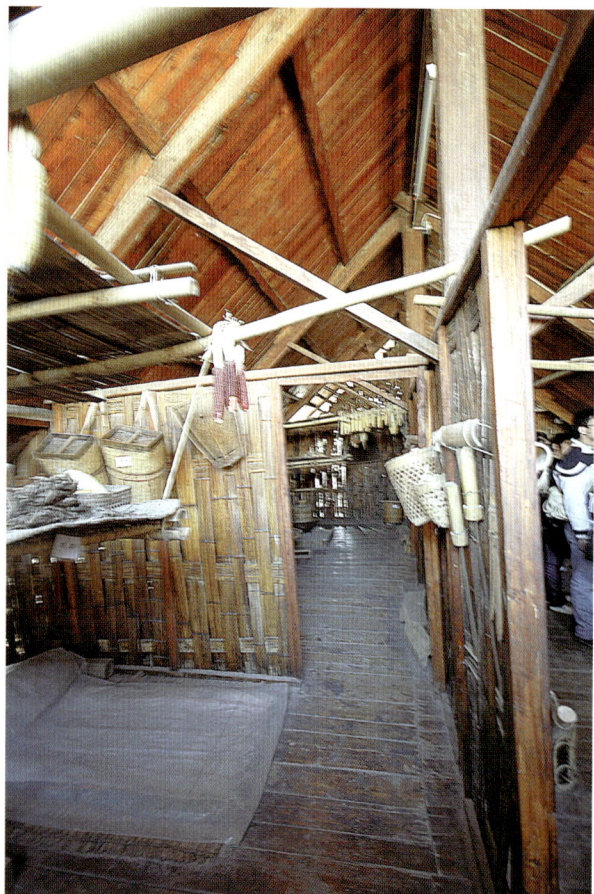

图3-26 堂屋正对大门的中后部安放火塘

图3-27 用"竹墙"分隔出卧室

图3-28 客房是起居、饮食、待客之处

图3-26

图3-27 | 图3-28

上，主人在这里做饭及用餐，主妇还常在这儿织布和待客；常设在进口处的贮藏间有门开向客房，主要用于贮藏五谷杂粮。

在外观装修上，景颇族民居所用材料多保持自然形态，表面粗糙而不加修饰，这与景颇族民居简朴的外观尤其是其独具特色的倒梯形屋面形成了粗犷、简朴而独特的民居风格。

五、景颇族民居作为一种适应环境的生存方式所展现的文化根性

景颇族矮脚竹楼作为一种适应环境的生存方式所展现的文化根性很明显地体现在其村寨民居的布局上。景颇族村寨民居灵活而分散的布局是适应所在地区的自然条件、经济条件及所形成的生活习惯的结果。

（一）景颇村寨民居多依山而建，顺纵轴方向沿等高线布局，沿山脊或顺山坡随地形灵活布置。由于地形复杂而少有大块平地，房屋只能根据地形选址，所以景颇村寨民居布局灵活而分散。

（二）景颇村寨绿树成荫而树木繁多，寨内房屋稀疏而房屋间距较大，这对于竹木结构及茅草屋顶的景颇民居而言，无疑具有较好的防火作用。并且由于景颇人有烤火的习惯，屋内火塘终夜不熄，常引起火灾，为防火又要考虑风水选择地基，故村寨人数一般都较少，村寨民居也随地形蜿蜒曲折布置而零乱稀疏，无一定成规，均自然形成，故而景颇族村寨民居的总体布局显得灵活而分散。

第六节　苗族、土家族民居环境艺术

苗族，中国少数民族之一。现有人口730余万人。是一个人口较多的少数民族。苗族半数以上居住在贵州境内，其余分布于湖南、云南、广西、四川、广东与湖北等地，与兄弟民族大杂居、小聚居。其中贵州省黔东南苗族侗族自治州、黔南布依族苗族自治州、黔西南布依族苗族自治州、湖南省湘西土家族苗族自治州、云南省文山壮族苗族自治州、广西融水苗族自治县等地是最主要的聚居区。苗族以传统的稻作农业为主，林、牧、副、渔及工业水平也较高。饮食方面，普遍以大米为主食。苗族信仰万物有灵的原始宗教，村寨多依山而建，房屋主要有平房和楼房两种，尤以木件组装，顶上盖瓦的吊脚楼最富特色。

一、苗族民居的选址布局及形态特征

苗族大多数居住在山区，依山傍水，聚族而居。贵州境内的苗民聚居于黔东南地区，这里气候温润，常年多雨雾、林木茂密、山川秀丽，土地肥沃而地形起伏。苗族民居属于干栏式山地建筑，影响苗族民居环境艺术选址布局的第一个因素，便是其所特有的山地环境。在村寨选址布局方面，苗族民间的传统观念和信仰有重要的制约作用。苗家认为枫树为万物之源，以枫树为图腾，尊这种人工种植的树为树神而顶礼之，实际上这是"文化树"。它的意义象征一寨的兴旺发达。所以有高大枫树的地方宜于营寨，或在山环水绕适宜农耕的地方选址后，在寨中种植枫树，在枫树下设祭坛，成为对寨民有凝聚力的活动空间。

居住在山区的苗族干栏式民居有不同的建筑方式和结构形式，主要有全楼居和半楼居的区分，而又以依山就势的半楼居也就是所谓的半边楼为主，半边楼又称吊脚楼，其技术与艺术水平较为优良，往往搭建在如坡地、陡地、溪沟等地形不利之处，而主体部分坐落在平整的基地上。这样既充分利用和开拓了山区的建筑空间，很好地利用了地形，又与自然和谐为一。（图3-29）

吊脚楼的基本结构是由若干立柱共同支撑整座楼居，造型随地形而变异，远望凌然耸起风格特异，显得轻盈质朴而娟丽。苗族吊脚楼的全部建造难题也是其特

图3-29
苗族吊脚楼善于利用山区的零碎地形

图3-30
依山就势的苗族吊脚楼

图3-31
苗族村寨的挑廊式吊脚楼

图3-29 | 图3-30

图3-31

点、集中在怎样在不平、倾斜的坡地上构筑建筑平面、空间以供人居住。对这一难题的解决、便是所谓干栏式苗族吊脚楼的独特创造。苗族吊脚楼在适应山区地形方面表现出极强的灵活性。岩坎峭壁地段、或附崖跌下、吊脚数层、或半跨崖顶、悬吊半楼。陡坡地带、平面后移、前部筑台、挖填取平衡；在缓坡地带、平面前移、可扩展底层空间；苗族吊脚楼善于利用山区的零碎地形或前移、或筑台、或吊脚以调整平面，长短吊脚应付裕如。（图3-30）

从造型上看、苗族吊脚楼是三角形和长方形的组合、属于比较稳定而庄重的几何形体、表现出一种挺拔健劲；同时楼居探出于坡外、在虚实对比关系上、底层和顶层较虚、而中间楼层较实、虚实结合相得益彰、又表现出一种典雅灵秀。苗族吊脚楼在审美上以轻盈秀丽的"悬挂"造型、活泼的非对称构图、飘逸清新的格调、给人悬虚与惊奇的感觉、成为少数民族民居环境艺术的一种极富民族色彩、地区特色的独异文化现象。

二、苗族民居的类型样式

由于所处地形的差异以及住地的分散和山水的阻隔、各部苗族之间的民居和村寨存在着很大的差异。从吊脚楼外檐与主体的结合来看、有一侧吊脚楼、左右不对称吊脚楼、左右对称吊脚楼等三种形式、其中一侧吊脚楼为多。苗族村寨还有一种挑廊式吊脚楼、因在二层挑出走廊而得名。（图3-31）其实苗族吊脚楼民居的根本特征是由其对于所处山地地形的适应所形成的、所以苗族吊脚楼的类型样式主要还是应当考察其与地形的结合方式。按照与地形结合方式的不同、可以将苗族"吊脚楼"分为以下六种类型样式：

（一）处于平缓坡地者、不是将整个楼居地基先整理成一个大平面、而宁可将整个地基弄成一级台阶式、使整个地基构成一大一小两个平面、跌落的一个平面较大、在下方、上方的平面较小、使苗居的底层之大部分落实在下方较大平面的地基之上、小部分底层则为地基本身所代替。其上再建楼层与坡顶。

（二）亦将整个房基处理为上下两个平面、所不同者、是上层地基平面大于下层地基平面、其上再建楼居。

（三）基本形制与前两类相同、唯一的特点是上下

图3-32　成悬空之势苗族吊脚楼

两层地基平面大小相同。

（四）将山坡处理成相邻的两个地基平面、在下层地基平面的下方、基本保持着斜坡的自然形态、建房时、不是将全部楼层建造在上方的地基平面（如这样、就不是"吊脚楼"了）上、而是使楼居一半坐落在上方之地基平面上、另一半突出于斜坡之上。为求全楼稳固、沿上方平面前移至下方、筑一半底层（另一半底层为山体所代替）、自然这一半底层由于似乎挂靠在山坡之上、是不稳固的、于是结构上的关键之处、是以立柱撑持于一半底层之下。

（五）这是与第四种楼居样式大致相同的、所不同者、在地基平面只有一层、上面供半个楼居坐落、另一半楼居前伸在斜坡上、成悬空之势、于是也筑半个底层、下方以立柱撑持、但撑持之立柱的位置不是在底层的最外侧、而是大约在底层之底部的中位、因此、这"半边楼"更给人以"悬"的感觉。（图3-32）

（六）对地基作台阶式三层平面的处理、使第一、

图3-33 苗居吊脚楼木构架（模型）

二两层地基平面在面积上占全部建筑平面的一半，另一半为最下方的第三层地基平面，楼居之筑法，筑为三层，底部由于落实在最下方的地基平面，感觉上整座"半边楼"显得比较平稳。（参见李先逵《贵州的干栏式苗居》，《建筑学报》1983年11期）

三、苗族民居的结构材料

（一）结构。苗居吊脚楼是干栏式建筑的一种演变形式，它的结构为不等高穿斗式木构架，基本做法是以主柱承重，并以穿枋联系檐柱和中柱，通过立柱直接将屋面重量传至基础并保持立柱的稳定。常用形式为五柱四瓜带夹柱，也有三柱房或七柱房。由于屋面重量分散在众多的立柱之上，所以立柱不需太粗。穿枋亦用圆木连接，贯通中柱。靠近屋顶的穿枋，多在中柱前后加一枋，往下则是从前檐到内槽用一穿枋连接，衔接点皆采用木榫接。（图3-33）苗居吊脚楼木构架属于一种形式模数，也就是以"步架为模"，这是配合以尺为进位制和以"八"为尾数的十进位制的两种数字模数。木构架各构件皆有一定尺寸规格，且构架的步架之间基本按等距离布置。苗族工匠口诀有"房不离八"之说，即中柱高一丈六八至二丈二八，最吉祥者谓"丈八八"。所以苗族民居有定型化的特点，只要说几柱几架，开间多少，柱高多少，即可建房。

楼层做法是在柱上按层高架梁铺板。楼层悬挑做法是将梁枋延伸出柱外，或另用梁枋连接内外檐柱。腰檐则是从横梁下挑出悬臂，上置椽盖瓦，一般出挑1-1.5米，斜角25°-30°。腰檐层层密挑的形式既能保护梁枋、梁柱、节点、楼板端头和其他构件不被风雨腐蚀，还能起到遮阳、降温、通风作用，并使这些功能互不矛盾，并加强了结构的稳定性，同时还使苗居的立面造型更加丰富，突出了苗居之特色。

因为木构架自成完整体系，所以吊脚楼墙体皆不起承重作用，只是用做围护或分隔空间，用材多为木板。苗族半边楼以歇山顶为主，以"三间二磨角五柱丈八八歇山式"为最佳选择。各檩之上的檩木均匀承受屋面重量。屋面覆以青瓦，亦有覆以杉树皮的。（图3-34）

（二）材料。就用料来看，按传统的标准，一栋三

层三开间的苗族吊脚楼，需用24根柱子，四五十根枕木，39根檩子，28根大小枋，因而苗族吊脚楼的构筑材料以木材为主，杉木是常见的主要建材，而辅助建材有砖或石块。苗族工匠们充分掌握了当地这些建材的特性，找出与之相适应的构筑方式和装饰手法。苗族吊脚楼常用砖或石板做外部维护材料，从下到上，下部基础用砖或石块垒台加以护卫，还有的在主体上加砖墙，杉木用做构架，底层木栅围护，楼层板壁封墙，小块青瓦覆盖，体现出苗族吊脚楼与全部是木构架木装修的土家族吊脚楼在用料上的不同。苗族吊脚楼用材由重而轻，由粗而细，由天然到人工，变化自然，宛如天成。这种纯正自然的美，充分表现了苗族山地民居文化的特征。（图3-35）

四、苗族民居的室内空间布局与装饰陈设

（一）苗族民居多以"三间四架"为基础，或构成院落形制，形成敞院或合院。从层数上看，二层、三层都有，二层的较多。从功能上区分，一般底层空间为圈栏拴养耕牛和堆放杂物、生产之场所，整个空间可通

图3-34 苗族吊脚楼以歇山顶覆以青瓦或杉树皮

图3-35 苗族的山地民居文化特征（模型）

可断，可封可敞。以人居住为中心的居住层是苗族吊脚楼的主要层面，居住层一般分里外两部分，靠里为实，楼面为地；靠外为虚，楼面为楼。其居住层一般包括堂屋、退堂、卧室、火塘间、厨房等主要空间区域，辅助部分有贮藏间、过间、挑廊等。

1. 堂屋。居住层靠外一部分明间为堂屋，是全宅重心所在，是家庭的精神生活中心。堂屋为家庭成员共同奉用的公共空间，家庭的祭祀、典礼等一些重大活动均在这一空间进行，因而也是人神共栖的神圣空间。堂屋大门下窄而上宽，门为双扇而门槛较高，苗族人认为这样可以招财进宝并且财喜亦不致外溢。苗族同胞以农耕为生计，认为世上万物唯水牛威力无比，故而苗族习俗将牛视若神灵。所以苗族吊脚楼大门上连楹为木制牛角，腰门门斗也刻意做成牛角状。（图3-36）

2. 前廊。堂屋正对前面是一个与一明两次三间等长或者与一明一次两间等长的前廊。前廊外檐出枋悬挑，上面设苗语称之为"豆安息"的美人靠。宽敞明亮的前廊，一般作为人们休息娱乐、做针线或眺望远处的室内室外过渡空间，它使内外空间互相渗透，把室外的自然景观引入了室内。是富于民族风情的半户外空间。美人靠上弯曲得当的靠背曲木，明显地增加了直线中的曲线，从而使得整个民居显得刚柔相济、和谐优美，是苗族民居的显著特征。（图3-37）

3. 火塘间。火塘间是全家生活起居中心，是一个多功能空间。火塘是苗族民居中传统的取暖设施。据《凤凰厅志》记载，古时苗民被迫迁徙深山老林，因无房屋居住而只好搭棚为屋，或者栖身岩穴以避风躲雨，因而借火塘烧火御寒，年深月久，相沿成俗。（图3-38）

4. 卧室。卧室多在半楼前部的次间，采光通风朝向均好。两侧次间右侧一间为未婚女儿闺房，左侧一间

图3-36 堂屋
图3-37 前廊
图3-38 火塘间

图3-36
图3-37　图3-38

图3-39	
图3-40	图3-41

图3-39　卧室
图3-40　卧室内景
图3-41　苗族民居装饰

为长辈居室。未婚儿子多在顶层安床搭铺，而已婚子女则另建新房自立门户。（图3-39，图3-40）

5. 阁层以贮存粮食之类为主，这里空气流通，比较干燥，兼具风干粮食的功效。

（二）苗族民居装饰以几何纹样为主，相对简洁。装饰重点在入口、退堂、门窗、吊柱、檐脊等处。前廊栏凳又称美人靠，以镂刻图案装饰，与各式吊瓜配合，刷以青油，成为全宅装饰最醒目之处。苗族民居不仅造型优美，经济适用，凝聚着苗族人民的智慧，同时与苗族民间精神生活的寄托紧密联系。民间对龙的崇拜比较突出，祭龙、招龙、接龙是龙崇拜的传统仪式，在湘西、黔东北一带，不少村寨苗居的堂屋中央，有一块微微突起的圆石盖，石盖下面深埋一小罐清泉，那是通过接龙活动请回的龙神的安居之所。在龙神的庇护之下，人们得以清泰平安、人丁兴旺。（图3-41）

五、苗族民居作为一种适应环境的生存方式所展现的文化根性

苗族民居作为一种适应环境的生存方式所展现的文化根性主要体现在其与山地环境的融合上。无论哪种类型的苗族吊脚楼民居，都呈现为与山地环境合一的面貌，苗族吊脚楼民居这种与山地环境合一的面貌主要呈现在人工构筑总是不坐落于同一个地基平面上。我们知道没有一定的平面基地，一般建筑是难于构筑的。而苗族人依山为居，他们在构筑吊脚楼民居时一方面必须平整出一定的地基平面，另一方面又不能彻底削平山之斜坡，因为苗族居民对山体、山岳、山神的崇拜而引起苗族居民在建造半边楼的文化心理上，不愿意过分改造山体的坡度，要求保持山坡的某种倾斜度。苗族吊脚楼民居这种与山地环境的融合体现在人工与山地环境的自然结合以及人工构筑对自然的"改造"两个方面。

（一）从人工与山地环境的自然结合方面来看，苗居聚落与自然确是融为一体的。没有预先的总体设计与规

划，也没有如侗族那样明确的构图中心即鼓楼。然而，苗寨的晒坝、芦笙场空间可说是苗寨聚落的中心。那是物质生产与精神生活的中心。有的关于苗寨的论文称，远观苗寨，只见引山入室的木槽飞架，风干粮草的晒架高耸。或有供少男少女情恋的"寮房"（一种别致的小木屋）隐现于丛林深处，时有声声情歌与阵阵花香一起传来，更有朵朵花儿般的布伞在林中闪动，苗族"摇马郎"（谈恋爱之意）的青年男女用此小伞创造了卿卿我我的"准建筑"空间，同时，苗寨虽地处山泉之地，多的是林木花草，然而人们对此仍嫌不足，依然表现出建筑绿化方面的审美情趣。苗民在村寨中种植所谓"风景树"，作为一寨之文化上的标志物。在此，人、建筑与大自然确实融为一体。（参见邓焱《苗侗山寨考察》）

美国著名建筑师赖特说："对于山地建筑而言，房屋属于山坡，而山坡不属于房屋。"这里有如下几层意思值得注意：其一，山地建筑多半建造在山坡上，山地建筑文化，实际是人工与山坡自然的结合；其二，以山坡自然与房屋人工相比，作为人工建筑，它在景观上是服从于山坡自然的；其三，房屋不应也不能是对山坡自然的改造与破坏。这种建筑文化的底蕴，实际上是人工建筑融入、拥入于自然环境。赖特作为现代主义建筑大师，持"有机"建筑观，即要求建筑不要与自然环境相冲突，而是让建筑与自然环境展开甜蜜的"情话"，有如他所设计建造的流水别墅，达到了这种融入于自然的境界。对于苗族山居而言，赖特的"有机"建筑理论是用得着的。苗族山居是人工构筑的"第二自然"，是自然与人工的一场"情话"，苗族建筑可以说达到了这一境界。

1. 在选址上，苗居大多选在山顶或险要之处。一般而言，山居以选址于朝阳之坡地为宜，有些苗居也确实是这样做的。然而苗民尤喜在山顶（当然不是很高峻的山峰）筑"巢"。何故？因为这里气候潮湿温热，只要山顶有水源，选于山顶构筑，取其高爽也。而且登高可以望远，可以避开山洪、滑坡之害。尤其在一些小型之山顶垭口，这里地处险要，有水有田，通风良好，成为苗寨雄踞之地。

2. 据考察，苗居少分散布置，单门独户者比较少见，大多呈聚居态势，少则二三十户，多到一二百户。

这种情况说明了山地自然在苗民文化心理上的压力以及为对环境的适应所作出的努力。苗族先民最初在自然山林中筑造居室时，对他们而言，山林之叵测必然促使其聚族而居，这是因自然环境的压力而反映出的民族团聚力在建筑文化中的表现，人们宁可以"大兵团""作战"而少"打游击"。这可以看做是苗居对山地自然的又一种适应。

3. "先屋后路"。在比较原始的生产力水平上，人们发现对巨大山地自然的改造不是很有力的。于是人工对自然的改造，不是首先着眼于"移山填海"般的改造，不是先大规模地改变地形、地貌，而是建造房舍使其适应于这自然环境。比如要在山坡地建造一个苗居，不是先筑好通向山坡的路，而是先在山坡建造屋宇，随后随着苗居生活历程的展开才踩出一条山路来，这大约就是有人所说的"先屋后路"的建筑文化模式吧。因此，苗寨之内的交通道路不可能是平原地区那般规矩的纵横之途，而是随山势地形的曲折走向而自然延伸。看上去很富于情感，有一种亲近于自然的文化情调。

4. 正由于地形所限，苗寨聚落往往缺乏一个明确的构图中心，建筑融于自然景观之中，呈现出某种开放与无中心的总体建筑空间效果，这也可能与苗民比较开放而不封闭、收敛的内心旋律有关。

（二）从人工构筑对自然的"改造"方面来看，我们知道只要在一定自然环境中有某种建筑物的存在，不管它是融入于自然，还是与自然环境相冲突，都在不同程度上达到了对自然的"改造"。在此意义上美国赖特所谓"山坡不属于房屋"的观点有待进一步探讨。因为如果"山坡不属于房屋"，还是"有机"建筑吗？苗居与自然环境的"情话"，不仅表现为前述所谓建筑融入于自然，而且也是自然环境对建筑的拥抱，是建筑这种人工因素对自然环境实际上的改造和利用，例如苗居的自然采光建筑手法，这便突出了苗居村寨的人工、人文因素。（图3-42）

六、土家族民居环境艺术

土家族，中国少数民族之一。现有人口570余万。主要分布在湖南省湘西土家族苗族自治州、湖北省恩施土家族苗族自治州、四川省石柱、秀山、酉阳、黔江及贵州省沿河、印江等县。土家族自称"毕兹卡""密基卡""贝锦卡"等，意为"本地人"或"土生土长的人"。是由古代巴人经过长期发展演变，并融合部分汉族和其他少数民族成分而逐渐形成的单一民族。土家族的经济以农业为主，主要农作物有水稻、粟类和豆类。主食大米、玉米。居住在湘鄂西地区的土家族，为适应山区的自然地理环境和多雨、多雾、潮湿的气候条件，民居以干栏式木构架吊脚楼最具代表性。居住在平原地带的土家族，则以三开间或五开间的平房为主，与一般汉族地区的农舍无异。

（一）土家族民居的选址布局及形态特征

和苗族一样，湘西的土家族也住吊脚楼，土家族吊脚楼在土家族、苗族聚居的酉水两岸，如拔茅、隆头镇，还有峒河岸边的吉首，沱江之畔的凤凰城，都是吊脚楼集中展示其风采的地方。土家吊脚楼屋角反翘檐，在外形上给人以舒展向上的美感，建筑的多向挑廊形式和屋角走翘，远观时整体性很好。土家族吊脚楼似与河流急滩结下不解之缘。它们的嵯峨风姿往往以群山为背景，以河滩做衬托，成群连片，浩浩荡荡地沿河岸展开。居高临下，显得气度非凡。它们以群体的方式，体现出的宏伟壮阔、气势磅礴的美，给人带来心灵的震撼和艺术的享受。

土家吊脚楼民居依山傍水，顺应自然依山而建，随地形和功能的需要灵活布局，鳞次栉比、高低错落。有的地区视山坡的陡缓，分层筑台，在台地上建房；在地面不等高的空间，采取屋顶等高而地面不等高的办法建房；（图3-43）在陡峭的崖壁或山溪旁建房，则采取悬挑的方法，以扩大使用空间。土家族民居为适应山区的地质地貌，在长期营造中，形成了一套顺应自然，灵活多变的建筑布局。吊脚楼还有着丰厚的文化内涵，土家族民居建筑注重龙脉，依势而建和人神共处的神化观念外，还有着十分突出的空间宇宙化观念。土家族吊脚楼从某种意义上来说在其主观上与宇宙变得更接近，更亲密，从而使房屋、人与宇宙浑然一体，密不可分。（图3-44）

吊脚楼是土家族地区最复杂而又最能显示富有的一种典型的建筑形式。随着经济的发展和文化的进步，吊脚楼已经成为土家族地区的一种普遍建筑，就其结构

图3-42　苗族吊脚楼的自然采光通风

图3-43　依山而建的土家吊脚楼

而言，都大同小异，它们最基本的特点是正屋建在实地上，厢房除一边靠实地和正房相连，其余三边皆悬空，靠柱子支撑，土家吊脚楼一般三层，正屋和厢房（即吊脚部分的上面）住人，厢房的下面敞开，用来驯养牲畜、堆放杂物。（图3-45）其建筑造型有独特的风韵，以挑廊式为主要特征，但有些苗族村寨的吊脚楼在挑廊的外围全部用木板装修，并设有木窗，这样的外观不同

于开敞式，但也保留了吊脚楼向外悬挑的特性。另外其对比较强，光影变化丰富。厚重的实墙上常常开若干小窗，凹入的门廊，形成深深的阴影，构成一个"灰"色空间。总的看来，吊脚楼属于干栏式建筑，但与一般所指干栏有所不同的是吊脚楼没有全部悬空，所以称吊脚楼为半干栏式建筑。

（二）土家族民居的室内空间布局与装饰陈设

土家族民居的平面类型，视经济条件不同有多种类型："一"型平面是一种独立式小型民居，为一般农户所采用。"门"型平面又称三合院，在三合院的格局上两侧建左右对称的吊脚楼。"门"型平面是以三合院为主体，在左右两侧吊脚楼的两旁构成两个四合院天井。土家族民居较常见的有"三柱四棋""三柱六棋"和"五柱八棋"，大户人家有"七柱十一棋"和"四合天井"的大院。中间的堂屋是祭祖、迎宾、婚丧大事的场所，宗教活动亦在此举行。两侧厢房用以住人，叫人间；人间又以中柱为界，分为前后两间，前间做伙房，后间住人。伙房室中有三尺见方的火坑，架三脚架，煮食炒菜均在此。土家民居都有天楼，天楼有板楼、条楼之分，用以存放粮食及各种杂物。在正屋的两端，一头有"马屁股"，一头有偏屋，在"马屁股"之间有灶台、碓、磨，在偏屋有猪圈、牛栏和厕所。富裕人家在正屋的两边起厢房和吊脚楼，可高达两层、三层，上层有绣花楼、书房和客房。

土家族居住在西南少数民族与中原接触的前沿，因此土家吊脚楼包含文化交融的信息，土家吊脚楼是巴楚两大文化直接交融的结晶。楚建筑曾深切影响汉以后中国宫室传统和生活方式，土家吊脚楼是楚建筑的活化石，而且像楚地号称"活化石"的水杉树一样，有潜在的强大生命力，值得人们另眼相看。

图3-44
土家吊脚楼（模型）

图3-45
上面住人，下面用
来驯养牲畜

第七节　独龙族民居环境艺术

独龙族，中国人口较少的少数民族之一。现有人口约6000人，主要分布在云南省西北部怒江傈僳族自治州的贡山独龙族自治县西部的独龙江峡谷两岸，北部的怒江两岸，以及相邻的维西傈僳族自治县齐乐乡和西藏自治区察隅县察瓦洛等地。此外，缅甸境内也有不少独龙人居住。独龙族自古生活在崇山峻岭之中，条件恶劣，交通闭塞，所以社会发展较为迟缓，生产力水平低下，新中国成立前后仍保留着浓厚的原始公社制残余。经济以刀耕火种的粗放农业为主，采集和狩猎还占有相当大的比重。独龙族信奉原始宗教，相信万物有灵。分布于我国西南边陲独龙江上游地区的独龙族，其民居多为井干式，当地群众称之为"木垛房"。

一、独龙族民居的选址布局及形态特征

主要居住在云南独龙江、怒江两岸和贡山一带的独龙族地区，山高谷深，河水湍急，每年雪封期达半年之久，交通极为不便。独龙江地区平坝少，独龙族的生产和生活主要集中在河谷和山麓平台上，其村寨则依山傍水多分布在江两岸的半山腰台地和坡地上，一座座木屋大多轻巧地构筑在陡峻的山坡上。在独龙族住房立寨之前，还经历过"结房于树以居"和"就石洞为屋"的巢居和穴居岩洞的时期，直至20世纪50年代，独龙族与外界的联系甚少，在相当长时期内还未形成固定村落，后来已定居的村寨，其住户一般也只有四五户。

独龙族仍然居住在保留着原始居住文化遗迹的架空楼居干栏式大房子里。平面呈方形的独龙族大房子，多为一边两角靠近斜坡地面，另一边两角向江凌空高悬，恰似悬挂于峭壁陡坡之上。其规模大小则依备料情况和家庭人口而定。其房屋建筑结构简单，主要建筑材料为竹、木、竹篾和藤条，主要可分为两种类型，有四壁以竹篾编成的篾笆围起上覆茅草的竹篾房，也有在石基上垒垛整段圆木叠成的垛木房。两种房屋多建成长方形，都是上层住人，下层堆放杂物和圈养牲畜。（图3-46）上层屋内两边用竹席隔成十多个小间，两排小间中间是一条较宽的通道，通道两端各开一门，架木为梯以供上下之用。同一家族的成员共同居住在一幢大房子里，房

图3-46
独龙族民居（模型）

屋中间，都设有一个或两个火塘，一个火塘即象征为一个家庭。青年男子娶妻后就在大房子侧面加盖一间住房，增设火塘，有几个火塘就表明有几个小家庭。大家族内由主妇们轮流煮食分食，过着共耕共居共食的原始共产制生活。独龙族房子下面常是一块种满了各种作物的菜园子，独龙族喜欢成熟什么就吃什么，因此园地里什么都种，有诸如玉米、豆子、芋头、瓜、青菜、白菜、山药等多达几十种，这样菜园里就随时都能有东西食用。

二、独龙族民居的类型样式

（一）按照结构材料的分类。独龙族民居多为竹木结构的矮楼房，但由于独龙江地区南北部的植被和气候差异，构成独龙江上下游民居样式及结构的不同。独龙族民居一般分两种：下游气候比较温和的南部一带大部分是竹篾草房，这是一种在怒江流域及其他较湿热地区常见的俗称"千脚落地"的干栏式木竹楼，这种房屋的用料均为竹子，四壁仅以竹篾笆围起上覆茅草，整个建筑结构简单。多在竹楼前后开门架以木梯。房内一般设有两个以上的火塘，子女完婚后新设火塘，已婚子女并不分家而只是围着自己的火塘而睡。

而独龙江上游北部的气候比南部寒冷，耕地也较为固定，居住在独龙江上游北部人们的住房样式多是用木料层层交叉叠垒而成木楞房，木楞房分两种：一种是房子的墙壁以整段圆木交叉垒成，四个角圆木锯成凸凹的齿状交叉固定，自下而上垒积固定成墙。另一种构筑方法与以上并无任何区别，只是用木板垒成。木楞房离地约1米高多铺以厚木楼板，下面用石头或木柱支撑，整个房子呈长方形。房顶多覆盖茅草或木片，也有的用劈开的薄木板盖顶，形成矮木楼。这种木楼一般只设一道向东的小门，进门只能屈身而入，房屋四壁无窗。

（二）根据功能空间使用布局的分类。而根据家族人员状况及相应的室内功能空间布局的差异，独龙族民居的类型样式又可分为父系大家族居住的大房子和私有制小家庭的住房两大类。而父系大家族整个家族的生产活动和粮食消费都由家族长统一安排，共耕共享，而他们居住的大房子又可分为"皆木巴"和"皆木玛"两类。

"皆木巴"意为"父亲的房子"，其平面为长约25米宽5米左右的长方形，可容纳4-5个小家庭居住。此类大房子只在一侧设通道，不设中央通道，因而仅一侧设小隔间，其单排的小隔间较"皆木玛"的小间小，一侧的通道两端设门。

而"皆木玛"意为"母亲的房子"，房子平面为长方形，长30多米，宽8米左右，居住面积较"皆木巴"大一半。这种大房子中央有公共通道，两侧分成若干供小家庭居住的设有火塘的小间，中央公共通道两端各开一门。

随着铁制工具的使用和生产力水平的提高以及私有制的发展和相应劳动组合的变化，小家庭在生产中脱离大家族的趋势增强而导致大家族成员日益减少，甚至出现少量的小家庭私有地，共食制的原始共产制生活改为各个火塘分煮自食，大房子的社会功能日益减弱。独龙族地区不断从父系大家族分离出来的小家庭其住房仍为竹篾房或垛木房，但民居面积明显缩小了。小家庭的民居高约1.7米左右，室内光线较暗。一家两代或三代同居一室，已婚子媳与父母的住处只用竹篾做简单分隔。

此外，独龙族民居住屋附近还常盖有一至两个畜厩和小仓房。仓房成四方形以圆木为柱架空，墙壁以木料或竹片垒成而正面留一小门，人出入通过木梯。另一种是在山地边盖建的用于暂时收藏刚收回粮食的简易仓房，它多以竹片垒成而不上锁。独龙族有"路不拾遗""夜不闭户"的民族美德，因此独龙族的房屋多数都不上锁，夜晚或人们到外面参加劳动的时候最多也只是用木棍或竹棍把门卡住或篾绳拴住以防野兽。即使这样也不担心有人会偷，因为他们认为偷盗是一种可耻的行为，有偷盗行为的人将受到族人的一致轻视和惩罚。

三、独龙族民居的结构材料

独龙族民居的木垛房和竹篾房房底都有数十根木柱插在土里，是俗称"千脚落地"的竹木架构的干栏式民居。其构筑技术原始，构件结合方式主要采取竹藤绑扎，是一种很古老的构筑方法。独龙族盖房，要提前准备一至两年。首先要备好所需竹料木料和茅草，在冬季农闲时由成年男子进行备木料、竹料的工作。妇女们则忙着收割茅草。砍好的木料在运回村寨之前需在野外晒干。待木料、竹料、茅草等全部备齐后，以占卜的方式选定日期和地基盖房，盖房时，全村人互相帮忙。房子开始动工的时间必须定在清晨太阳刚从东边升起时。盖房不用钉子，而用木榫相扣合或用竹藤绑扎。在村人和亲戚的帮助下新房一般用两三天的时间就可盖好。

（一）独龙族木垛房的结构材料

独龙族民居的木垛房四周墙体用稍做加工的圆木叠成，圆木四角相交处凿凹槽咬合，楼面为竹片或木板制作，多为歇山式草顶或木板顶。一般来说，小型的木垛房长、宽各两"排"；"排"是独龙人的度量单位和丈量方法，以两臂向两侧作水平伸直时双手间的直线距离算做一"排"，每一排长约150厘米。中等的木垛房长、宽各三"排"；而大木垛房长、宽各有四"排"。

1. 梁柱。独龙族木垛房在开始建造时，首先需在紧接山坡的一端垫上石块，临空的一端用长柱脚支撑。然后在立柱水平方向拉上麻线，沿此线四边平行地架上四根底梁，其中两根一头搭在凌空架设的立柱上，另一头搭在靠山坡一端。四根底梁相互接头处均砍削出凹槽相互咬合紧。

2. 楼板。由于跨度不大，一般较小的独龙族木垛房就直接于底梁上铺设楼板，而大、中型木垛房则需在铺设楼板之前加架若干根底梁以保证楼板的稳定。独龙族木垛房楼板的选材多为较粗较直的树干，用斧头加塞楔劈成若干块然后再砍齐削平。需要注意的是铺楼板时需在适当位置留出一米见方的方口作为火塘。

3. 木垛墙。独龙族木垛房每面木垛墙所用的圆木，细者需用十八到二十根，粗者则也需十五六根。垒木垛墙时，四个屋角分别站立四个人像搭积木一样一根根地将垛木往上垒积起来。由于垛木两头事先已砍凿出槽口，垒架时将其一横一竖地两相对口嵌合搭垛成墙。门洞和小窗洞在垒木垛墙时就预先留出，设门的木垛墙口上架有竖梁。（图3-47）

4. 屋顶。当独龙族木垛房的四面木垛墙垒架好了之后，就可以架设铺盖屋顶了。独龙族木垛房屋顶多为歇山式草顶或木板顶。架设时需先在竖梁的两边木垛墙中部各竖一根下端深深骑嵌于木垛墙内的瓜柱，瓜柱上端开有槽口用以架设人字架，伸出墙外约20厘米的人字架成为屋檐以保护木垛墙，木垛墙与人字架下端搭绑在一起以固定屋顶，并在人字架上等距离绑上木桁或竹排以绑椽木，再从屋檐由下往上铺盖三层茅草并用细竹竿横压绑紧，或直接铺装木板以为屋面。这样，一栋独龙族木垛房至此就基本告成了。

（二）独龙族竹篾房的结构材料

独龙族竹篾房与木垛房一样是先用木柱架设好房子

图3-47　独龙族木垛房的木垛墙
图3-48　独龙族竹篾房（模型）

结构，然后铺地板。不同之处是四周墙体需先立柱高至檐口的排柱，再在楼面以上绑数道横杆构成承重骨架，然后再用竹篾笆围墙壁，并用竹绳藤条扎牢绑紧，最后屋顶盖茅草或木板顶。（图3-48）

四、独龙族民居的室内空间布局与装饰陈设

独龙族民居房屋的大小及室内空间布局以家庭人口的多少而定。过去，独龙族可以按需要建盖很长很大的房子，被称为"大房子"，这种"大房子"可以隔出好几间小房子且内设好几个火塘，好几家人可以在一起居住。后来随着家庭公社的解体，"大房子"逐渐被最多住两家人的小房子所代替，小房子室内按需要设有一至两个火塘，火塘内安放铁三脚，火塘上方有小吊棚或竹木架以供摆放木柴杂物及烘烤粮食，独龙族睡觉、做饭、交流、待客等都是在火塘边进行的，可见火塘是独龙族人家庭活动的中心场所。火塘四周的位置安排有一些特殊的讲究，一般离门和过道较远的最里面的位置为老人或家长的专座，别人不能随便就座，客人和其他人可以坐在正对老人或家长的一边或左右两边。室内四周摆放着一些生活用具，像煮炒锅、饭锅、茶壶、盆子、碗、砍刀、簸箕、篾箩等，墙上还挂有渔网、弩弓和以前猎获的野兽头骨等。独龙人那以棉麻为原料的五彩线编织的独龙毯质地柔软而古朴典雅，日常可以披在身上、也常摆在床上或是铺在柜子上，是独龙族人重要的民族工艺品。因为独龙族认为西边不吉利，故房门一般朝向东方而不能朝西开。有些房门外面还设有门廊，门廊上安置堆放一些柴及生产用具，门廊一角设有锯齿状的木梯用于出入室内外。如果已婚的夫妇还和老人住在一起的话，则在房子旁边隔出一间小房给他们居住，老人按独龙族习惯一般要和幺儿子一家同住，其他子女则需另立门户。

第四章 土石砌筑的少数民族民居环境艺术

第一节　土石砌筑的少数民族民居环境艺术

　　居住在云贵川等省境内的彝族、哈尼族的土掌房与藏族、羌族、布依族等少数民族的石建筑以及维吾尔族的"阿以旺"都是依据当地的山区、半山区或干旱的自然地理条件等就地取材建造而成的，这些土石砌筑的少数民族民居造价低廉，经济适用。

　　以生土墙作围护结构的民居我们称之为土筑民居。土筑民居在我国有着相当广泛的分布和十分悠久的历史，至今仍有许多令人叹为观止的历史遗存和实物分布。（图4-1，图4-2，图4-3）由于土筑民居具有隔冷、隔热、防火、隔音等良好性能，同时又具有诸多优

点，譬如因地制宜、就地取材、物以致用、造价低廉、技术要求还不高等，因此以夯土墙作围护结构的土筑民居在我国少数民族传统民居当中，至今仍有相当广泛的分布。我国云南、宁夏、甘肃、青海、新疆等地彝、哈尼、土、藏、羌、撒拉、保安、回、维吾尔等少数民族传统民居大多都属于此类。尤其是石材不易得到、木材又比较缺乏的地方，如宁夏引黄灌区回族群众的传统民居，基本上都是生土结构。即使是在林木资源丰富的地区，如云南的哀牢山地区，仍因生土造价低廉容易得到而又具有冬暖夏凉之良好性能而被广泛用以建造一种

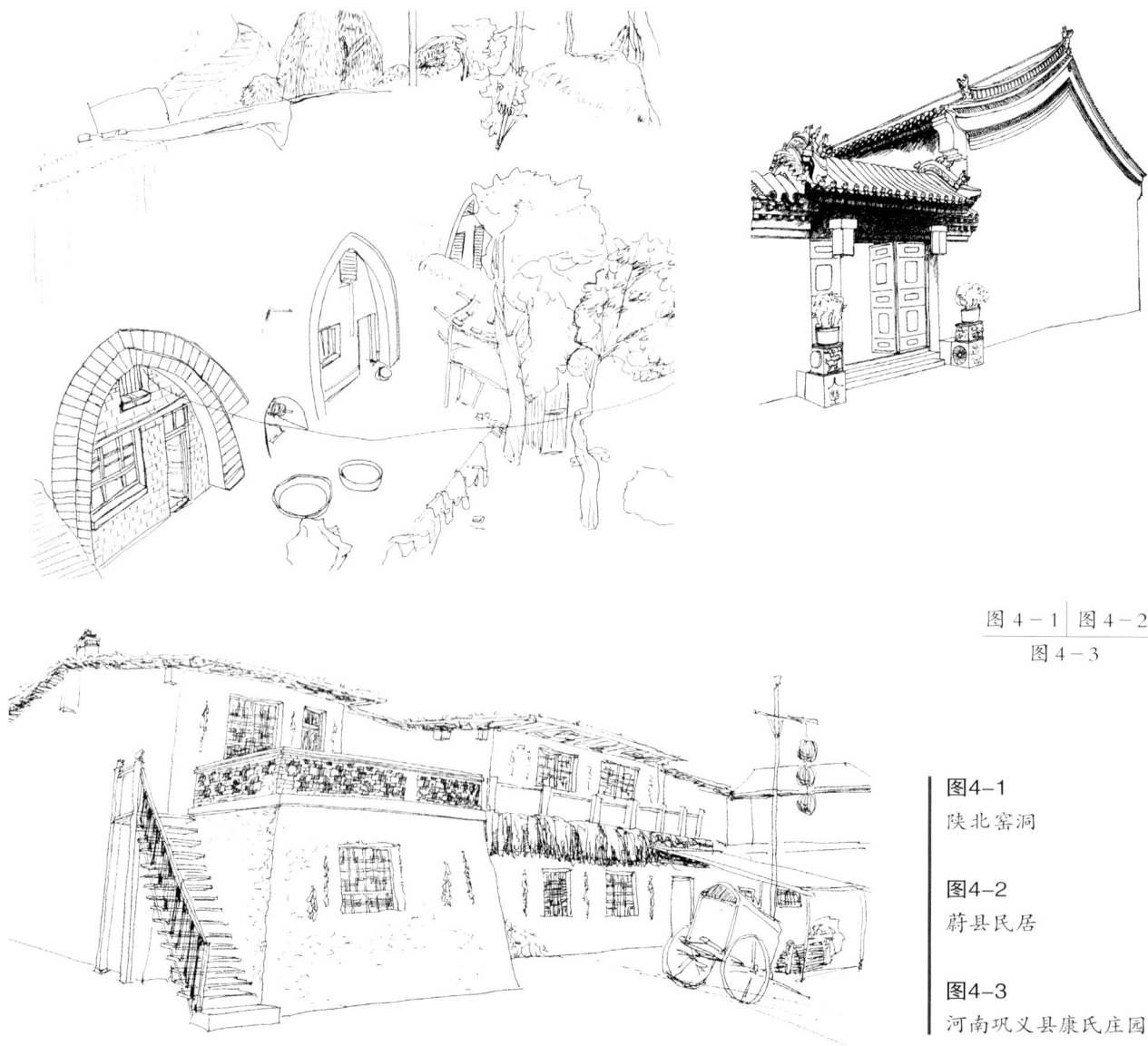

图4-1 | 图4-2
图4-3

图4-1
陕北窑洞

图4-2
蔚县民居

图4-3
河南巩义县康氏庄园

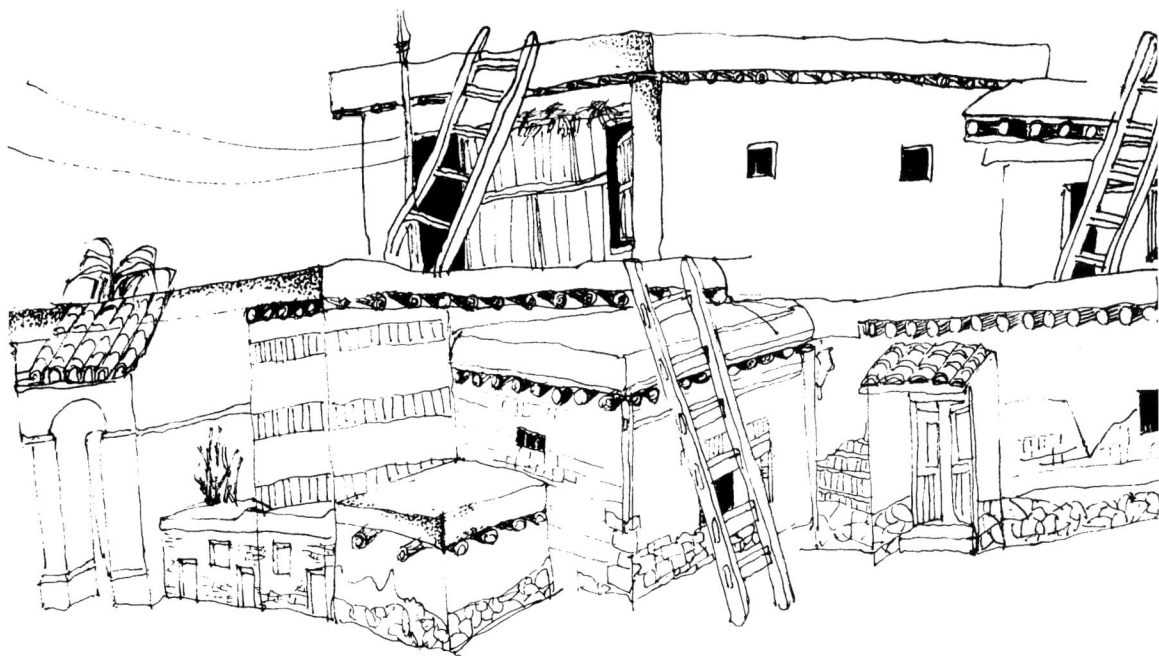

图4-4 土掌房

"土掌房"。（图4-4）"土掌房"为少数民族土筑民居的一种重要形态，"土掌房"为土墙土顶，利用当地的黏性沙土修建的平顶土房，屋顶兼作晾晒场所，外观敦厚朴实，易于修建。

而石砌民居的原型则可溯源至人类曾经最古老的"住屋"——天然洞穴。在人类文明演进的漫漫长路上，众多的洞穴遗址、原始遗物集中地发现于洞穴之内。日益丰富的文化人类学资料和考古发现的证据表明：崖穴是人类祖先曾长期居住之所。对于这些人类祖先的崖居，汉文古文字作"厂"。许慎的《说文解字》对"厂"解释为"人可居"的"山石之崖岩"，对"崖"另解释为"山边也"。"厂"在《说文》里被解释为"因厂为屋也"。"因厂为屋"再向前发展，就出现了脱离崖穴而独立存在的地面石砌民居。《后汉书·南蛮西南夷列传》记载当时居住在岷江上游一带的冉人、駹人的生活习俗，亦有"依山居止，垒石为室"等文字，说明以岩石为围护结构的石砌民居分布相当广泛。实际上石砌民居在藏、羌、布依族等少数民族中多

有采用，尤其在"地无三里平"的贵州，到处是崎岖不平的山地，山多石头多，这里的少数民族人民就地开发岩石，修建了风格独特的石建筑，充分反映了少数民族人民开发自然、利用自然的智慧。（图4-5）

图4-5 石板房

第二节 彝族土掌房民居环境艺术

彝族是中国西南地区人口最多的少数民族之一。主要分布地域为川、滇、黔、桂四省区，其中大小凉山是最大的彝族聚居区。其他地区除云南楚雄、红河等比较集中而设立彝族自治州外，大部分地区的彝族往往和其他民族杂居。大分散、小聚居是彝族居住的主要特点。这一民族历史悠久，其祖先是中国西北地区的氐羌部落，大约在春秋战国时期由西北向西南迁徙而成。彝族村寨多修建于海拔两三千米的山区，也有居住于海拔1000米以下的河谷地区。气候、温差之变化亦颇剧烈。彝族多以农牧业为生。各地、各支系传承的居室建筑形式是多种多样的，都与当地的居住习俗有密切关联。在政治伦理等级、观念上，有"黑彝""白彝"之别，前为统治者，后为被统治者。彝族有万物有灵的原始宗教信仰。这些自然与人文条件，构成了彝族民居环境艺术的大背景。从村寨的聚落到住宅的地址；从房间的分置到什物的堆放；从建筑结构到民俗信仰和禁忌，都表现出独特的民族风情。彝族民居环境艺术类型有瓦房、土掌房、闪片房、垛木房、草房、杈杈房、木楞房、竹子

瓦房等，其中最为普遍的也是最具代表性的是这一民族的土掌房与被称为"一颗印"的彝族民居，这种民居形式因四面围合、外形方正，酷似一颗印章，故而得名"一颗印"。

一、彝族土掌房的选址布局及形态特征

彝族民居环境艺术的独特形制之一，是所谓土掌房。这是一种敦厚朴实的在密楞之上铺设柴草抹泥为顶的平顶式建筑。土掌房在云南中南部土壤为黏性沙土且经济比较落后的山区、半山区多有建造。如在神奇、美丽、广阔、富饶的云南哀牢山、无量山、元江、新平、红河、元阳、绿春等的"两山三江"广大地区，山峦层叠，巍峨苍郁，气候炎热，终年如夏，雨量充沛。适应于这样的气候条件，生息劳作于此地的彝族群众最为普遍的民居环境艺术形式就多为土掌房，就连杂居于彝族之间的傣族、哈尼族、汉族等也有建造土掌房的，此房冬暖夏凉，防火性能极强。这说明了这种民居环境艺术的生命力。（图4-6）

图4-6 敦厚朴实的彝族土掌房

（一）彝族土掌房的选址布局

农牧兼营的彝族多以血缘为纽带的家支聚族而居，数户或数十户杂错相邻成自然村落，数村数十村形成一血缘家支地域。其村寨的分布与坐落也有其独特的传承。《元阳县志》载："彝族多居住在山川壮丽、资源丰富的山川，村寨依山傍水，四周梯田层层，村后有山可供放牧，村前有田可供耕种，多数村寨都有一条水沟从中流过。"彝族的村寨多坐落在海拔2000~3000米的山区，一般选择避风向阳、树木茂盛、土地肥沃、地形开阔、有利于牧耕和军事防御的山麓顺山修建，以山腰、山梁处居多，山脚、河谷地带较少。一些房屋较为集中的彝族寨子，远远望去，高低错落的平顶似阶梯逐级而上显得十分整齐、稳重、端庄，体现了彝族民居环境艺术的特点。（图4-7）

（二）彝族土掌房的形态特征（图4-8）

1. 土掌房的外观造型：土掌房以黄色土筑为主，大片土掌房高低错落，就构成了一片土黄色的村寨。彝族土掌房寨内林木稀少，而寨子四周绿树簇拥，这种色彩反差强烈的色调使景色显得色彩斑斓、淳朴而优美。土掌房这种以土为原料夯筑土墙或砌土墼墙的平顶房，墙厚约40厘米，每幢房长约13米，宽约4米，高约3米。每户由平房和楼房两部分构成，平房为一至二间厢房，楼房为三开间正房。土掌房造型多为平直的传统长方形，空间不甚开放，外观敦厚朴实。

2. 土掌房的平面：土掌房的平面一般为矩形或数个方形的拼接，而未曾发现圆形或其他形状的平面。这种平面形制的一致性，或许是土掌房在起始时曾经受到汉族"天圆地方"观念的影响。

3. 土掌房的立面：土掌房以能起一定隔热降温作用的夯土墙或土墼墙作围护结构，围护结构与梁柱共同支撑屋面重量。土掌房立面土墙外貌封闭，主立面土墙设门不多，尺度也不大，外墙无窗，即使仅有小窗，尺度一般也很小。彝族土掌房筑墙先砌墙基，墙基一般高出地面0.3米至0.5米左右，多以青石、砂石为料。然后直接在基墙上砌土墼墙或夯筑土墙。土墼需要黏性较好的泥土，精心打制的土墼，具有较高的支撑强度。而夯筑土墙多采取版筑法，夯筑时在墙内夹被称为墙筋的竹条，以增加墙体拉力。土掌房在夯筑土墙或土墼墙适当

图4-7　高低错落的彝族寨子（模型）

图4-8　彝族土掌房的形态特征（模型）

地方设置排水口，以便排泄积水。

4. 土掌房的屋顶：土掌房最具特色的是它土筑的平屋顶，这种土筑平顶在中国民居环境艺术中别具一格。平顶具有遮蔽作用，兼作晒场与储存物品之所，因为地位高爽，有利于除湿、祛霉、安全，较为实用。所以这平顶实际上无异于扩大了建筑的生活与居住空间。

二、彝族土掌房的类型样式

彝族土掌房可以分为三种民居环境艺术类型：（一）有内院的土掌房；（二）无内院的土掌房；（三）局部草顶或瓦顶的土掌房。

（一）有内院的土掌房：这种土掌房可以云南红河地区为例。其正房和厢房围成一方较大的露天庭院。正房面阔三间两层前带廊；厢房单层平顶。露天庭院就在正房和厢房构成曲尺形的"怀抱"之中。家务活动和生活必需的物品全在其中。这类民居环境艺术类型房屋进深较浅而院落较大，活动余地大且有利于采光通风，居

住比较舒适，是彝族传统土掌房民居环境艺术较为完善的类型。

（二）无内院的土掌房：这种土掌房平面以方形、长方形为多见，亦有曲尺形的。这种类型的建造特征，既无露天之内院，也无外部院落。其实户内仍有正房、厢房、院子的分别，只是因为在二层的正房和一层的厢房组成的内向式庭院上方加盖了屋顶，使露天的庭院变成了封闭的空间。这种建筑类型的出现，由其内部这种无内院形式的土掌房一可避免阳光过多地直接照晒，获得较好的室内小气候；二可增加晒台面积，同时，也增加了家庭的私密性和安全感。但由于在院子上加盖屋顶，致使房屋进深加大，而势必影响到室内的自然采光通风，导致室内光线暗淡甚至黔黑，通风不畅。作为补救措施，有的在正房厢房相交处屋顶留有一小间隙做成"采光井"，以解决采光、通气、排烟等问题，更多的是正房与厢房相交处建造气楼，解决采光、通气、排烟等问题。

（三）局部草顶或瓦顶的土掌房：除了上述无内院和有内院两种土掌房以外，元阳、绿春和红河一带彝族地区，还有一种局部草顶（现在多改为瓦顶）的土掌房。这种土掌房有草房（瓦房）和土掌房两部分构成，其平面布置也是由正房、厢房组成内向式庭院。这种土掌房区别于前述两种土掌房的关键在于其屋顶下面，有一层泥土封火顶，既具有防火功能，亦可用于晾晒粮食。结构上局部瓦顶的土掌房的瓦顶部分及其下的封火层，实际上是土掌房顶的演变。上面加盖两坡水瓦顶，更能有利于屋顶泄水从而防止屋顶渗漏，又能保护屋顶晒台，使其经久耐用，并更加方便阴雨天气收存粮食。由于具有这些优点，局部瓦顶形式的土掌房颇受当地彝族群众欢迎，只要经济条件许可，彝族群众多愿意建造此种形式的住屋。（图4-9）

（四）有内院土掌房与无内院土掌房的区别：无内院的土掌房其正房一般不带前廊，而有内院形式的土掌房，其正房多带有前廊。面阔三间的正房，中间为堂屋，左右两侧次间为卧室，楼上用于贮存粮食、堆放杂物。人口较多的人家，也有在楼上一端加以围隔，作为居室。两侧厢房，一厢加隔，分别用做厨房和鸡房、鸭房，如果人口较多，也有用做卧室，鸡鸭关养在院里。另一厢中间不加间隔，两间连成一体，中央设有火塘，火塘常旺不熄，为家人煮茶取暖、待

图4-9　局部草顶或瓦顶的土掌房

客议事和家务活动之场所。

三、彝族土掌房的结构材料

云南彝族传统土掌房外墙为夯土墙或土墼墙，内隔墙用木板或土坯。建造土掌房的技术要求不高，唯其屋顶技术值得注意。土掌房有木梁承重和土墙承重之分。

由木构架承重的土掌房立木为柱，木柱之上架横梁和檩木，檩木上铺设木板或劈柴，其上再铺垫竹枝松毛，然后抹上一层稀泥。最上面再用深层、无杂质泥土加1％的石灰搅拌平铺洒水夯实至10余厘米厚。木构架为圆木去皮打眼穿斗，尤起棱、刨光等细加工工序。内隔木板或竹笆，装饰简单的图案纹饰。瓦为木板，用无结疤的杉木劈成，每劈长约2米，交错铺两层。门独扇，宽而矮，朝内开，开以采光，关以闭户。为防止家禽出入，门外设一朝外开的木栅门。小窗或无窗，室内光线除开门采光外，还靠瓦板缝隙透亮。富裕者在房前围以土墙，形成院坝，出入口置木栅栏，并在院墙角修筑碉楼，以作防卫。碉楼一般二至三层，每层有若干个射击孔。（图4-10）

而土墙承重的土掌房在梁和木楞下的墙顶加木卧梁，以此分散压力。木梁跨度一般有3米左右，随土掌房空间跨度而定。楼面和屋顶的构造做法是在木梁上架放木楞，木楞之上安楼板。木楞架放距离小而不规则，有的甚至密铺以代替楼板；再在木楞之上密铺柴草，然后铺上泥土，拍打密实，要是经济、技术条件允许，其外部再抹一层石灰，以防漏水。由于土墼墙土坯质量好，形状整齐，强度高，有些地区的土墙可以起到承重的作用。土墼墙表面抹上灰浆，这样处理的墙面、屋顶，一般可以维持三四十年。屋顶本身即是晒台，为预防晾晒玉米、红薯、南瓜、土豆时滚动坠落，檐口一般多有高约20厘米的边沿。（图4-11）

四、彝族土掌房的室内空间布局与装饰陈设

彝族土掌房多以楼层（正房）和平房（厢房）两个部分组成一个单元。正房多为二层楼房，面阔三开间；而厢房为一至二间平房。楼房和平房外墙多不设窗，或仅开设50厘米见方的小窗。楼层（正房）有设廊和不设廊两类，其二层亦多用做贮藏粮食物品。正房的存粮间

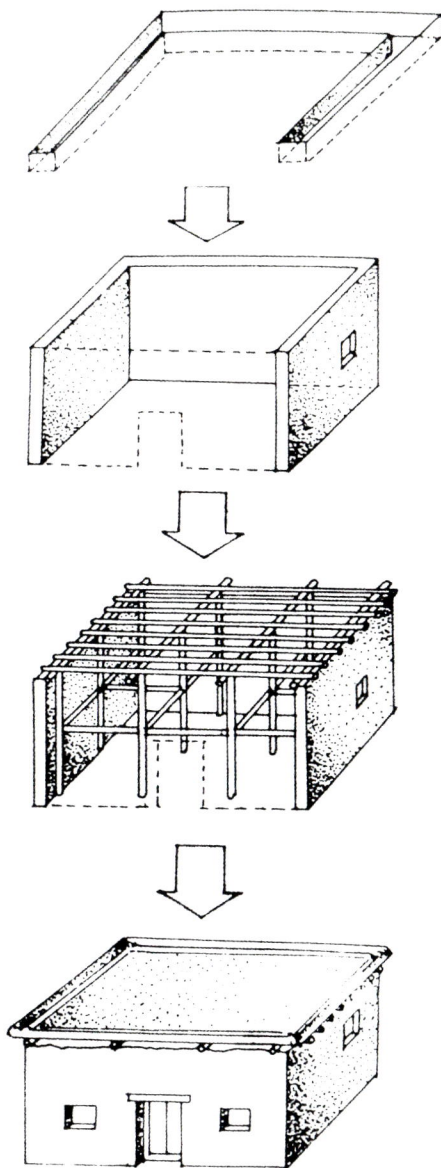

图4-10　木构架承重的土掌房（模型）

图4-11　土掌房的屋顶本身即是晒台（模型）

直通厢房房顶，泥土打实抹平的正房屋面和厢房屋面，是各家各户晾晒农作物或堆放粮草、瓜果的晒台。因为山区平地稀少，土掌房适应了农业生产的需要，成为有特色的房顶晒台。

二层的正房，又分"三脚落地"和"四脚落地"两种。四脚落地的正房，一端多出一条"四尺巷"，并在此设置通往楼层的踏板楼梯，楼层另有小门通往厢房屋面，厢房屋面又有双梯上下正房屋面。而三脚落地的正房，多建在地势比较陡峭的地方，因受地形的限制而省去"四尺巷"，通往楼层的楼梯，则设于次间的内侧。

在室内空间布局的功能划分方面，正房底层分为三开间，分别作为堂屋、卧室和仓库，左右各有两间耳房作为厨房和杂物间，俗称"三间两耳"。正房正中堂屋，是全家起居、饮食、会客的场所。堂屋内设俗称

"锅庄"的火塘，上面置一个支锅的铁三脚或三块支锅石。（图4-12）火塘是煮饭烧菜的地方，周围有草席、草凳，可席地而坐，也是全家围火吃饭、谈天、休憩和待客的场所。堂屋两侧以木板或竹笆隔成内间，用做贮藏室。而卧室、厨房等均设在厢房。正房二层可堆放粮食，或由未婚子女、客人住宿。富裕人家除正屋外，尚分设有马厩、畜舍、柴房等。

总体而言彝族接近对称形式的传统民居外形简单朴素，从装饰上看，入口大门及屋檐是装饰重点。大门上常做各种拱形图案，设有刻着日月鸟兽等纹饰的门楣，山墙的悬鱼、屋檐的挑拱、垂花柱、屋内梁枋、拱架也刻有牛、羊头及鸟兽花草等线脚装饰，屋檐檐板上刻有粗糙的锯齿形和简单连续图案。富有者常在石础及锅庄石上雕刻卷草及怪兽等图案，或在室内的木隔板上刻有圆形花饰及对称均匀的四方连续火

图4-12 "锅庄"

镰纹，极富装饰效果。

五、彝族土掌房作为一种适应环境的生存方式所展现的文化根性

彝族土掌房结构简洁，布局巧妙，整洁卫生，其主要的特征一是其封闭的内部空间；二是屋顶往往取平顶。其实这些特征充分体现了其作为彝族民众适应环境的一种生存方式所展现的文化根性。这种适应性可以从现实状况和历史"原型"两个方面来考察。

（一）从适应环境的现实状况角度来看，"土掌房"封闭的内部空间和平屋顶结构简单，经济实惠，比建土木结构的瓦房省工、省料、省钱，又比建草顶房整洁、牢固结实。并且具有封闭内部空间和平屋顶的"土掌房"还能够防止"阳光直射"，具有冬暖夏凉、防火性能好的优点。同时平顶还能兼作晒场，这对居住于山区的彝民来说，意外地辟出一方平整干爽的空间是非常实惠的，只要注意保养平台屋面，一般可住数十年，即使需翻修更新，也较其他建筑省力。因此，不仅是彝族，就连与彝族杂居的傣族和哈尼族、汉族等，也都喜欢建这种"土掌房"。这是现实生物适应环境的生物学原理支配下的最低成本存活，最高效率受惠的现实生存本能。（图4-13）

（二）从适应环境的历史"原型"角度来看，封闭的内部空间和平屋顶的"土掌房"是在漫长的历史进程中源自彝族的祖先氐羌先民而存续于彝族民众中的集体无意识的显现。彝族生活于气候湿润、炎热的西南温湿地域，从生物适应自然条件的生态学原理来讲，民居空间环境应当是以诸如傣族干栏式竹楼般的通透、发散为佳，然而这土掌房却明显背道而驰，不是通透而是封闭。仅仅从适应环境的现实状况角度来说这是因为它能够防止"阳光直射"是不够的，还需要从适应环境的历史"原型"角度来审视。西南彝族是古代西北氐羌的后裔，他们迁到西南边陲之前居住在西北干燥、寒冷的地带，氐羌时代建房使外墙封闭，为的是挡风沙、御雨雪、驱寒冷。然而两千多年来发展到彝族文化阶段，这种根深蒂固的建筑观念却基本没有改变，而是以"原型"的集体无意识表现在"土掌房"上。版筑的厚重土

图4-13　最低成本存活

墙上门窗既少又小，这其实就是其西北氐羌建筑文化母体的烙印。

一般传统的汉族及许多少数民族民居屋顶常式为形象特征十分鲜明的两坡或四坡的坡屋顶，其他形式的屋顶很少见，平屋顶更不使用。独有这彝族的"土掌房"却普遍采用平屋顶。从历史"原型"角度来看，这大约是源自西北氐羌远古穴居的缘故。这是因为土掌房虽具木梁等木质构件，但其主要的构件却是有一定承重作用的土质土墙，这明显不属于南方巢居的文化系统；并且土掌房底层几乎不开窗或窗洞很小，只在墙顶与屋顶交接处留有缝隙以作通风采光之用的这种室内空间的封闭特征，及其烟熏木料以防腐的传统等，都与往昔西北边地的窑洞十分类似。另外，土掌房的平顶形制是一种在历史中长久形成的技术传统与艺术嗜好。从技术传统上看平顶比坡顶的技术要求更为便利。同时这种技术传统也在漫长的历史中塑造了彝族对土掌房平顶的独特审美嗜好。

第三节　哈尼族民居环境艺术

哈尼族，中国少数民族之一。现有人口约1300000人。主要聚居在滇南红河和澜沧江之间的元江、墨江、绿春、金平、江城等县，思茅、西双版纳、澜沧等市、州、县也有分布。哈尼族有自己的语言，属汉藏语系藏缅语族彝语支。哈尼族大多居住在海拔800-2500米的山区，主要从事农业，梯田稻作文化尤为发达。哈尼族认为万物皆有灵，人死魂不灭，于是盛行自然崇拜和祖先崇拜。坐落于气候温和，雨量充沛，适宜农耕的滇南红河和澜沧江中间地带山环水绕梯田密布半山区的哈尼村寨，多顺山坡向阳而建。哈尼族民居主要有瓦房（草房）和土掌房，草房顶的蘑菇房玲珑美观，独具一格。即使是寒冷的冬天，屋里也是暖融融的；而炎热的夏天，屋里却十分凉爽。传说中蘑菇房缘起于远古哈尼人看到满山遍野大朵大朵的蘑菇而受到的启发。（图4-14）

一、哈尼族民居的选址布局及形态特征

（一）哈尼族民居的选址布局

哈尼族一般聚族而居，村寨大多建在海拔1000-2500米的山区和半山区。哈尼族创建村寨时，通常喜欢在向阳的山腰依傍山势建立村寨。而且寨址往往都有茂密的森林、充足的水源、平缓肥沃的山梁等开垦梯田不可缺少的条件。村寨一般少则三四十户，多则数百户。村寨背后是郁郁葱葱的树林，周围绿竹青翠，棕榈挺拔，间以桃树梨树，村前梯田层层延伸到河谷底。离村寨不远有清澈醋凉的泉水。栋栋哈尼族住房结合地形沿坡布局，高低错落有致，别有一番朴实而富有变化的景象。

（二）哈尼族民居的形态特征

状如蘑菇，形式多样的蘑菇房是哈尼族非常具有民族特色的民居。草房顶有两面坡和四面坡两种，四面坡草顶房脊短坡陡，远看似覆盖在顶部的一朵蘑菇，颇具特色。哈尼族最大的村寨红河州元阳县麻粟寨是最典型的蘑菇房村寨。

因地形陡斜，缺少平地，平屋顶的"土掌房"较为普遍，既可防火，又便于用屋顶晒粮，空间可得到充分利用。但局部草顶的土掌房也是较普遍为哈尼族所采用的一种重要的民居形式，它包括草顶部分和土掌部分，草顶部分为主房，土掌部分是主房的前廊和耳房。土掌部分也就是各家各户的晒台，布置比较灵活，与主房的搭配也很得当。概括起来其布局方法主要有四种：前廊为晒台的、前廊及一耳房为晒台的、前廊及二耳房为晒台的和前廊及所有耳房为晒台的。从人居的二层到晒台晾晒农作物十分方便。这四种不同形式的灵活布置和巧妙组合，不仅有效地利用了十分有限的土地，也大大地丰富了立面及外观轮廓。

哈尼族局部草顶土掌房的楼层顶部，设有封火层。封火层的构造和彝族土掌房屋面的构造基本相同。封火层除具有隔火防火及隔热保温功能，同时也是一处晾晒粮食的地方，因此，一般都开有方便上下的出入口，同

■ 图4-14　哈尼族蘑菇房

■ 图4-15　脊短坡陡的草顶房

时还留有20厘米见方的小孔，晾干了的粮食可以从封火层上顺此小孔直接漏至设在楼层上的粮仓里。

封火层上面，支撑四坡水草顶屋面的木构架，有的地方因技术较差而比较简单，且不正规；有的地方技术较好，构架多为正规的人字木屋架。

脊短坡陡的草顶房，充分展示了这一地区哈尼族民居的外部特征，也充分显示了哈尼族群众的聪明才智和独特的审美情趣，是哈尼族传统民居区别于彝族局部草顶土掌房的独特造型的特征之所在。（图4-15）

云南红河、元阳、绿春等地多为土墙草顶楼房，以石奠基，以木为柱，以土砌墙，屋顶四面铺茅草，少数用瓦覆盖。楼房分上、中、下三层，下层关牲畜，中层住人并存粮食，上层堆放杂物。墨江一带多为土基楼房，平面屋顶。

西双版纳和澜沧等地哈尼族则为竹木结构的楼房，楼上住人，一般分为前后两间，男子住前屋，妇女和孩子住后屋，接待宾客均在前屋。这种竹木结构的楼房较傣族的简陋狭小，楼下堆放农具杂物，饲养家禽家畜，旁设凉台，别具一格。

二、哈尼族民居的类型样式

哈尼人的民居环境艺术的类型样式丰富多样，包括茅草房、蘑菇房、封火楼、土掌房、千脚落地的干栏房、一正二厢三合院瓦房等类型，其中，蘑菇房是哈尼族传统文化底蕴最深厚的民居样式。不同地区的哈尼人采用不尽相同的民居样式。云南红河、元阳、绿春及墨江等地哈尼族，多在朝阳的山腰地带建寨，民居样式一般是土木结构的楼房，屋顶有平顶、双坡面和四坡面几种；平顶"土掌房"属于传统哈尼民居式样，较为普遍而适用，既便于防火，又可将房顶作阳台晒场；西双版纳和澜沧等地哈尼族，住木结构的竹楼，较傣族的简陋狭小。梯田、蘑菇房、寨神柱、棕林、竹林、茶园、寨门、磨秋场和水碾，组成了哈尼族的蘑菇山寨景观。

三、哈尼族民居的结构材料

哀牢山、无量山区哈尼族的寨房因各地经济及环境民族的不同而有茅草房、土掌房、石灰房、瓦房几种式样。结构材料上基本都是以土石为主要墙体材料。

哈尼族"土掌房"属于传统民居式样，一般就地取材，结构材料上属土木结构，建房时间多选择在冬季和初春时间进行。哈尼族"土掌房"为木构架承重，用优质木材做支柱，柱上凿榫放枕木，枕木上再放柴草，用黏土铺成厚约一尺的顶，土墙也可部分承重，夯土或以土坯为墙，外加粉刷。房顶部均为坚固的泥土房顶，防火性能好，冬暖夏凉；又可将屋顶当阳台晒场或休息乘凉用，在地形坎坷不平的山区是极为适宜的。若从侧面看去，他们的住房宛若一个庞大的台阶矗立于地表之上。

草顶的蘑菇房正房上方的茅草顶为多斜面，先在房顶上密布圆木，圆木上再依次铺着细木条，然后将编织成草排的茅草按顺序叠压以铺满屋顶，再覆以泥土层，最后再盖上双坡面的茅草顶。

"封火楼"为楼顶封泥后再设双斜面茅草顶的二层楼房。茅草顶与封泥后的楼顶之间的空间既可贮存粮食瓜果，又可让适婚的儿女夜间住宿，便于他（她）们自由恋爱择偶。炎热季节里"封火楼"凉爽异常，构成哈尼族民居环境艺术的独特风景。

四、哈尼族民居的室内空间布局与装饰陈设

哈尼族民居主要由正房、厢房组成。正房与厢房组成的院落较小，可起到日照、通风、采光的作用。民居院落有三合院、四合院或不设院落的"一"字形房屋等几种类型。正房为三开间双层楼房，一般正房底层明间为堂屋供奉祖先，两边为卧室，右为大房，供家长居住，左为小房，为晚辈居住。二层一般不住人，用于贮藏粮食、杂物。正房顶部有封火顶，可晾晒粮食，顶部有小孔，粮食可由小孔直接漏入二层粮仓。正房前有宽达两米的前廊，前廊可用于家务活动、纺织或待客。厢房为双开间两层土掌房，房顶当做晒台，与正房楼层有门相通。大户人家，单独另盖厨房。随着哈尼族人民生活水平的不断提高，哈尼民居的布局更加合理，如注意到人畜分开、厨房与正房分开等。

总之，"两山三江"地区彝族、哈尼族的民居环境艺术，尤其是他们所居住的土掌房和局部草顶（或瓦顶）的土掌房，就地取材、造价低廉、技术要求不

太高而容易建造维修，隔热保温性能良好、同时又能有效地解决晒场问题；适应当地的地理条件、气候条件、经济条件和群众的生产生活需要；是人与自然双

向选择的必然结果；是彝族、哈尼族群众突破经济条件较差、技术水平较低的历史条件限制所取得的积极成果。

第四节　藏族碉楼民居环境艺术

主要生活在我国辽阔的青藏高原地区的藏族以其浓郁的民族特色、灿烂的民族文化及奇特的民族生活方式而为世人所瞩目。除了藏族人口最大的聚居地西藏自治区外，在青海省的海北、黄南、果洛、玉树等藏族自治州及海西蒙古族藏族自治州，甘肃省的甘南藏族自治州和天祝藏族自治县，四川省的阿坝、甘孜藏族自治州及云南迪庆藏族自治州等地也分布着不少藏族人口。藏族民居环境艺术在相当大的程度上反映了藏族的民族特色、民族文化及民族生活方式，浓缩体现藏民族发展过程中的物质文明与精神文明成果。

在漫长的历史中，居住在"世界屋脊"的藏族人民，创造出众多的辉煌建筑群。藏族建筑环境艺术自身的成熟和进步是伴随着对外来文化有鉴别地吸收融合而逐步发展起来的。各种类型的建筑，无论是城镇、宫殿、寺院、林卡，还是庄园、王府、贵族府邸、民居、桥梁，均具有鲜明的特色。藏族建筑环境艺术水平很高，能熟练运用统一、平衡、对比、韵律、和谐、比例、尺度等形式美的规律。作为一个典型的高山游牧游猎民族，即使到当代藏族人民也并没有从根本上改变游牧生活的传统。生活上的非定居性、半定居性是支配其民居环境艺术发展的一个重要特点。其较为发达的宗教文化也在相当大的程度上赋予其建筑环境艺术以浓厚的宗教色彩。（图4-16）

西藏在四五千年前就已经出现了原始部落穴居、半穴居式的住所，经过长期的演变，适应西藏高原的地理、气候等自然条件和结合民族生活习惯、文化传统，就地取材，因地制宜，形成了经济适用形式多样而富有民族地域特色的藏族民居环境艺术。如藏北的帐房，南部谷地的

"碉楼"，雅鲁藏布江流域林区的木构建筑，拉萨的内院回廊式建筑，西藏东部林区独院式村镇民居，阿里高原的窑洞民居，以及四川甘孜藏族的两层石木结构民居均具有浓厚的民族特点和地区色彩。（图4-17）

据《西藏王统世系明鉴》、《贤者喜宴》等藏文史书记载，藏族第一座碉堡式的宫殿为"雍布拉康"，意为母子神宫，至今这座宫殿仍非常巍峨。其实藏族碉楼民居的形制构造早在隋朝前后就已相当成熟。《册府元龟》记载，藏族先民"傍山险，俗好复仇，故垒石为碉而居，以避其患。碉高十余丈，下至五六丈，每级丈余，以木隔之……于下级开小门，从内上通。夜必关闭，以防盗贼"。可见藏族碉房实为古已有之。公元7世纪吐蕃王朝兴起，扩展其统治势力至高原东部，许多羌族部族亦被融合，高碉随着在以四川甘孜、阿坝为主的广大藏区发展，逐渐成为藏、羌文化的共同结晶。（图4-18）

一、藏族碉楼的选址布局及形态特征

在西藏、青海、四川等藏族居住地区，常常会看到高高耸立的碉房，远远望去，碉楼像一座座坚固的堡垒。"夷家皆住高碉，称为夷寨子，用乱石垒砌，酷似砖墙，其高约五六丈以上，与西洋之洋楼无异。尤为精美者，为丹巴各夷家，常四五十家聚修一处，如井壁、中龙、梭坡大寨等处，其崔巍壮丽，与瑞士山城相似。""番俗无城而多碉，最坚固之碉为六棱……凡矗立建筑物，棱愈多则愈难倒塌，八角碉虽乱石所砌，其寿命长达千年之久，西番建筑物之极品，当数此物。"这是当年著名藏学家任乃强先生在康区考察时对康区

图4-16
图4-17　　图4-18

图4-16　发达的宗教文化
图4-17　香格里拉的藏族民居
图4-18　松赞林寺

"高碉"的记述。在藏族民居建筑中，碉楼这种土、石木结构的藏式民居，是伴随着藏民中定居及半定居生活现象的出现而发展起来的。造型雄厚壮观的藏居碉楼多采用天然毛石和木料建于山上，依山而立，叠石为室，与大自然有一种质朴的和谐，似与自然山岳共生，雕塑感极其强烈。藏居碉楼依山就势错层安排既有利于通风采光，厚墙小窗又能保暖节能，而自然形成的露台又是重要的生活场所。（图4-19）

藏族碉楼这种非迁移式民居与藏族宗教寺庙类建筑之间存在着一定的相互影响。藏族碉楼从外面看不见一根木头，碉楼的外墙大多用石砌。石墙有明显的收分，门窗口很小，通风和采光较差。屋顶以平顶居多，外形厚重、稳固。一般2-3层，底层是牲畜圈及贮藏草料的地方，佛堂和居室在二层或三层。藏族"碉楼"一般都傍山修建，外形呈阶梯形，屋顶平台常被用做晒场来晾晒谷物。室内用家具矮墙划分空间，屋内房梁房柱有饰以彩绘的，装饰纹样独具特色。现存的许多藏族碉楼民

居虽因地理自然环境不同而在建制的细节上略存差异，但总体上其一般的形态特征是相同的或相近的，其形态特征可归纳如下（图4-20）：

（一）由于藏区在历史上争战频繁，人们不得不加强居宅的防御力；以及藏族先民盛行山神崇拜，渴望得到山神保护，所以藏族选择高坡要地，依山偎岭而建碉楼，即便远离水源也在所不惜。（图4-21）

（二）碉楼民居的形观和功用与旧式碉堡十分相近，所以大多在民间被称做"碉楼"。（图4-22）

（三）碉楼民居的用材主要以石块为主，土泥和木料辅之。藏民生活的区域大多为高海拔的高山峻岭，石材易得而树木不易生长，因此各种规制的石料碎块就自然成了碉楼民居的最佳用材。而在藏民族原始宗教中，又信奉白石崇拜，能用白石造福自身，不能不说是一件幸事。况且碉房本身强调其抗敌防战性，坚固与否不能不成为人们考虑的因素。

（四）碉楼多系楼层式民居，从二三层至五六层不

89

图4-19　藏族碉楼

图4-20　形态特征与宗教寺庙类建筑之间存在相互影响

图4-21　依山傍岭而建（模型）

图4-22　碉楼与旧式碉堡十分相近

等，楼层之间距离一般不是太高，四周多设窗户。（图4-23）

（五）碉楼民居平面布局多为各类矩形、曲尺形或直角形。楼顶多为泥土平抹的平顶，楼顶周围有略高于它的挡墙。楼层之间的天花隔板多以木料造制，之上平铺土泥。（图4-24）

（六）功能设置上有些碉楼中带有敞开的天井，楼上大多配有一个出挑墙外的厕所，楼顶上重要位置常设有供奉诸神的台子。许多楼不带外廊，但随着战争的减少，也有些碉房不再强调防御功能，每层楼都出现了外廊，比如拉萨的藏族民居就大多带有外廊。此外碉房一般无专用厨房，因此很少能见到专事排烟的烟囱。

（七）在碉房楼层的使用分配上，一般习惯以底层作牲畜圈厩，中层作厨房或一般日常生活场所，以最上层作宗教神事活动及起居场所。

（八）碉楼的窗户也较有特点，一般楼体四周多窗，窗台普遍较低，窗口外面的上顶部设有出挑墙外的窗檐，一般居室窗面较大。

二、藏族碉楼的类型样式

藏族碉楼种类多样，有不同的类型样式，而不同地区藏族碉楼的类型样式都存在着一些差别。形态上有外廊式和无外廊式之分，有的碉楼完全为平顶，除正面有小窗外，俨然是一个堡垒，也有的碉楼呈曲尺形，上高下低，为平顶。按照其所用主要材料来划分，可以分为用石块垒砌的石碉和用黏土夯筑而成的土碉。

而按照结构体系来分，藏族碉楼结构可分为两种体系，一是墙承重结构体系，阿坝一带的碉楼大多属于这种结构；另一种是梁柱承重结构体系，甘孜一带的碉楼多属于这种结构。甘孜一带藏族碉楼虽然有少数的荷载靠外墙承重，但从整个楼面或屋顶重量的支撑同碉楼的内墙分布情况来看，仍然是属于梁柱承重结构体系。

墙身承重结构的碉楼，室内不用柱子承重，各楼层与屋顶横梁和椽子两端都架在连成一体的外墙和分间墙上，使全碉楼的内室荷载全部由内墙外墙负担。由于碉楼墙体自重和承重较大，并且墙身较高，为了保证碉楼的稳固，所以墙基必须相对加厚，并且内部各层的分间墙必须上下对正并尽可能减少分间墙的设置。因为如果分间墙过多将占据大量室内使用面积，因此碉楼内部平面划分设置简单以尽量减少室内分间。阿坝地区藏族碉楼建筑平面基本定型，其原因就是受这种墙承重结构制约。

梁柱承重结构的藏族碉楼，先用片石砌筑成一个长方形或方形围扩以起到稳定结构的作用，内部用梁柱来承重。内部的梁柱承重结构也有两种形式。一种为梁、柱起支撑作用，各层都用短柱。室内分隔可根据需要任意划分，上下各层分间隔墙不必相对。此种结构灵活性大，但室内较大房间必有支柱而使室内空间显得不够开阔。这种各层短柱承重结构的碉楼比墙承重结构的碉楼和上下通柱梁枋穿插的梁柱承重结构碉楼稳固性差。另一种梁柱结构形式就是上下通柱梁枋穿插式，通柱间隔竖立，用梁枋穿连，以形成较为稳定的柱网，上层结构又在下层短柱上立通柱，由上层的梁枋穿连再构成另一整体，如此用长短柱相间、上下层互异的方法逐层架设而上。

当然由于贫富差距所造成的藏族碉楼建制样式上的差别也是很明显的，尤其在藏族农奴制度时期，藏族贵族阶层在藏族碉楼民居上所显露出的建制气派同贫民阶层的碉楼形成了极大的反差。贵族碉楼不同于一般碉楼的地方在于其碉楼四面各有一长方形两端相接的庭院，庭院正头入口处有一扇坚固的大门，这庭院正头的一面恰与碉楼大门对峙，庭院的另三面为牲畜圈厩及储藏室，碉楼正屋较其他三面屋体要高出一层或两层，整个碉楼有的高过五层。这种带有较大庭院的碉楼在一般藏族贫民那里是比较少见的。

三、藏族碉楼的结构材料

碉楼的砌筑结构和材料技术由于经历了漫长的历史，在不断建造"高碉"的过程中持续地积累经验和创新，达到了高超精湛的水平，使碉楼的砌筑在高度上和外观上显出雄伟壮观的美感和气势。

碉楼的承重结构有墙体承重、梁柱承重及墙柱混合承重，梁柱承重的石木土构藏族碉楼其结构为2米×2米正方形柱网组成的纵向框架承重体系，在建筑结构上，梁和柱不直接相连，每一根柱头顶都垫有一块"短斗"（替木），"短斗"上面再架上"长斗"（梁木）。梁与替木的结合有两种方式，一种是梁与替木同一方向，左右二梁放在替木上面，二梁接头正对柱心；另一种是梁与替木相垂直，左右二梁互相交错横置于替木之上，梁头伸出替木两侧。梁上再铺设檩条，檩条上再铺木板，然后做楼面或屋面。《旧唐书·吐蕃传》早就有"屋皆平顶"的记载。一般在屋顶四周的墙上还要砌上"女儿墙"。屋顶的做法是在梁上的檩条上铺上一层粗树枝，粗树枝上再铺一层细树枝，然后在细树枝上铺一

图4-23　碉楼多系楼层式民居

图4-24　藏族碉楼的形态特征（模型）

层约20厘米的泥浆，再在泥浆上铺厚约20厘米的粗土，并加夯打，打完后又铺30厘米厚的沙质黏土，铺平打实即成。为便于排水，晒坝表面坡向女儿墙，以免遇雨溶黏、积水、害漏。女儿墙根有石槽伸出碉楼墙外，积水可从石槽向外排出。经过这样处理的晒坝，隔热保暖效果良好。

在建造民居的用材上，属典型石木土结构的藏族碉楼，墙体多用石块，一层方石叠压一层碎石，其间以泥合缝，也有板筑土墙者，也有用砖做墙体的。一般碉楼最上一层为土坯墙，下部为石料墙，墙体由下往上逐渐变薄，墙厚约1-1.5米。梁柱多为木材，楼层之间的天花板常以木架板材及草泥造制。碉楼房屋顶为黏质土平顶，屋内净高多在2.2米左右。（图4-25，图4-26）

四、藏族碉楼的室内空间布局与装饰陈设

（一）碉楼的室内空间分配使用，三层或四层的藏族碉楼内部各层使用功能各不相同，以地为基，朝天平顶，可用做晒场打粮，亦适于设坛祭天。一般以低层或一楼作牲畜圈、草料房、杂物仓室，以二层作主居室、厨房和经堂等，以顶层为堆放粮稼的敞间和晒坝。四层的碉楼，底层平面大多呈正方形或纵长方形，只用于关养牲畜，为便于防御自卫，二三层为居住层，二层用做冬室，三层用做夏室，冬夏两室一上一下更换使用，四层为经堂、晒坝。三四层平顶式的碉楼，代表了藏族视人与天地统一的观念。

（二）碉楼的平面布局，大体采用规格大小不一各式矩形或曲尺形。其房间分布，一般将前面较大的房间作为主居室，主居室往往是碉楼室内空间布局的中心，以组织其他辅助房间和场地，形成一个有机的整体。主居室后面的小间作贮藏室等，楼梯间位于主居室右侧靠墙处，从这里可以通到底层和顶层。其单元构成一般小型的碉楼二层仅有卧室、厨房、经堂三者合一的主室和贮藏室，其余为敞间。而较大的碉楼，除了卧室、贮藏室以外，还有会客室、经堂、敞间、阳台、走廊、天井等。此外有些楼房及平房（一层式碉房）带有外廊。院落和平屋顶往往也作为生产和生活的重要场所。

不同地区碉楼的平面布局有所区别，有些地区的碉楼，二层的平面划分与底层的分间相同，实际上底层的分间隔墙就是根据二层的功能、结构等实际需要砌筑的；甘孜一带的碉楼，多在二层平面的中部开一梯井，梯井周围或三方有一交通面，在交通面的周围或梯井侧面用木板分隔出若干个小房间，房间的数量、大小，因整座碉楼的体量而面积大小有所不同。各个房间有门与交通面相连。

（三）碉楼的主居室是家庭日常起居的最主要组成部分，面积最大、朝向也最好，在布局上也占据最好朝向，主居室常常用以睡眠、贮藏、日常起居等，有的居室还辟有佛龛神殿及炉灶。装修上不施粉刷、油漆、彩绘、修饰，显得十分朴素自然。居室规格多以2米×2米柱网为单元，组成2米×4米、4米×4米、4米×6米等几种平面格局。一般在主居室内东墙或西墙设置炉灶，灶侧或其北面的分间墙（木板隔墙）上装有壁架，形如没有门的碗柜，上面放置炊具茶具什物。灶门的东墙或者西墙和南墙边上安置床铺，床多为木制条桌式单人

图4-25 墙体多用石块

图4-26 板筑土墙

图4-27
藏族卧室内景

床，上面铺有毛织毡毯，白天可当凳椅，晚上便是床铺。比较富裕的家庭，还在床边摆放矮桌、火盆等，用于暖茶、取暖、放置茶碗食物等。整个室内布置大都沿着墙边安放，尽量扩大相对有限的室内空间，所以整个主居室显得十分宽敞。其他的一些分间墙上也多设置壁柜，可以堆放小件什物。主居室的布置紧凑灵活，风格简洁，开间较大，进深较小，采光也比其他单元略好。（图4-27）

　　阿坝地区藏族碉楼的主居室与甘孜地区的不同之处是阿坝地区藏族碉楼主居室不砌炉灶而设置矩形火塘，火塘位置设在主居室的中央，上方吊挂与火塘长宽相似的木架，用做吊挂水壶和烘烤什物。室内不设床，也少用矮桌、火盆之类，家人一般多围绕火塘席地饮食坐卧。

　　（四）厨房是碉楼中另一重要的组成单元，由于藏民族餐食十分简单，所以一般不设置专门的厨室，而是自由灵活地从楼房单元中辟出一间或一地作为厨房。这些厨房大多紧邻居室，有些干脆就是从居室辟出的一部分空间。炉灶用片石砌成，表面抹以灰泥，外观相当整洁，讲究些的还在灶面用彩色石子嵌饰线脚或者花纹，作为室内装饰之一。炉灶开有3-4个火眼，可以同时熬

茶、煮菜，下面开有灰槽，便于透气、掏灰。由于不是专门的厨室，所以往往不设置排烟除尘设备，而是多在炉灶上方屋顶开有天窗，炉旁墙上开一侧窗，以利排烟通气。

　　（五）碉楼的入口，常灵活布设于院落边角，并多与厕所、楼梯结合在一起。其处理纯朴自然，常以墙面隆起或建筑物的凹凸来强调出入功能。底层入口大多只设一门，方便人畜出入，一般多用不同材料做成门洞或屏风，有的以绿化植被及建筑小品做对景，来为碉房庭院制造宁静优雅的气氛。

　　（六）碉楼的楼梯多为单跑，宽度约为70厘米至80厘米，每级高约25厘米至30厘米，楼坡斜度约为45-50度，楼梯有石制或木做两种，扶手简易，多与梯体倾斜。民居多为室外露天楼梯，置于外廊内。

　　（七）外廊在碉楼民居中有长外廊和短外廊，平房则多有凹廊。这些外廊由于受标准柱网的限制，一般在2米见长左右，宽度较大，它们除做过道通甬外，还常作为室外起居活动场所。有的外廊则布置为厨房及副业生产场所。

　　（八）旱厕所是碉楼中较常见的组成单元，楼房大院的旱厕所多集中布置在院落一角，位于朝向较差的一

面，有的与建筑齐平，有的则凸出于外，有的脱开而以天桥联系，也有的与入口相结合。其一般布置原则是靠落外墙或出挑楼墙之外。平房厕所多抬高半层或一层。

（九）碉楼民居一般都配有院落和顶层晒坝，以便于生产生活。较大庭院一般于窗前用矮墙、矮树丛来分隔出小的户外活动空间。碉房多为平屋顶，碉楼的顶层多数分前后两部分，前一部分为晒坝，后一部分是在顶层凸起的平顶房屋。碉房上层平顶房屋向内收缩，面积小于下部楼层，约占顶层面积的一半以上，其中一部分为经堂和喇嘛卧室，另一部分为敞间，这敞开部分称做"张口房"。以此来将下层屋顶作为户外活动场所，其作用很像新式楼房的晾台。碉楼顶层的晒坝，不受邻近碉楼遮挡，可以沐浴充足阳光，家人可在此打晒粮食、晾晒杂物、纳阳取暖、散步休闲，是一处温和、平静、不受外人干扰的活动空间。同时，经堂、喇嘛卧室也设在碉楼顶层，所以这里又是碉楼中最神圣的地方。顶层晒坝对于藏民来说，其功用几乎与庭院显得同样重要。

（十）经堂往往被藏民设于碉楼重要的室内位置，碉楼的屋顶也多是焚香祷告的重要场所。经堂中设置神龛以经常用来焚香祷告。经堂的布置、装饰都很讲究，一般在经堂后墙安装木制的佛龛，佛龛类似壁架，上部分做几格龛台，龛台内供奉铜制菩萨偶像。龛台下部为壁柜，很多人家的经堂内两侧墙面也装满壁橱，各种经卷、法器、供香、串珠等放满壁柜、壁橱。

五、藏族碉楼作为一种适应环境的生存方式所展现的文化根性

藏族碉楼民居一般建在山顶或河边，以毛石砌筑墙体，为了防御功能，房屋建成像碉堡的坚实块体。由于少雨，木结构平顶，木梁架，屋面抹草泥，小树枝和麦草，屋面的构造以石片及石块压边。厕所有时架高或悬空以便粪便落下后收集积肥，做饭及取暖的燃料是牛

粪。以上藏族碉楼的这些形态及结构材料特性无一不显示了藏族碉楼对于当地自然环境的适应。

若我们深入分析一下藏族碉楼形态特征上采取高层平顶的原因，其实能够使我们切实地把握藏族碉楼对于当地自然环境的这种适应性。

首先我们来分析一下藏族碉楼采取高层的原因，藏民建构居所时为何不多造使建筑平面水平方向铺开的单层平房，而要造这种实难营构的高层平顶的碉楼呢？这是因为，藏区的山地环境决定了藏民们不得不选择依山借势造屋，这就决定了在建筑单元组合的发展取向上只能朝高的空间进展，如向平面水平发展，则势必增加人力投入和施工难度及成本，另外，水平方向铺开的单层平房对防御也极为不利。

其次，我们再来分析一下藏族碉楼采取平顶的原因，藏民建构居所时为何把楼顶制成平顶，而不是坡面斜顶呢？这既是出于对藏区气候的考虑，又是人们扩大户外活动场所的需要。藏区干燥少雨，人们用土泥抹制平顶，既不用担心有雨水之患，又可以利用平顶作农作物晒场及焚香祭祀场所。总之，适应当地自然环境而生成的诸如高层平顶这样的特征使得碉楼在藏族地区非常实用且具有显著的民族地域特色。

藏族碉楼的建造和使用过程其实也都反映了藏族人敬天崇地这种对自然环境强烈的敬畏意识，直接展现了藏族碉楼作为藏族人适应环境的一种生存方式所具有的文化根性。每当新屋落成之时，藏民一般都要在乔迁前及乔迁后数日内举行祀神典礼，在建房时，常常要占卜吉凶。藏人对星辰及五行顺递等有关情况都非常重视，在建房时也常常要自我确定或请人确定自己的吉星凶星时辰，如确定是吉星年月日时方敢开土动工，反之则不敢。而三四层平顶式碉楼的室内空间分配使用上，底层用于关养牲畜，二三层为居住层，四层为经堂、晒坝，这样的分配使用习惯实际上也代表了藏族视人与天地统一的观念。

第五节 羌族碉楼民居环境艺术

羌族主要聚居区是四川省阿坝藏族羌族自治州的茂县和汶川县，处于地震带上，2008年5月12日本书写作期间该地发生8.0级大地震，羌族藏族碉楼民居及各种文物和非物质文化遗产几乎都遭到了毁灭性的破坏，损失很严重。羌族是一个古老的民族，早在三千多年前，殷代甲骨文中就有关于羌人的记载。他们主要生活在青藏高原东部边缘。羌族以农业为主，以畜牧业为副，以狩猎和多种副业为辅助。羌族属汉藏语系藏缅语族羌语支（另一说为藏语支）。分南、北两种方言，许多人懂汉语。没有文字，长期通用汉文。地处平均海拔3000米左右的青藏高原山高谷深森林茂密东部边缘的羌族民居久负盛名，羌语"邛笼"就是碉楼的意思。《后汉书·西南夷传》就有羌族人"依山居止，垒石为室，高者至十余丈"，所指即为"邛笼"。"依山居止"的羌人"垒石为室"的石砌民居经过长期的演变，形成了现今羌族独特的民居形式。多建于山区或半山区的羌族碉楼村寨依山就势逐级而上，雄伟的碉楼和片石砌筑的民居错落其中，体现出高原山寨的雄浑朴实。（图4-28，图4-29）

一、羌族碉楼的选址布局及形态特征

用土、木、石构建的羌族碉楼民居，经济适用、高大雄伟，在少数民族民居环境艺术中独树一帜。与一般的民居形态相比，羌族碉楼有三大特征：首先，碉楼非常高大，一般的碉楼都在20米以上，最高的达50米左右；其次，碉楼异常坚固，平时为住屋，战时即为碉堡，同堡垒般坚不可摧，且抗震性能好。至今依然矗立在苍茫风雨之中的汉代留存羌碉已有两千年历史，唐代留存的羌碉也有一千年历史；其三，碉楼容积较大。据史料记载，大的碉楼可容千人和千头牲畜。碉楼虽然高大，但是并不敞亮，四周墙体，均不开窗，只在接近楼层之处开有数个内低外高的气孔，向上倾斜，内小外大，略可透光，虽光线较暗，但有利于御寒，战时也可起到瞭望的作用。（图4-30）

因民族之间和民族内部氏族之间过去经常发生冤家械斗，所以羌族碉楼民居多选址于高山或半坡台地等地势险要易守难攻的地方，因而羌族村寨常被称为山寨。羌族山寨规模大小不一，一般历史久远的山寨较大，新建山寨则较小。耕地集中而面积宽阔的山寨规模较大，反之山寨规模则较小；羌族碉楼常常采用垂直等高线的布置方法，屋基分台逐层跌落，碉楼依山分层渐上，这样既节省了土石方工程又能充分利用有限空间。古老的羌族山寨碉房鳞次栉比，巷道狭窄，两侧墙垣对峙而显得拥挤不堪，这是因为羌族山寨寨址一经选定，以后人口增殖需增建新房时，一般均在老寨范围内因地制宜见缝插针顺势而建。理县桃坪寨就是一个比较典型的羌族村寨。它建筑在山坡

图4-28 高原山寨

图4-29 片石砌筑

上，北边靠山，南临杂谷脑河。这些碉房，房连房户连户，十分拥挤，甚至还有几十户人家聚居在一套大的碉楼民居之中的。碉楼下边有四道水网相连，一年四季都有清水流淌。而当关掉上游的涵门时水网就变成了可供战时隐蔽和联络之用的地道。（图4-31）

20世纪80年代以后，由于社会经济尤其是交通通讯等的发展，羌族地区的一些山谷坪坝相继出现了一些新的村寨。这些新建的羌族村寨多从利于生产及方便生活等方面考虑择基选址及布局营造，过去由于民族隔阂及冤家械斗而选择险要地势建寨的情况已成为历史，现在则多选址于河边、路旁等生活交通方便之处。因此过去碉室合一、以利防卫的传统碉楼民居形式及村寨布局也就发生了一定程度的改变，而且许多村寨还出现了一批过去所没有的商店、学校、医院、晒场、粮库等新的公共设施。

图4-30　四周墙体均不开窗

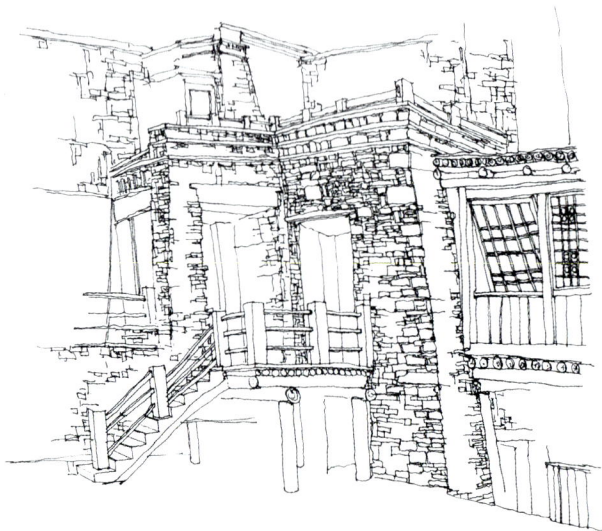

图4-31　古老的羌族山寨

二、羌族碉楼的类型样式

按照功能分工的不同，羌族碉楼可分为居住碉、瞭望碉、防卫碉、风水碉等。居住碉作居室使用，底层作起居室，楼上住人和贮藏，碉楼建有牲畜圈。防卫碉和瞭望碉用于自卫和通报紧急信息，遇有来犯者，可在碉楼顶上燃烧烟火，向村民和邻寨求援。（图4-32）

从外观造型上的差异来区分，碉楼亦有多样，除四角碉外，还有三角、五角、六角、八角、十二角，甚至十三角碉楼等多种样式；

从高度上的差别来看，羌族碉楼多为三四层，有的碉楼甚至有十三四层，高达数丈或十余丈；

而从建筑材料来区分，碉楼有以片石加黄泥砌筑的石碉，也有夯土筑成的泥碉。

三、羌族碉楼的结构材料

羌族群众修建碉楼时不绘图、不吊线、不筑架支撑，全凭民间能工巧匠的眼力和高超的砌筑技艺与经验。民间工匠修筑的这种高直建筑稳固牢靠，经久不衰。

羌族壮观雄伟的碉楼用片石为墙体材料拌和黄泥浆砌筑。片石大小方圆不拘，均为山坡岩下河边就地取材。砌墙时如砌砖墙，内外交搭上下相匝，中垫泥浆，大小长短随意叠砌而各得其宜，层次整齐有序。碉楼墙基，视地基情况深浅各有差异，一般墙基多深达1米-1.35米，为了稳定墙身，相对加厚端脚，并从基础开始，直接砌垒墙身，使墙基和墙身连成一体。石墙内侧与地面垂直，外侧由下而上稍向内倾斜而逐渐收分，下部收分较多，上部收分较少，保持墙身外收内平。（图4-33）

羌族碉楼民居室内多用梁柱承重。梁的一端，嵌在墙身，另外一端架在柱上，梁柱之间，皆垫替木，当地羌族群众称之为"拐扒子"。梁柱结合方式有两种，一种是梁与替木同一方向，左右二梁架在替木上，两梁接头正对柱心；另一种是梁与替木相垂直，左右二梁互相交错横置于替木之上，梁头伸出替木两侧。为了防止梁柱衔头移动，特在柱头、替木和梁木接触之处加做木榫，以免互相之间滑动移位。羌族碉楼屋顶材料做法与上一节介绍的藏族碉楼屋顶的材料做法基本相同。

图4-32
羌族碉楼分为不同的类型样式

图4-33
稳固牢靠的羌族碉楼（模型）

四、羌族碉楼的室内空间布局与装饰陈设

羌族碉楼民居不仅面积大，层高也高，有时高达4-5米，一般都是三或四层。底层圈养猪牛等牲畜；二层是"火笼"，主居室；三四层是卧室、储藏室；顶层为屋面，亦为多功能的"房背"。各层之间以简单的木梯相连。为便于防卫，底层通常只开一门，以供进出。羌族碉楼的房门朝向南方和北方，忌讳朝东开设，羌人认为，大门不朝东开设，可以避免与太阳相斗；朝南或者朝北，可以求得大吉大利。室内根据楼层分间情况，用片石砌分间墙，将底层内室划分为若干小间，各间均有门洞相通，便于牲畜出入。底层墙角设有独木楼梯，直通中层主居室。

主居室是住宅的中心所在，面积较大，一般均在30-60平方米左右，主居室内后墙设有雕刻精细的神龛，上供"天地君亲师"牌位。神龛正对面也是主居室的中央设有锅庄（即火塘），锅庄周围是全家日常起居炊事、团聚、休息、议事和会客的地方。主居室楼面铺设木板，喜庆节日要围绕锅庄跳舞饮酒，可容纳数十人载歌载舞。牧羊在羌族人民的经济生活中占有重要地位，羌族民间保留着信羊崇羊的习俗，所以人们在碉楼民居主居室中柱上有悬挂羊头骨、羊角或动物皮毛的习俗，以祈求中梁神保佑碉楼平安稳固。由于外墙开窗较少，主居室顶层屋面多开有一至两个四周均作反边泛水处理边长40厘米的正方形天窗。天窗平时敞开，可增加主室光线，亦可排放锅庄火烟，雨天则盖上石板。围绕主室布置有卧室、贮藏室等。所有房屋的房门，也忌讳正对着大门，他们认为，专门作祟于人的鬼只会走直道而不会拐弯，万一不慎让鬼趁机进入碉楼，它也因不会拐弯而进入不了房间，这样可以防止鬼作祟于人。主居室的地板上有一块活动木板，称为"揭板"。"揭板"旁一般都有一根房柱，柱上靠有一根独木梯。下面直通底层牲畜圈。这"揭板"安放的地方只有这家人才知道（常用柜子遮住）。一旦发生战事或意外变故，家中人便可迅速打开"揭板"，顺独木梯滑下，便于逃避或隐蔽。

一般碉楼民居为平屋顶，用木梁柱承重，上铺柴草，用黄土和鸡粪夯实，构成一个屋顶空间。顶层后面部分局部搭一排敞廊，当地羌族群众称之为"罩楼"，从中层上顶层的楼梯口就设在罩楼内。罩楼、主居室与平屋顶相通，用独木梯上下。罩楼除去设梯口以外，其余敞间多用做贮藏粮食和堆放杂物。罩楼前面的楼顶"平地"，当地羌族群众称为"房背"。（图4-34）"房背"面积不太大但不受外人干扰而别有天地，是室内空间的外延部分，用途很广，是老人休息、孩子嬉耍、家庭编织以及晾晒粮食和捻线刺绣等家务劳动的重要场所。从人居住层经垂直交通的独木梯到罩楼再到"房背"这一由室内到室外、由封闭到开敞、由昏暗到

图4-34
由平屋顶、罩楼、房背构成的屋顶空间使人感受到与
自然的融合（模型）

图4-35
室内空间的外延

明朗的过程，使人感到豁然开朗，视野广阔，感受到人与自然的融合，给人以无穷的享受。每天清晨旭日东升和傍晚夜幕降临时羌人都焚烧柏枝祭祀天神与祖先，在

屋顶的塔子里就供奉着祖先、天神的化身羌语称之为"阿握乐"的白石。若是遇到天灾人祸或逢年过节，全家老小总要上到屋顶祭祀祈祷。（图4-35）

第六节　布依族石板房民居环境艺术

布依族主要聚居在贵州省黔西南两个布依族苗族自治州以及贵州的都匀、独山、平塘、镇宁等10个县（市）。布依语属汉藏语系壮侗语族壮傣语支。布依语和壮语有密切的亲属关系。布依族过去没有文字，一直使用汉文。布依族地区山清水秀，自然风光多姿多彩，野生动植物资源及矿产资源也很丰富。布依族以农业为主，种植水稻的历史较为悠久。居住在不同地域的布依族人，他们的民居不尽相同。从形式上看，有干栏式楼房、吊脚楼，也有平房；若论材质，有木结构的，有木石结构、土木结构的，还有用石头砌造的……居住在著

名的风景区贵阳花溪、黄果树瀑布一带，以及黔南、黔西南地区岩溶岩洞密布、石林、石笋、石岩塔林立处的布依族，其民居大都用石头砌造，《镇宁县志》记载黔西南扁担山一带布依族地区"产石丰富，厚薄俱全。薄者瓦，厚者代砖，且价廉耐久"。因此，这一带的布依族传统民居，"十九为石房石墙"。石板房构成了布依族人富有特色的秀丽家园。（图4-36）

一、布依族石板房的选址布局及形态特征

（一）布依族石板房的选址布局

沿等高线布置在向阳山坡上的布依族村寨多选择在依山傍水的河谷平坝或沿山修建，层叠而上。布依族石板房的建置选址有很多讲究，首先要请阴阳先生看"风水"。选择依山傍水处做宅基，不仅要面朝碧峰，而且要背靠青山。向山要选"双龙戏珠""二龙抢宅""寿星高照"等形态；靠山最好是"青龙环护""卧狮拱卫""贤人坐椅"等山势。这样建置的布依族民居往往依山傍水而建，周围生长着茂密的竹林，寨前田畴纵横，河溪环绕，岸柳成行，一派美丽的田园风光。

（二）布依族石板房的形态特征

布依族民居因地制宜，就地取材，视当地的资源而定，民居中干栏式建筑、吊脚楼和平房都有，这里我们着重介绍布依族石板房。布依族石板房民居的形制原出于贵州的干栏式木结构民居，屋下的底层部分作牲畜圈及贮存空间，上层为生活居住空间，住宅常以石梯或木梯设于屋前。石板房以石条或石块砌墙，墙可垒至五六米高；屋顶以薄石板盖顶，铺成整齐的菱形或随料铺成鳞纹，结构严谨而富有装饰性。石板房不仅不透风雨，而且朴素美观，屋顶举重若轻，安居而不压抑。这种房屋冬暖夏凉，防潮防火。平面布局为中国传统的三开间形式，中间为堂屋，两旁为卧室，后部为火塘及厨房。外观石墙小窗，窗洞很小，室内黑暗，采光较差。（图4-37）

布依族石板房民居比较集中的扁担山区，就坐落着许多布依族村寨，值得一提的是这里不少的村寨，其名多冠以"石"字，如扁担山的"石头寨"，大山乡的"石板寨"等等。这些石头砌造并以"石"冠名的布依族村寨俨然就是一座石头城堡。跨入寨门之后，处处与石头接触，就好像是进入了一个石头的世界：溪流畔的堰堤，河面上的小桥，稻田边的护坎，村旁道路的石头台阶，广场的石块铺地，房屋的石头筑基、石块垒墙、石片做瓦，甚至家中的用具，如碓、磨、缸、钵、盆、槽、桌、凳等，也多为石制。石头寨、石板寨这些以石头建筑闻名遐迩的布依族村寨，房屋大多依山傍水而筑，寨门清楚地标志出空间界限，寨后是青青石山，寨前是片片农田，寨中古树苍翠。一座座石墙石瓦的岩石民居建筑，就是在这样一种如画的背景上依山就势、错落有致地沿等高线布置在向阳山坡上，这也使得寨内的巷道变化丰富。这不仅仅增加了巷道的趣味，更重要的是一旦强敌攻破寨门，曲折迷离的寨内巷道便有利于进行巷战。（图4-38）

二、布依族石板房的类型样式

由于布依族石板房的正房是由干栏式民居演变而来，虽然民居的围护材料变成了石板，但石板房的框架仍然是木结构。因此这种石板房按照所建地基的不同，也可分为全楼居和半楼居两种类型。半楼居类的正房有的是左楼右地，有的是右楼左地，或者是前楼后地等不同的形态。（图4-39）

而按照承重结构体系的不同，布依族石板房三开间正房可分为墙承重结构体系和墙柱混合承重结构体系两种类型，这两种承重结构类型石板房的结构原理和相互区别将在"布依族石板房的结构材料"里具体梳理。

而整体形态上，按照平面布局的不同，布依族石板房则可分为一正、一正一厢和一正二厢几种不同的组合形式。

只有正房的院落，正房置于向阳正中方位，半开放式院落由山墙两侧及正房对面的矮墙构成，院门设于院墙的适当位置。

一正一厢的院落正房布置于向阳的正中方位，厢房或置于正房右侧，或置于正房左侧；正房一侧山墙和厢房外山墙的延长线为院墙，中间为半封闭式院落，院门设于厢房底层一间山墙上。

与一正一厢的院落布局大体相同，一正二厢的院落，正房布置于向阳的正中方位上，左、右两侧为两厢房，连接厢房的是院墙，构成封闭式院落。院门或设于院墙正中，或设于院墙左、右侧。

三、布依族石板房的结构材料

（一）布依族石板房三开间正房的结构少数为墙承重结构体系，多数为墙柱混合承重结构体系。

墙身承重结构体系的布依族石板房，室内不用柱子承重，外围护墙与室内分间墙连成一体，各楼层和屋顶的横梁和椽子两端都架在外围护墙和内分隔墙上，使整个建筑的荷载由内墙外墙共同负担。

墙柱混合承重结构体系的布依族石板房外围是足约半米厚的石墙，而内部却竖立两根穿斗式柱排架承受屋面及阁楼的荷载，也就是说，组成石板房框架的是木头，木头

图4-36　布依族石板房

图4-38　石墙石瓦的岩石民居

图4-37　朴素美观的石板房

图4-39　由"干栏"民居演变而来的布依族石板房（模型）

做骨骼，石头只是皮肉。正房的明间楼层横梁和屋顶檩子两端分别架于两根穿斗式柱排架之上。正房两次间楼层和屋顶的横梁和檩子一端也架在柱排架上，另一段则架在山墙上，作为整个建筑围护结构和稳定结构的外墙与室内木构架共同承担屋顶的重量。这种墙柱混合承重结构体系说明了布依族文化在与汉族文化的交融中受到了汉族文化的强烈影响，这种影响的直接后果就是布依族人的干栏式民居演变成如今这种石木构造的民居。这不仅是房屋外观和结构的变化，也是生活习性的变化。（图4-40）

（二）布依族石板房屋顶的结构材料，所覆盖的是天然生成、厚薄适中的石板。将2厘米厚的片石置于绕有草绳的木椽，上下片石彼此搭接5厘米左右。裁割整齐的片石在屋顶互相叠压，或为上方下圆的小块，或为整齐划一的菱形，所形成的种种图案，或者构图严谨，富有装饰性，或者自然天成，富有山野味。使得整个屋顶宛若鱼鳞兽甲，别有风味。（图4-41）

（三）布依族石板房墙体的结构材料，是用片石、毛石砌筑。这两种石料的使用，有时不做任何加工，有时只稍加打凿，有时则经过精心的加工使用。比较多见的是用向外一面稍做加工的片石和不做任何加工的毛石砌筑的墙体。这种墙体多采取错位砌筑，并用较多的灰浆黏合填充，有的还在墙面精细勾缝。这两种墙体，强度比较高，质量也比较好，石料的加工也不很费工费时，而且墙面给人一种自然天成、富有生机的感受。经过精细打凿加工精细的石砖砌成的墙体显得密实、平整、有序、美观。但是，由于技术要求较高，比较费工费时，一般来说这种墙体的石板房还不多见。石板房墙体上的窗洞较小，用石料砌筑的窗洞有拱形、圆拱形、平拱形等。（图4-42）

（四）布依族石板房民居的建筑材料，除了使用毛石、片石砌筑墙体外，有的地方还采用薄层灰岩作砌筑材料。贵州的镇宁、安顺等布依族地区石灰岩、白云质灰岩极其丰富，此类岩石岩层外露，材质硬度适中，裂隙分层而易于开采，为民间的石构建筑提供了良好的建筑材料。这些可一层层揭开的薄厚基本均匀的平整大石板可以切割成不同的形状和规格，用以砌筑墙体或铺屋面、地面。此类薄层灰岩的砌筑方法主要有两种：一种是将橇得的大块石板按照一定尺寸将四边截齐，然后镶装在立好的木构架上，形成木构架薄层石灰岩片板墙。这种墙体的民居在一些地方经常可以见到，但总的来说分布并不广泛。另一种是将撬来的大小不等厚薄相当的片石像毛石一样信手使用，砌筑时大多不用灰浆填充，直接叠层垒砌。这种墙体，就地取材，加工容易，墙面呈薄层岩状扁平密集的纹理，外观上石感很强，而且少有人工规矩斧凿精细加工痕迹，显得十分质朴、舒展、稳定，显示出浓厚的地方特色和山情野趣，给人以粗中有细、拙中有巧、平易近人的感觉。有的地区还混合使用土、木、竹、石等材料，外观朴实简洁，又富于材料质感的对比与变化。布依族因地制宜，就地取材，用石料修造出了一幢幢颇具民族特色的石板房。（图4-43）

布依族人民开采和利用石料积累了丰富的经验。村寨中的男子人人都会石工活。手艺代代相传。如果有一家盖房子，全寨人都来帮忙。他们砌的几米甚至几十米的石头墙壁不用黏石剂也垒砌得很稳固。

四、布依族石板房的室内空间布局与装饰陈设

就布依族石板房正房的室内空间布局及设置而言，首先是楼层的布局和设置，布依族石板房的正房有一底一层或一底二层，少数也有一底三层的。底层只用于堆放柴草杂物及圈养家禽牲畜；一层有堂屋、卧室和厨房等，是室内的主要生活空间，二层多存粮贮物。

其次是室内开间布局的情况，布依族院落里四周石墙封山的正房多采取典型一字形三开间的"一明两次"的平面布置形式，少数石板房的正房面阔为五开间或七开间，而且正房及两侧厢房都分为前后间，堂屋、卧室、厨房、畜圈、贮藏间等功能不同的空间互有分隔。

三开间石板房正中的明间一般为堂屋，堂屋是全家人的活动中心，是吃饭、待客、休憩和妇女做蜡染的地方。和仫佬、毛南、壮等民族的传统民居一样，作为布依族民居最为神圣空间的堂屋是家庭举行各种祭祀和节庆礼仪活动的场所，也是祖先神灵栖息的圣地。

正房堂屋前面是与堂屋等宽的前廊，前廊之前设有若干级条石踏步。此前廊是室内堂屋与室外院落空间的过渡地带，是家庭成员尤其是老人乘凉或晒太阳的重要休闲场所，女人们也常在这里从事刺绣、蜡染。

左、右两侧次间一般作为卧室或厨房，也有把堂屋和卧室布置在正房前半部分，而正房的后半部分则三间连通用做厨房，从而形成前后两部分不同生活区域的室

图4-40　木头做骨骼，石头只是皮肉

图4-41　若鱼鳞兽甲的布依族石板房屋顶

图4-42　片石、毛石砌筑

图4-43　就地取材，以薄层灰岩砌筑

图4-44
石板房是布依族人适应环境的生存方式的具
体展现

图4-42	图4-43
	图4-44

内空间格局。

　　就厢房的室内空间布局及设置而言，一正一厢或一正二厢院落的厢房，多为二层，面阔多为二间。一正二厢的院落，左侧厢房底层为牛、马圈和农具房，楼层为女儿卧室和织绣蜡染房；右侧厢房底层为磨房、饲料房，楼层为男孩卧室和客房。一正一厢院落的厢房，底层一间一半作为院落出入口的通道，一半用做磨房，另一间圈牛拴马；楼层分做男孩卧室和女孩卧室兼织绣蜡染室。

五、布依族石板房作为一种适应环境的生存方式所展现的文化根性

　　相对来说，在中国少数民族传统民居当中，以毛石、片石、料石等石材作围护材料的不算十分普遍。石板房这种类型的民居比较集中地分布在盛产石灰岩、白云质灰岩等岩石的黔南、黔西南等有限的一些产石地区。这些地区的布依族石板房是我国少数民族民居就地取材、因地制宜的典型例证，是布依族人适应环境的生存方式的具体展现。（图4-44）由于石材价格低廉、坚固耐久、因此，对于黔南、黔西南这些产石地区来说，作为建筑材料很受当地人们欢迎，以石材作为民居围护材料的石板房也因而在长期的发展过程中形成了独特而完备的建造技术与民居文化，石板房民居在人与自然环境相适应的过程中形成了自身的独特文化根性，显示出蓬勃的生机。

第五章 | 拆装移动的 少数民族民居环境艺术

第一节　拆装移动的少数民族民居环境艺术

"吾家嫁我兮天一方，远托异国兮乌孙王。穹庐为室兮毡为墙，以肉为食兮酪为浆"。这是汉武帝时远嫁乌孙王的王室公主在一首歌中的吟唱。乌孙为哈萨克族的先民，游牧民族的穹庐式毡房至少可以追溯至汉代。《史记·匈奴列传》有"匈奴父子乃同穹庐而卧"的记载。可见当时北方匈奴人的毡帐亦为穹庐式毡房，以毛毡（旃席）为墙。内蒙古阴山岩画中有《穹庐图》，类似蒙古族牧民所居之蒙古包。阴山岩画年代久远，可追溯至新石器时代，可见穹庐式民居历史之久远。（图5-1）

形成拆装移动民居环境艺术的潜在生态学原理

游牧民族的穹庐式毡房是我国游牧民族为适应游牧生活和北方寒冷的气候而建造的，它的最大特征就在于它是一种便于拆装组合的移动式民居。适应游牧生活方式的蒙古包、哈萨克毡房和顶部结构不同于穹庐式毡房的藏族帐房、裕固族帐房，以及鄂伦春、鄂温克等狩猎民族所居住的以树皮、兽皮等作围护的"斜仁柱"一类的圆锥形窝棚，虽然形式不同，却都属于便于拆装移动的少数民族民居环境艺术。

畜牧生计方式是人类对干旱和高寒地区生态环境的一种适应形式：人与地、人与植物之间通过牲畜构成一条以植物（牧草）为基础、以牲畜为中介、以人为最高消费等级的长食物链。人们通过有规律的移动使这条长食物链绵延不断，因为这种有规律的移动把畜群牧放在生态系统的能源输出口——青草地上，从而达到以较大的活动空间来换取植被系统自我修复所需时间之目的。有规律地移动畜群，以较大的活动空间来换取植被系统自我修复所需的时间，这样的一种生计方式必然造成游牧民族"逐水草而居""随时转移"的游动式生活。这就是畜牧生计方式的生态学原理，游牧民族这种潜在的生态学原理所决定的游猎游牧的生产及生活方式，又决定了其在民居环境艺术中所显出的非定居性及半定居性特点。

这种特有的生产和生活方式，显然促使游牧民族在遵法自然及谋求自我的居住方式追求中，形成了一种有别于中原汉民族的方式。适应于逐水草随时转移的游牧生活，我国北方及西部的游牧民族的民居环境艺术，大多是容易架搭拆卸、方便捆扎搬运的以毡毯作为围护材料的帐篷形式，即《敕勒歌》里所说的"穹庐"。

图5-1　穹庐式民居

第二节　蒙古族民居环境艺术

蒙古族是一个历史悠久而又富于传奇色彩的民族。蒙古族是中国人口较多、分布十分广阔的少数民族之一。根据1990年全国人口普查统计，现有人口480多万人。主要聚居于内蒙古自治区，其余多分布在辽宁、吉林、河北、黑龙江、新疆、青海、河南、四川、贵州、北京、云南等地。蒙古族有自己的语言和文字。蒙古语属阿尔泰语系蒙古语族。蒙古族起源于古代望建河（今额尔古纳河）东岸一带。

"敕勒川，阴山下，天似穹庐，笼盖四野。天苍苍，野茫茫，风吹草低见牛羊。"这首诗形象地再现了自古以畜牧业为生计方式的我国蒙古民族的生活。在蒙古族的民居环境艺术中，蒙古包是最具代表性、最具有蒙古民族特色的。蒙古包在《史记》、《汉书》等汉语典籍中被称之为"毡帐"或"穹庐"，在蒙文古籍《蒙古秘史》里称"斡鲁格台格儿"或"失勒帖速台格儿"，汉意为"无窗的房子"。现代蒙古语则称之为"蒙古勒格日"（蒙古人房子）"奔布格格日"（圆形房子）或"依斯格格日"（毡房）。而我们常说的"蒙古包"一词却来自满族对蒙古族牧民住房的称呼。"包"是满语"屋"的意思，《黑龙江外记》载："穹庐，国语曰蒙古博，俗读蒙古包。""国语"即满语，满语"博"之汉意为"家""屋"。"包"与"博"音同，且又与穹庐意近，所以，三百多年来，人们便通称之为"蒙古包"。

一、蒙古包的选址布局及形态特征

（一）蒙古包的选址布局

为逐水草，便于畜牧，建造蒙古包的地点必须有所选择。首先，要选择距离水草近的地方，水是牲畜的生命线，也是人的生命线，所以要在靠近"水泡子"的地方安营扎寨。其次，要选在通风处。由于牧人的生活处在不断迁徙的过程中，蒙古包地点的选择因季节而有所不同。方志《青海记》说："夏日于大山之阴，以背日光，其左、右、前三面则平阔开朗，水道便利，择树木荫密之处而居。冬日居于大山之

阳，山不宜高，高则积雪；亦不宜低，低不挡风。左右宜有两狭道，迂回而入，则深邃而温暖。水道不必巨川，巨川则易冰，沟水不常冰也。"也就是说，夏季要设在高坡通风之处，避免潮湿；冬季要选择山洼地和向阳之处，寒气不易袭人。牧人说：搭盖帐幕时要选择"靠山高低适中，正前或左右有一股清泉流淌的地方"。牧人还认为：东如开放，南像堆积，西如屏障，北像垂帘，帐幕要搭建在"前有照、后有靠"的地方，前有照，指充足的阳光和充足的草滩；后有靠，指阳坡或高地，既没有照，也没有靠，也应有抱的地方，即指河流或小溪。牧人对住所地址的选择，表现其居住方式对生态的适应。（图5-2）

（二）蒙古包的形态特征

《马可波罗行记》中写道："鞑靼（指蒙古人）冬居平原，气候温和而水草丰肥足以畜牧之地。夏居冷地，地在山中或山谷之内，有水林牧场之处。其房屋用竿结成，上覆以绳，其形圆，行时携带与俱，交结其竿，使其房屋轻便，易于携带。每次编结其屋之时，门皆向南。彼等有车，上覆黑毡甚密，雨水不透。"蒙古史学家多桑所记更详，其文云："蒙古人结枝为垣，其形圆，高与人齐。承以椽，其端以木环结之。外覆以毡，用马尾绳系之，门也用毡，户永向南，顶开天窗以通气，吐炊烟。炉在中央，全家皆寓此居宅之内。"

蒙古包是草原上一种呈圆形尖顶的天穹式住屋，

图5-2　"前有照、后有靠"

有大有小，一般高七八尺，直径丈余，大者可供20多人休息；小者也能容纳十几个人。其总体形态结构特征为内框外护式，构建材料有编壁、椽子、门框、圆顶、围毡、衬毡、毛绳等。蒙古包是由包门、四片或六片栅栏墙架、毡墙、天窗和包顶组成。

包门由门框、里门扇、外门扇三部分组成，高约1.2米，宽约0.8米，门扇多以红、黄两色彩绘具有浓郁民族特色的图案。木栅栏墙架在蒙语中称"哈那"，是用长约2米的细木杆相互交叉，编扎而成的网片，可以伸缩，四周用几张网片和包门连接起来形成一个圆形的网状圆壁；蒙古包哈那底部还有一层围毡，夏天掀开可以通风，冬天放下来可以保暖。顶部用椽木组成的伞形骨架圆顶则用大约60根被称做"乌尼"的撑杆和顶圈结合在一起构成。圆顶蒙古语称"套脑"，为一锅状漆红木架圆形天窗，以便通风、排烟和吸收阳光。天窗的毡顶，一般于夜幕降临或风雷雨雪降临时则用毡块盖上，白昼视冷热情况揭开或闭合。毡顶四周都有扣绳，可依方向而调整，风雪来时包顶不积雪，大雨冲刷包顶也不存水。毡顶用粗毛绳做边，里边用粗毛绳扎成云形图案。（图5-3）

蒙古包一般向东或向南开门，以躲避西北风寒，而且蒙古族以日出的方向为吉利，此俗为北方游牧民族所共有。《五代史·四夷附录》说："契丹好鬼而贵日，每月朔旦，东向而拜日、视国事，皆以东向为尊……"《周书·突厥传》说："可汗恒处于都斤山，牙帐东开，盖敬日之所出也。"

二、蒙古包的类型样式

从类型样式上看蒙古包大致可以分为三种。

（一）固定式蒙古包。半农半牧区多建这种固定式蒙古包。固定式蒙古包同样是用毛毡做屋盖和屋墙，与转移式蒙古包相比，其墙基必须埋入地下，毡房周围的土地必须夯实，包内要用木栅围绕，其装潢也较讲究。

（二）移动式蒙古包。移动式蒙古包是纯游牧居民的毡房，其构造、形状、大小及屋内的格局与固定式蒙古包相同。其不同点主要在于其支架不必永久性的固定，包内不必木栅围绕，装潢也比较简单。移动式又可分为可拆卸式和不可拆卸式两种，可拆卸式一般用牲

畜驮运，不可拆卸式一般用牛车或马车拉运。

（三）简易的帐篷。为了转场途中临时居住的需要，这种蒙古包是搭设时省去栅栏墙架的更为简易的帐篷。

三、蒙古包的结构材料

内框外护式的蒙古包的内框主要包括"哈纳"和"乌尼""套脑"等。"哈纳"是用若干根径粗0.03米、长约2.5米的柳条相互交叉编结而成，柳条之间用皮绳固定，十分结实，打开后就像栅栏，也可收成一团，携带方便。"乌尼"粗约0.05米，长约3米，一端为圆形，另一端修成方形，整条涂上红漆。这些内框多就地取材，选择大小粗细适中的柳条稍事加工即可使用；而蒙古包的周围和顶上所用的围护材料毛毡、围毡、衬毡、套毡多为素色毛毡，只是套毡装饰有蓝色或红色的"十"字图案。毛绳用于捆扎绑勒，长达数十米，用马尾、马鬃、驼毛等编织而成。这些单层或双层白色毛毡，在过去全靠手工制作。制毡一般要选择晴朗、无风的日子，首先在一块比较平坦而且近水的草地上展铺一张大毡子，再在大毡子上均匀地絮上羊毛并均匀地喷洒清水。絮好以后，以一根长约5米、两端各有一对铁环的横杆为轴，像滚筒纸似的将絮好的羊毛毡坯卷起来，然后套上牲口，将卷成筒状的毡坯来回滚拖。来回拖上十多里地左右，絮好的湿羊毛毡坯便被碾压结实成为一方用于围盖蒙古包的新毡子。这种手工制毡的劳动，在过去多由妇女担任，正像《鲁布鲁乞东游记》里所说的："妇女们的义务是：赶车、将帐幕装车和卸车、挤牛奶、酿造奶油和格鲁特……制作毛毯并覆盖帐幕。"（图5-4）

四、蒙古包的拆装架设

搭建蒙古包一般要讲究一定的程序，牧民游牧来到新的草场，首先是选定建置地点。按照游牧生活的特点，人们一般尽量选择那些接近水源、且挡风避雨、阳光充裕、不低凹积水之处。选定了地点，然后再平整地盘，根据包的大小先画一个圆圈，并在圆圈中心位置安放炉灶垫板，支撑哈那、系内围带、支撑木圆顶、安插椽子，这时，结构轻盈美观，包体浑然别致的蒙古包才算搭建完毕。然后在适当地方竖立包门。包门立好后，

图5-3 蒙古包的形态特征

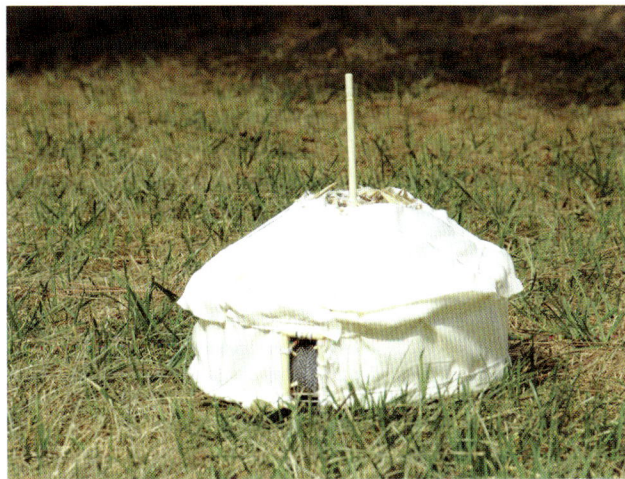

图5-4 蒙古包的结构材料（模型）

从包门两侧沿着画好的圆圈展开架设哈纳，并反复调整用绳索绑牢勒紧。勒绑的上下两根绳索一头系在左门框上，另一头绕哈纳系在右门框上。之后，让个子较高的人双手高举圆顶套脑，站立于哈纳圈围的圆心，众人则以门框两角为起点安插相当于梁的乌尼杆子，乌尼杆子方形的一头插入套脑底边圆形榫眼，另一头架在哈纳上并用毛绳系牢，使套脑与哈纳连结，构成蒙古包的骨架。一座蒙古包约需乌尼60根。将"哈纳"和"乌尼"按圆形衔接在一起绑架好后内挂内层毡、外围哈那毡子、上覆包顶衬毡、覆盖包顶套毡、系外围腰带、挂天窗帘、围哈那底部围毡，最后用毛绳绑紧加固系牢，便大功告成。每个包的大小是由"哈纳"的多少来决定的，"哈纳"多，包就大。一般中等规模的蒙古包，多是由5-6块哈纳围成，最小的4块哈纳，大的有8、9、10、12块哈纳。这种毡房便于拆卸搬迁，搬迁时小的毡房可用一头牛挽曳，大的毡房则需要用三四头牛挽曳。毡房的大小视人们的社会地位和贫富贵贱而定，12块哈纳的蒙古包，过去只有王爷和大喇嘛才有资格居住。与农业民族所居住的房屋相比，蒙古包非常适应游牧生活的特点。在蒙古高原，牧民们视当年水草和气候变化，一年当中可能迁徙两到三四次不等。由于蒙古包制作工艺简单，拆除方便，易于迁徙，妇女通常几小时之内便可以完成。

五、蒙古包的室内空间布局与装饰陈设

一般最常见的由六块"哈纳"围成的中等规模的

蒙古包，从外形上看其体量并不很大，但是包内使用面积却不小。生活在蒙古包里的蒙古族牧民，习惯将蒙古包内部平面划分为前、后、左、右、中和左前、右前、左后、右后九个方位。正对"套脑"的中位为火位，置有供煮食、取暖的火炉；火炉的烟筒从套脑伸出包外。火位周围则铺设有毛毡，有些人家还要铺上地毯。以火位为中心，火位前面的正前方，为供人们进出的包门，包门一般多朝南而设。包门两侧，左前方为置放马鞍、奶桶的地方，右前方安置有案桌、橱柜等，是炊事的地方。火位的左、右、后和左后、右后五侧，沿"哈纳"整齐地摆放着绘有民族特色花纹图案的木柜木箱。木柜木箱前面，铺上厚厚的毛毯和地毯，这是家庭成员室内活动的中心，也是夜晚就寝的地方。蒙古族习惯以右为贵，以上为尊，因此，蒙古包内进门正面正对火位的一方为尊位，为家中男性长辈等主要成员起居坐卧的铺位，也是招待宾朋好友的地方；尊位右侧也就是西面，是男性成员的铺位；尊位左侧也就是东面一般为女性成员或晚辈后生的座位及寝所。（图5-5）

蒙古包的室内空间布局与陈设也受到人们宗教观念的渗透与影响。如今人们到蒙古牧民的毡房里作客，还很容易见到供奉的佛像等物品。历史上蒙古族陆续接受过萨满教、佛、道、伊斯兰、喇嘛教等各种宗教的影响。过去，在萨满教盛行于民间之时，蒙古包曾经是蒙古人行萨满大仪式、请翁昆的重要场所。现今蒙古包依然是蒙古牧民们祭祀祷告的重要活动场所之一，唯一不同之处在于蒙古包内很少再供奉萨满

教的神灵，而更多地供奉着喇嘛教的尊佛圣僧。喇嘛教在蒙古地区迅速广泛地得到传播，渗入到蒙古人民的思想和生活中，对蒙古社会产生了巨大而且深远的影响。在这样一种宗教观念的深刻影响下，蒙古族牧民居住的蒙古包，大多设有供家庭成员早晚膜拜的佛龛。与以西为贵、以右为尊的意识观念相结合，蒙古包里的佛龛大多设置于右后方位的柜子上。右后方柜子上的佛龛，一般都供有佛像，佛像前面，摆放供具、供品以及黄油铜灯等，名曰"圣坛"。由于视为"圣坛"，因此，其附近绝对不能悬挂、摆放被认为污浊的东西，而只能悬挂男人们使用的、作为勇武之象征的弓箭等物品。（图5-6）

六、蒙古包作为一种适应环境的生存方式所展现的文化根性

蒙古包这种适应于游牧生活的住居形式至少也有两三千年的历史了，这种住居形式看上去虽显得结构简单易制、材料轻捷易得，但实际上它反映出蒙古族人民顺应自然规律的生存活动中所独具的聪颖智慧，这种独特的聪颖智慧凝结为其自身的文化根性。蒙古包正是作为一种适应环境的生存方式而展现了蒙古民族的文化根性。我们知道一个民族的生存智慧，必须从其文化根性加以探究。我们探究少数民族民居环境艺术也需从文化根性上去考察。而文化根性根植于人作为生物与环境的一种本质联系。生物适应环境是生态学中的一条重要规律，蒙古包就是蒙古民族与特定的自然环境相适应来建

造自己家园的结果。蒙古包与自然环境的相适性表现在以下方面。

（一）是其略呈圆锥形的立面造型十分适合于北方草原风大雪猛的气候条件：蒙古包在大风雪中阻力小积雪少，雨雪时包顶不存水；包门小寒气不易侵入。

（二）是它易于装卸搭盖，便于捆绑运输，十分适合于逐水草移徙的游牧生计方式：它是由木棍和皮毛绳连结而成，既可方便地拉开形成蒙古包，又可方便地收拢折叠缩小体积便于迁徙。一座蒙古包只需两峰骆驼或一辆牛车就可运走，两三个小时就可搭盖起来，节材省力、方便自如。

（三）包顶套脑圆形天窗不仅便于空气流通和易于采光，更为重要的是居住在蒙古包里的牧民，大多可以由内而知外，根据从套脑照射进来的阳光，可以详细而且准确地判断时间的早晚。在没有钟表一类计时工具的过去，草原上的牧民们就是根据这样的判断将白天十二个小时划分为"照在套脑上的太阳""椽子上的太阳""哈纳中部的太阳"等数个时间段。并按照不同的时间段来安排自己的牧活家务。

（四）蒙古包的建构材料包括毡毯、柳条等都是就地取材而且经久耐用的。

由于以上种种蒙古包与自然环境的相适性，因此自然而然地蒙古包为广大的蒙古族牧民所喜爱，成为他们祖祖辈辈生儿育女、日常起居、颐养天年的温馨家居。蒙古包作为一种适应环境的生存方式所展现的文化根性呈现为人与天地自然的和谐状态。蒙古包给在冰雪严寒

图5-5　蒙古包的室内

图5-6　蒙古包的室内陈设

中生存的蒙古人以无限温馨，北方草原民族的天圆地方的宇宙观，敬天崇天的观念都反映在他们的民居环境艺术中，也印证着蒙古族牧民与天地自然的和谐的文化根性。牧人们在他们的民歌里唱道："因为仿照蓝天的样子，才是圆圆的包顶，由于仿照白云的颜色，才用羊毛毡制成，这就是穹庐——我们蒙古人的家庭。因为模拟苍天的形体，天窗才是太阳的象征，因为模拟天体的星座，吊灯才是月亮的圆形，这就是穹庐——我们蒙古人的家庭。"

蒙古包作为游牧生产活动中最便当的居住设施，受到许多民族的青睐。长期从事游牧业生产活动的哈萨克族、塔吉克族等也非常喜欢使用蒙古包，他们使用蒙古包的历史也较久远。从蒙古包的制作过程及完成形态看，蒙古族的蒙古包同哈萨克族的蒙古包并没有什么不同之处。蒙古包可以说是蒙古族人民在自己的建筑文化发展史中写下的光彩夺目的一页，这种迥然不同于传统模式的建筑意向、建筑选材、建筑格局为世界建筑文化的多向度发展提供了一个重要启示。

第三节　藏族及裕固族毡帐民居环境艺术

年平均气温摄氏零下1度、平均海拔4000米以上、日照长且有印度洋季风影响的青藏高原，年平均气温偏低是其最突出的气候特点。所以有人将它称之为南极、北极之外的"世界第三极"。世世代代生息繁衍于青藏高原的藏族，在历史上是一个典型的高山游牧游猎民族，以畜牧业为主要生计方式。和游牧于天山南北的哈萨克族牧民一样，青藏高原上的藏族牧民也有轮牧的习惯，他们分别选择地势较高的平滩和避风向阳的山洼作为夏季牧场和冬季牧场，在冬季和夏季牧场之间，选择山腰地带作春秋两季牧场。被誉为"高原之舟"的藏牦牛和享有盛名的藏绵羊那厚重的皮毛和营养丰腴的肌肉以及油脂含量很高的奶品，不仅为在这片土地上辛勤劳作的藏族牧民提供了理想的衣食来源，同时也为在这片土地上生存繁衍的藏族同胞提供了住、行的便利。（图5-7）轮牧生活方式的非定居性、半定居性成了藏族民居环境艺术发展中一个重要的特点。非定居及半定居藏族游牧民的民居环境艺术为经常使用的毡帐，而定居在农业区及工业商业区的藏民经常使用的是石木土结构藏式屋宇建筑。本节着重介绍藏族毡帐。

以毡毯作围护材料的藏族毡帐是适应藏族游牧民逐水草而居的游牧生活方式的产物。虽然同属于可拆装移动的民居环境艺术，但是青藏高原上藏族牧民所居住的毡帐，无论其外观、构造、材料以及内部空间划分、居住习俗等，均完全不同于蒙古高原上蒙古族牧民所居住的蒙古包，也不同于天山南北哈萨克族牧民所居住的哈萨克毡房，而与裕固族毡帐倒有颇多相似之处。

裕固族现有人口约12000多人，主要分布在甘肃省境内的肃南裕固族自治县和酒泉市黄泥堡裕固族乡。裕固族是一个具有悠久历史和灿烂文化的游牧民族，源于唐代游牧在鄂尔浑河流域的回纥。9世纪中叶，其中一支迁徙到今甘肃河西走廊的敦煌、张掖、武威一带，史称河西回纥。他们与邻近各族交往相处，逐渐形成为一个单一民族。裕固族现使用三种语言，没有本民族的文字，汉语、汉文是裕固族共同交际的工具。裕固族信奉喇嘛教，在风俗习惯上近似藏族。

裕固族主要从事畜牧业，长期以来过着逐水草而居的游牧生活，畜牧业是他们的经济支柱。富庶的祁连山草原与河西走廊的戈壁绿洲是他们得天独厚的天然牧场，易于搬迁的帐篷就是他们的家。由于历史上与藏族先民有着千丝万缕的关系，文化上受到藏族文化不同程度的影响，裕固族牧民的住屋也是用牦牛毛或羊毛纺织的毯子做围护材料的帐房，与藏族毡帐很相似。裕固族毡帐既可遮风防雨，又便于转场搬迁。这种作毡帐的毯子一般长约5米、宽3米、高1米、四周用牛毛绳拉紧固定。坐在帐篷里似乎能看见星星点点的天空，但却不漏雨还能遮风。（图5-8）

一、藏族毡帐的选址布局及形态特征

藏族毡帐民居环境艺术，不独今天在藏族牧区存在，早在古代时期藏族的先民吐蕃那里，它就已成了人们生活中最主要的一种居住设备了，它显示了藏民族的乡土色彩。对藏民的毡帐，见其色而观其形，使人联想到黑色的大蜘蛛。因为从色彩上来看，藏族人的毡帐多采用藏区深黑色或深棕色的牦牛毛来编织各类帐布。而藏民的毡帐在形状上也灵活多变。青藏高原藏族牧民所居住的帐房分地面结构和围护结构两大部分，一般较典型的藏式毡帐其建制构造是：以牦牛毛帐布为遮盖布，毡帐平面多为方形或长方形、椭圆形等不同的平面造型。毡帐中央立有一足球赛场大门状木架，为其主框架帐布以绳拉紧向四周牵引（有时用一些木杆依撑），四边用铁钉或牛羊角固定在地

图5-7 被誉为"高原之舟"的藏牦牛

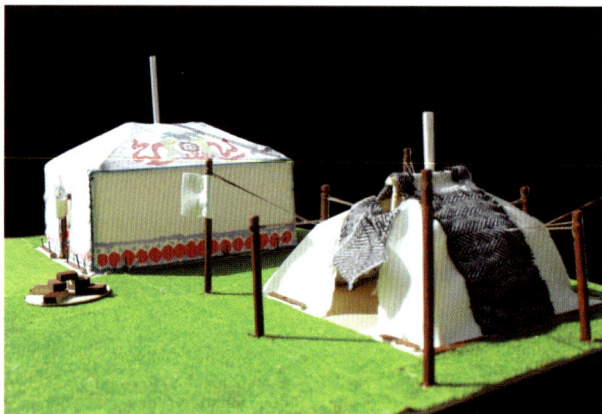

图5-8 裕固族毡帐（模型）

上、形成覆斗状。毡帐中央或门口正面置灶，灶后供佛。帐顶中央开有一宽15厘米左右、长1.5米的缝隙以供排烟透气和采光，晚上休息或下雨时用褐片盖严。地面结构包括周围矮墙和土筑炉灶，迁移时一般保留不动，以备返转回来时或者后面的人迁移至此时再次使用。周围矮墙即在帐房内侧沿帐房周边用石块或草皮泥块、土坯垒成的厚约0.6米、高约0.7米的"门"形的矮墙。此堵矮墙的功用，一为阻挡从帐幕脚下吹入的风雪，二可以在墙上堆放青稞、酥油袋以及搁置各种各样容器、用具和牛粪，因为缺少木材，藏民多以干牛粪为燃料。矮墙中央，对着留出的出入口位置纵向筑有狭长形炉灶，青海江河之源一带的藏族牧民，称这种以干牛粪渣为原料、其外形有点像无篷小船的炉灶为"塔卡"。藏式毡帐拆装灵活，便于搬迁，适应逐水草而居的游牧生活特点。

藏族历史游牧地区还有牛皮帐篷和豹皮帐篷，造价比较高。藏北牧区和青海牧区还有棉布缝制的白帐篷。白色帐篷的边沿全部用蓝色的布条压住，在白色的底色下，用蓝色拼贴成鲜丽的花朵、异彩的流云等图案。（图5-9）在绿毯般的草原的背景下，鲜明的蓝白两色与天空的蓝天白云相映衬，构成了一幅幅色彩斑斓的图画。这样的帐篷与其说是民居环境艺术，不如说是艺术品。在草原召开盛会的时候，大的帐篷可以容纳几十人，小的仅容纳一人，在这样的帐篷里人们尽情享受着草原的乐趣。

除了藏族毡帐、帐篷之外，有些地方的藏民住在一种夏拆冬建的冬房里，居住在川西北阿坝藏族羌族自治州的藏族牧民，长年生活在平均海拔3500米左右的雪山草地，所居住的冬房是在帐篷基础上演变过来的。冬房的平面布局和体形构造都明显地保留着帐篷的风格，但有改进。冬房以灶房为中心，布置有贮藏室、马厩、幼畜圈等，前面有关牲畜的小院，空间布局更加适应生产和生活的需要。冬房的层高较低，最高处约2.2-2.8米，檐口处只有1.5米左右。室内设有壁橱、碗架、陈设简单。此类建筑是草地牧民根据生产和日常生活的需要创造出来的，是毡帐民居向土木屋室的过渡。

二、藏族毡帐的围护材料

藏民们很懂得因地制宜，就地取材的道理，虽然

图5-9
藏北牧区和青海牧区用棉布缝制有蓝色图案的白帐篷

经济条件较好的牧民偶尔也会采用羊毛毡等搭建毡帐，但相比之下还是更喜欢用家庭自织自编的牦牛毛帐布来营制毡帐。一则因为牦牛属高原耐寒动物，其皮毛的保温效果较其他动物皮毛为好，二则因为牦牛量多，其毛易得，且深黑、深棕的色泽吸收热量的功能远比浅色质好。藏族毡帐营制材料的选择很好的说明了其与当地自然环境因素的契合。

具体来说，毡帐的围护材料为用牦牛毛编织而成的褐子。这种褐子防蛀防腐、柔韧保暖、暴雨不漏、积雪不裂。牧民们在每年夏季牦牛即将脱换新毛的时候将牦牛身上的长毛剪下来，并用线砣将牦牛毛捻成粗线，然后将粗线用手工纺织成宽约0.3米用以制作毡帐围护结构的褐子。一座中等规模的毡帐仅褐子的重量即近70公斤，这就是说牧人需要将70公斤的牛毛捻成粗线，再将这70公斤的牛毛粗线织成一段段的褐子，这样的劳作所消耗的人力和物力与汉地农民建盖三间瓦房的耗费相差无几。

藏族牧民所使用的这样一种手工纺制的褐子缀缝而成的毡帐，由前、后、左、右四片帐幕组成，每片帐幕又由若干幅褐子缀成，因此毡帐的大小取决于用多少幅褐子缀成帐幕；而用多少幅褐子缀成帐幕又取决于家庭经济条件的好坏和家庭人口的多少，这里没有任何一种的正、反比例关系和任何一定的尺码标准或固定的规格范式。

三、藏族毡帐的拆装架设

藏族牧民们每迁移到一个新的地方，下帐之前总要先对周围环境作一番审视，尽可能选择既便于放牧也便于生活的地方。具体位址选定以后，先把有较长系绳的左、右两片帐幕连系，连系时使之中间留有0.5到0.6米左右的缝隙作为通风、透气、采光的天窗，上面另设一块活动盖帘，以备雨雪天气随时盖上。然后，将顶部四角四根较粗的牛毛拉绳从四个方向均衡延伸并系在楔子上钉入地里，再在两片帐幕中缝连绳下穿入一根横梁，并用两根立柱从两端将横梁撑起，另用四根撑杆分别撑起四角拉绳。调整四角拉绳的松紧，使之保持平衡、稳定。最后，将两片帐幕和前帐幕挂上、系紧。前帐幕一分为二为两片帐幕，这便是毡帐的门。为方便出入，也为了增加帐内光亮，前面两片帐幕平时常被撩起，搭于门口拉绳上。

四、藏族毡帐的室内空间布局与装饰陈设

藏族毡帐门多朝东方，室内设炉灶或火塘，燃烧风干的牛粪，灶的周围铺羊皮，以便坐卧。以灶为界，进门左边一侧即南侧，称为"阴帐"；"阴帐"对面即北边一侧，称为"阳帐"。"阴帐"一方，为妇女日常起居和制作酥油、奶渣等奶制品的地方。因此，这一方的矮墙上，放置的多是盐、茶、食品、奶制品等食物和炊具、客具、用具、燃料等。而"阳帐"一方，地上铺有牛皮或羊皮等垫子，为男人居住的地方，也是待客的地方。平时按辈分就座。这一方的矮墙上所搁置的多是与家庭男性成员狩猎、放牧等生产生活有关的工具、用具。地域不同，炉灶或火塘所设的位置也有所不同。甘孜地区住宅的主室一般在室内的东墙或西墙的北端安放炉灶；阿坝地区的火塘设在主室当中，中间架起"锅庄"，即圆形铁或铜三足架两个，放置饭锅或茶锅，一般围绕火塘坐卧。酥油茶桶藏语叫"董姆"，在藏族的家具中占有重要的位置。"阴帐"和"阳帐"里头长形火灶末端所对一侧矮墙的正中位置，整齐地码放装有青稞、奶渣等物品的羊皮口袋。口袋上面，覆盖有专用的藏语称之为"图恰"的毛毯。盖着"图恰"的皮袋上面，设有精致的小型佛龛。佛龛上面，供奉铜质佛像和用杏黄缎子包裹的经卷以及酥油灯、净水碗。佛像跟前，供奉内装珊瑚、宝石、青稞、羊毛等等多种宝物并经过高僧大德加持过的藏语称为"央扣"的佛盘。有的

家庭，有时也会将佑护着家人牲畜吉祥平安的佛盒与佛珠一起挂在佛龛跟前那根被尊称为"上柱"的立柱上。由于有了这样的一些摆设，帐房里这一片狭小的地方，便充满了无量的神性而成为至高的圣地，成为意念之中无际无垠的神佛世界，从而使小小的帐房成为人神共居的神圣空间。

五、藏族毡帐与蒙古包的差异

藏族毡帐不同于蒙古人的蒙古包，藏族毡帐在用材构制上显得简单而朴实，而蒙古包则显得精致复杂其或有些富丽；在外观上，蒙古包以规整柔和的下部圆柱体及上部圆锥体的完美组合，来构建其建筑形象，而由于青藏高原地势凹凸复杂，完全不同于平坦广袤无边的蒙古大草原，所以藏民们完全没有必要像蒙古游牧民那样，因为缺少自然屏障，为了抵御风沙雨雪的侵袭而把毡帐构制成规则的圆柱圆锥状流线体，他们以山谷洼地及崖身山体为屏障来抵御风沙雪雨的侵扰，因此藏族毡帐则以不拘一格的各类规则或不规则形体，来展示其追求自由、实用及便捷的构筑思想，其形状构制也就灵活多变。

这在另外一个方面也是建筑取材的限制。由于藏民多生活在雪线附近，森林树木十分少见，要想用更多的木材来做毡帐构件几乎成为一种奢望，再加上山高路陡，转场迁移多有不便，因此毡帐只能做得越简洁实用越好。有时几块牦牛毛帐布、几根撑杆立木，外加几根绳索，就可以搭制出一个藏式毡房来。

虽然蒙古人与藏人同是游牧民族，而蒙藏文化交流曾对双方文化的发展产生过重大影响，但他们对毡帐的营建构制始终没有走上统一的发展道路。这种局面的出现，显然和蒙古草原比较富沃、离中原汉民族比较近及蒙古人游牧经济比较发达有关；同样也和藏民游牧区自然环境恶劣及远离中原内陆等因素有关。从现实生活看，以上藏族毡帐不同于蒙古包的一些自身特点并没有因为藏民族经济、文化发展水平的提高及定居性生活特点的出现而自行消失，相反它依然作为藏民族建筑文化发展中的一种支配因素而存在着。在产业结构上，藏族人民基于自然环境的限制，并没有从根本上改变游牧生活的传统，即便农业区及工业区逐渐扩大，但牧区依然

存在着。

六、裕固族毡帐与藏族毡帐的异同

和青藏高原藏族牧民居住的黑帐一样，裕固族牧民居住的帐房也是二柱一梁八角钉桩。不同的是，裕固族牧民的帐房内部一般还多加四根撑杆，将帐房四角撑起；帐房外面，也多加八根撑杆，将帐房外面的拉绳撑起。（图5-10）同时，还在支撑帐外四角的撑杆顶端捆上四根横木，将撑起的帐幕牢牢地固定在横木上。除此之外，裕固族牧民的帐房只有围护结构，而没有矮墙，这是与藏族黑帐最为显著的差别所在。

虽然存在着以上的一些差别，但是两种毡帐还是很相似的。它们都是用牦牛毛和山羊毛织成的毛毯覆盖，帐篷多坐北朝南，顶端都开有天窗，调节空气。室内都设有炉灶和用原木搭成的贴地板炕，大约占帐篷的一半，炕上铺着厚厚的毛毡，这是全家人夜间安睡、白天聊天用餐之处，也是会客厅。其内部划分也基本一样。裕固族牧民帐房内部，也是以位于帐房中央的火炉为界，进门的左侧一边，是以女主人为主的家庭女性成员日常起居的地方，同时也是炊事和置放炊具、食品、奶桶的地方。右侧一边，是家庭男性成员坐卧的地方，也是接待客人的地方。正对帐门的一侧，同样也设有佛龛。佛龛上面，也供有佛像、酥油灯、净水碗一类，是帐房内部最为神圣的地方。这片狭小的地方，平时不便来回过往，更不允许随便坐卧。

图5-10 由撑杆拉撑的裕固族毡帐（模型）

第四节 哈萨克族、柯尔克孜族毡房民居环境艺术

哈萨克族，中国少数民族之一。现有人口110多万。主要分布在新疆北部伊犁哈萨克自治州和木垒、巴里坤两个自治县，少数分布在青海海西蒙古族藏族自治州和甘肃省阿克赛哈萨克族自治县。哈萨克族历史悠久，作为一个单一的民族共同体，它是由古代乌孙人和突厥人的后裔，12世纪初西迁的部分契丹人后裔和13世纪兴起的蒙古人的若干部落，以及15世纪脱离乌兹别克汗国东迁的部分操突厥语的游牧部落长期交往、融合而成的。哈萨克族有自己的语言和文字。哈萨克语属阿尔泰语系突厥语族，使用以阿拉伯字母为基础的哈萨克文。哈萨克族信奉伊斯兰教。和裕固族一样，哈萨克族至今一直过着逐水草而居的游牧生活，只有少数定居从事农业生产。生活习俗上还保留着浓厚的畜牧文化特点。他们在春、夏、秋季住毡房，冬季住土房或木房。哈萨克毡房携带方便、易于拆卸搭建。据史籍记载，哈萨克族的远祖乌孙人住的就是毡房，那是承载着他们两千多年历史的"活化石"。而哈萨克族冬天住在冬牧场的房屋是用木头、土坯和石块构筑的。还有一种圆顶房，围墙用土坯和石块砌成，房顶呈穹庐形，房顶的撑杆固定在围墙上，另一端与房子的顶圈相连，支架外以苇席相围，再抹上稀泥。房屋四周有篱笆或土墙相围，用以圈放牲畜，此类冬房经济适用。（图5-11）

而拥有我国三大英雄史诗之一《玛纳斯》的柯尔克孜族主要聚居在新疆维吾尔自治区西南部的克孜勒苏柯尔克孜自治州以及北部的特克斯、昭苏、额敏等县。柯尔克孜族，清代，沿用蒙古准噶尔语，称之为"布鲁特"，意即"高山上的居民"。柯尔克孜族有自己的语言，属阿尔泰语系突厥语族。自历史上全民信仰伊斯兰教后，开始创制使用以阿拉伯字母为基础的拼音文字。在各民族交往日益密切的今天，许多柯尔克孜族人已兼通维吾尔语和哈萨克语。柯尔克孜族世代过着以游牧为主的生活，因此，柯尔克孜族牧民的住所，也是容易搭盖、方便迁移的毡房，柯尔克孜语称之为"勃孜吾依"。"勃孜吾依"与哈萨克族毡房基本相似。

一、哈萨克族毡房的选址布局及形态特征

哈萨克牧民的毡房一般坐落在流水潺潺的溪流边，门口一般都是向着太阳升起的东方。哈萨克族牧民就地取材构筑毡房，使用最多的是草原上特有的芨芨草、红柳、羊毛或牛毛制作的绳子以及毡片。哈萨克族毡房由围墙、房杆、顶圈、房毡和门等五部分组合而成，毡房下部为圆柱形，上部为穹庐形。上部的伞状弧形穹庐顶，主要由圆形顶圈和房杆构成，是用几十根红柳木撑杆搭成骨架。有四块栅栏围墙的毡房，要用65根撑杆；有八块栅栏围墙的毡房，要用撑杆90根左右。哈萨克毡房的大小决定于围墙有多少块栅栏，一般有四块、六块、八块之分。毡房顶部中央开有天窗，天窗上有活动毡盖，白天揭开可以采光和通风，夜间和风雪天盖上，

图5-11 哈萨克族民居

113

可以阻挡风雪以避寒，它也是毡房的窗户和炉灶烟囱的出口。（图5-12）

（一）围墙：毡房的围墙一般由四片栅栏墙架围成圆筒形状，直径在4-5米。栅栏墙由红柳树杆分两层横竖交错成菱形，交错处用牛皮绳扎紧，迁移时栅栏墙架可收拢。每块栅栏宽约3.2-3.5米，高约1.5-1.7米。按照栅栏墙架的结构可以分为宽眼栅栏和窄眼栅栏，宽眼栅栏又叫"风眼"，重量轻而便于搬运。窄眼栅栏又叫"网眼"，结构坚固而抗风能力强。栅栏的外围有芨芨草和红、黄、绿、白、黑色毛线编成一定图案的草帘。（图5-13）

（二）撑杆：撑杆是直径5厘米、长度2米、3米的树条，为上端笔直，顶端箭头光滑、细圆，下端弯曲的浅弧形撑杆。搭建时把弧形端头用毛绳绑扎在栅栏墙架的两支架的交叉处，另一端插入顶圈的孔眼内。

（三）顶圈：顶圈是用直径5厘米的树杆围成直径为1-1.5米的圆圈。在圆圈上支2对到3对细树条，形成凸起的穹隆状。顶圈范围是毡房顶部盖顶毡的位置，在顶毡的中央开一个天窗，其上安一活动毡盖。（图5-14）

（四）房毡：整座毡房屋架搭好后，在围墙及顶部要铺盖房毡。

（五）门：哈萨克族毡房装有雕花双扇木板门，为了预防风雪严寒，木门一般仅1.6米上下，门距离地面也较高，门多开向东南，以避西北风，门外挂毡帘子。（图5-15）

二、哈萨克族毡房的拆装架设

哈萨克人建造毡房时，先将栅栏交错拼和捆扎成墙，然后把撑杆的下端绑在栅栏墙上，顶端插入顶圈眼内。顶圈是用三段红柳木加工而成的直径约1米左右

图5-12　哈萨克族毡房的形态特征（模型）

图5-13　栅栏墙架（模型）

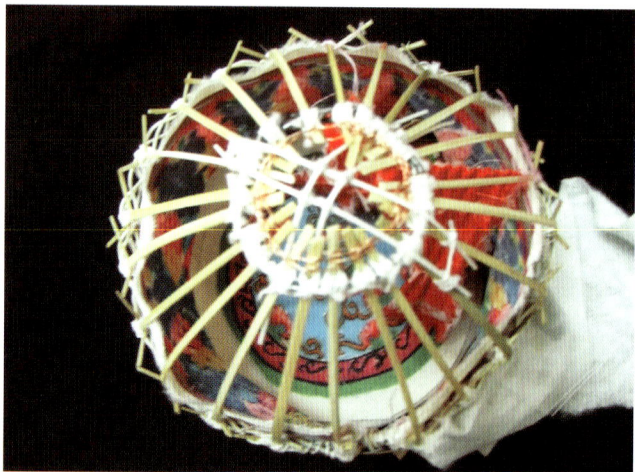

图5-14　顶圈（模型）

图5-15　门（模型）

的弧形，在顶圈上钻几十个小眼，把撑杆上端塞进眼内，衔接处用未处理的湿骆驼皮包扎后晒干，再用弯成半圆形的细木交叉嵌在天窗顶上，呈锅底朝天形。当把撑杆的箭头插入天窗上的小眼内，下端弯曲的部分绑扎在栅栏的交叉处时，整个就形成穹形架子。圈顶既是毡房的房顶，又是天窗。毡房屋架搭好后，栅栏内要围彩色墙篱。墙篱是用大小粗细长短一样的用芨芨草编织成的与栅栏墙架等高的草帘。再在这草帘上绕上用彩色毛线编织成的图案，使毡房内看上去更富装饰效果。随后，沿栅栏墙房架外沿也用芨芨草秆编成的草帘圈围，然后在它的外边再围一层围毡。接着在撑竿上铺盖篷毡，篷毡底边缝制成弧形，正好整齐地罩在栅栏墙架的顶部。围毡，篷毡和顶毡都要系上宽窄粗细不同的绳索，挂在顶圈上的绳索拉向地面并绑在木桩上，使毡房抗御大风的能力增强。最后安装木门，天窗上蒙顶毡盖。（图5-16）

三、哈萨克族毡房的室内空间布局与装饰陈设

　　哈萨克族和柯尔克孜族都很注重室内的装饰，不论是传统的毡房，还是新兴的土木房，屋壁都挂着巨型的挂毯和帷幔。三十几平方米的哈萨克族圆形毡房内部空间虽不大，但是居住、待客、堆放物品、炊事等区域功能却一应俱全。虽然毡房的四周几乎都摆满了东西，但陈设与布置都有一定的规矩，因此并不显得狭窄、拥挤，中间还是留有很大空间。毡房内的布置及陈设少而精并有传统的习俗和习惯。

　　从平面上说，毡房内部，以毡房中央正对着顶圈的火炉为界，火炉以外的前小部分为用具置放区域，火炉以内的后大半部分为起居坐卧区域。天窗下面中心的位置设火塘，或安放铁皮炉，这是取暖做饭煮奶茶的地方，做饭煮肉放置锅架，煮奶茶放置三脚架。进门的右边前半部，存放食品和摆放炊具及器具，涂漆的木盒木碗、木制镀银的碗桶、制作酸奶子和马奶酒的皮囊。进门中后部分是待客和住人的区域，进门的右边后方是主人的床位，床的前沿和两头有垂吊的围帘，左边是晚辈儿媳的床位，并放置马具和打猎用具。哈萨克族睡一种"曲头床"，这种床很特别，床头为曲形，床板横放，床面上雕刻着花纹图案。木床都是精心制作的直木床和

图5-16　哈萨克族毡房的拆装架设（模型）

弯头木床，床前挂着红绸帷幔。靠近床铺的栅栏围墙上挂着精美的手工制作的"壁毡"和"壁挂"。哈萨克族的小孩睡摇床。哈萨克族的摇床是长方形的小软床，床腿呈月牙形，上面两端用两片小木板拱成弓形的床头架，形似两道门，然后再用一条横木把两头衔接起来，就是床了。毡房的后边铺有地毡，上面铺花毡，这是招待客人及客人晚上睡觉的地方。正对房门靠墙摆一些装有贵重物品或衣服的木箱，上边叠放被褥，并用带刺绣花纹的布单子或羊毛编织的花单子盖好。毡房内多处摆放着用柳树或白松制作的"巴汉"，这是带有"支勾"的并涂上各种颜色的木杆。放在床头的"巴汉"，用来挂衣帽，皮带和镜子；门边立的"巴汉"，可以挂羊肉；"巴汉"上还可以挂各种炊具。

　　有时毡房是为了专门迎娶新娘而搭起的，哈萨克族叫这种毡房为"吾塔物"，"吾塔物"里挂着绣花、刺花和补花等五颜六色的装饰品，里面所有的物品和家具都应是新添的。（图5-17）

　　除了上述正式的毡房外，哈萨克族有一种简易毡房没有栅栏围墙，用数十根木杆搭成圆锥形，上面覆以毛毡，这种简易毡房比正式毡房更轻便，更易拆装，多用于游牧转场时作临时住房。还有一种自古相传的圆顶房屋，哈萨克语称"托恰拉"。这种房子的外形和毡房大致相同，围墙是用石头或土坯砌成的，高2.5米。有支撑的细椽子，椽子下端固定在围墙顶上，上端则连接在房子的顶上，然后放上编制好的苇席或树枝条，上面再抹上一层泥。屋内有四根或六根顶柱。屋内冬天可做饭，也可存放冬肉。

四、哈萨克族毡房与蒙古包的异同

通过上述对蒙古包和哈萨克族毡房的介绍，我们发现其实哈萨克族牧民游牧时所居住的毡房，其外形、构件、结构、搭盖方法等，均与蒙古包大同小异，相差无几。这可能是由于同属于游牧民族并生活于相近的自然环境下，而且哈萨克族毡房与蒙古包同源于古代的"穹庐"。（图5-18）

具体来看，在毡房的内部结构和构件上，哈萨克毡房与蒙古包相似，也是由栅栏墙、撑杆、顶圈、篷毡、顶毡、门框、围带等构件组成。哈萨克语称栅栏墙为"开列克"，与蒙古包所使用的哈纳相似，也是用红柳条就地取材编制而成。开列克与哈纳的不同之处在于它有窄眼和宽眼之分，宽眼的又称"风眼"，窄眼的又叫"网眼"。哈萨克语称撑杆为"伍沃克"。哈萨克毡房的伍沃克大体相似于蒙古包的乌尼，不同的是乌尼是笔直的，而伍沃克一端则弯成浅弧形，并在靠近弧形的部位雕刻有菱形、书名号形一类花纹。哈萨克毡房的外形不完全相似于蒙古包就是由于伍沃克与乌尼形状有这样的区别。哈萨克语称顶圈为"强俄拉克"，与蒙古包的套脑基本相似。门在哈萨克语称为"叶色克"，与蒙古包不同的是"叶色克"常制成双扇开启。

除了这些内部结构和构件外，再就是草帘、毡毯、围带、毛绳等外护材料。和蒙古包一样，哈萨克毡房的外护材料也是手工制成的毛毯。同样，这些毛毯也以未脱脂羊毛为原料土法制成。与蒙古包不同的是，哈萨克毡房篷顶

上的篷毡，其下部往往被制成弧度正好罩住栅栏墙架顶部收口的弧形，从而使整个哈萨克毡房在外形上呈圆形，这也是哈萨克毡房与蒙古包在外观上的明显区别。

哈萨克毡房与蒙古包搭盖的程序完全一样。搭盖一座中等规模的毡房，哈萨克牧民一般只需两个钟头即可完成，拆卸时则更快一些，而这些活儿与蒙古包的搭盖，一般也都是由妇女承担的。

五、柯尔克孜族毡房和哈萨克族毡房的异同

柯尔克孜族称他们的毡房为"勃孜吾依"。"勃孜吾依"的形态结构和哈萨克族毡房近似，南疆克孜勒苏柯尔克孜自治州以及阿克苏、英吉沙、莎车一带柯尔克孜族牧民居住的"勃孜吾依"，也是由木顶圈、撑杆、栅栏墙（柯尔克孜语分别称之为"昌格尔阿克""伍沃克""克热克"）以及单扇门框组成内框结构，以土法手工擀制的毛毡和芨芨草精心编织的草帘为外护材料。其架设搭盖的先后程序，也和哈萨克族毡房是一样的。

"勃孜吾依"内部的布置及陈设有传统的习俗和习惯：进入柯尔克孜族的毡房，后半部迎面沿墙架挂有图案鲜艳、线条流畅的绣花布或挂毯，挂毯显示了柯尔克孜人对民族英雄玛纳斯的崇拜；墙架前面，摆放着存放衣物的木箱；木箱上面叠放着一人多高的被褥枕头，形成一堵色彩斑斓的花墙；花墙前三面环绕火炉的倒"凹"字形地面铺有民族风格花纹图案的地毯，地毯上还常置有坐垫，成为家庭成员日常起居之处。正对门口

图5-17 毡房内部

图5-18 哈萨克族毡房与蒙古包\同源于古代的"穹庐"（模型）

的这一方为上席，白天，这里专给长辈或客人坐卧，晚上则是长辈的铺位。右侧是老人和年幼子女的铺位，左侧为儿子儿媳的铺位。铺位前面的右下侧为用芨芨草帘围起来存放食品、炊具的地方。和哈萨克族一样，柯尔克孜族的小孩也睡摇床。靠门的墙上备有衣架，衣架上

挂着带刺绣图案的盖布。门上挂着精心编制的门帘，窗户上挂着绣花窗帘。夏季门帘和窗帘则使用芨芨草精心编制的草帘。随着社会的发展，现在柯尔克孜人的居住条件有了很大的改善，有的已经住上了土木或砖木的房子，但是依然保留着游牧民族的习俗与传统。

第五节　鄂伦春族、鄂温克族、赫哲族民居环境艺术

鄂伦春族，中国少数民族之一。现有人口约7000人。主要分布在内蒙古自治区东北部的鄂伦春自治旗、扎兰屯市、莫力达瓦旗、阿荣旗，黑龙江省的塔河县、呼玛县、逊克县、嘉荫县和黑河市。鄂伦春族生活在东北地区黑龙江流域的大小兴安岭，绵亘千里的兴安岭上，到处是茂密的原始森林，生长着落叶松、红松、桦、柞、杨等耐寒树种和木耳、蘑菇、榛子、都柿等土特产品和药材。林中栖息着虎、熊、鹿、犴、狍、野猪、貂、狐狸、野鸡等珍禽异兽。河里游弋着鲑鱼、鳇鱼等鱼类。鄂伦春人世世代代就追逐着獐狍野鹿，游猎在这茫茫的林海之中。（图5-19）直到20世纪50年代，他们才走出白桦林，走下兴安岭，开始半耕半猎的定居生活。鄂伦春族有自己的语言，无文字。其语言属阿尔泰语系满—通古斯语族通古斯语支。鄂伦春族信奉萨满教，崇拜自然物。"食肉寝皮"是鄂伦春族的传统生活方式。鄂伦春人生活的大小兴安岭，桦树遍地丛生。勤劳的鄂伦春人没有辜负大自然的馈赠，棵棵白桦树，张张桦树皮经过他们灵巧的双手，就变成了各种各样的桦皮器皿、桦皮船等生产生活用具和工艺品，形成了古朴典雅的桦皮文化。鄂伦春族所在的地区，山多、地薄、沙石多，气候寒冷，农作物很难栽培。而四周环抱的森林密布的群山里，却栖息着各种各样飞禽走兽，生长着各种各样野菜野果。所以鄂伦春族以狩猎采集为主要生计方式。在20世纪50年代他们开始定居以前，是世界上遗存的能够完全代表游猎采集生活方式的少数民族。鄂伦春人在过去所居住的是就地取材、结构简易的鄂伦春语称为"斜仁柱"的窝棚，以适应于他们的游猎采集生活。

鄂温克族，中国少数民族之一。现有人口约30000人。主要聚居在内蒙古自治区呼伦贝尔盟的鄂温克族自治旗，其他散居在陈巴尔虎旗、额尔古纳左旗、莫力达瓦旗、阿荣旗、扎兰屯市和黑龙江省讷河县等地。多与蒙古、达斡尔、汉、鄂伦春等民族交错杂居。鄂温克族生活的地区，处于大兴安岭支脉的丘陵山区。这里有广袤的草原、茂密的原始森林和众多的江河湖泊。资源丰富、山河秀美。但由于自然条件不同，各地区鄂温克族的生产生活方式存在着比较大的差异。聚居在鄂温克族自治旗和陈巴尔虎旗的鄂温克族主要从事畜牧业；讷河县的鄂温克族从事农业；居住在莫力达瓦旗、阿荣旗、扎兰屯市等地的鄂温克族则以半农半猎为生；而额尔古纳左旗敖鲁古雅鄂温克族乡的鄂温克族还从事着传统的狩猎业。因为他们狩猎时使用驯鹿，常被称为"使用驯鹿的鄂温克人"。鄂温克族多信仰萨满教，牧区居民同时信奉藏传佛教。鄂温克族有自己的语言，属阿尔泰语系满—通古斯语族通古斯语支。牧区通用蒙古文，农区和山区通用汉文。生活在山区从事传统狩猎业的鄂温克族民居为"萨喜格柱"，夏天覆盖桦树皮，冬天覆盖兽皮，与大、小兴安岭深处的鄂伦春族"斜仁柱"基本相似，同属一类。

赫哲族，中国人口较少的少数民族之一。赫哲族有自己的语言，赫哲语属阿尔泰语系满—通古斯语族，有不少语汇与满语相同。赫哲族过去曾信仰过萨满教。赫哲族生活的地区山清水秀，河汊纵横，为渔猎经济提供了便利的自然环境。现在居住在黑龙江、松花江、乌苏

里江三江流域的赫哲人仍以渔业为主，不论男女老少，都是捕鱼好手，他们的民居分为临时性和固定住房两类。临时性住房多为"撮罗子"，是一种尖顶窝棚。

一、鄂伦春族"斜仁柱"的选址布局及形态特征

居住在大小兴安岭长期从事游猎的鄂伦春族一般选择地势高，草皮好、近水源、避风而阳光好的地方，将他们的传统民居——"斜仁柱"搭设起来。鄂伦春族曾长期保留在父系家族公社"乌力楞"阶段，"乌力楞"鄂伦春语是"子孙们"的意思，乌力楞的成员由同一父系祖先的几代子孙组成。在斜仁柱的营造上，同一乌力楞成员的斜仁柱要排成一字形或弧形，不能有前后之分。

"斜仁柱"为鄂伦春语的汉语音译，"柱"汉意为房。"斜仁"汉意为木杆，"斜仁柱"即用木杆搭成的住屋。《隋书·室韦传》有"以桦皮盖屋"的记载。可见鄂伦春族斜仁柱的历史由来已久，长期以来为游牧民族使用，这是由于其拆卸搭盖迅捷，并且取材方便。"斜仁柱"的结构及建造比蒙古包和哈萨克族的毡房更为原始，可能是穹庐式民居的早期雏形。"斜仁柱"的门一般设于朝南或者朝东的两根"托拉根"之间，底宽1米左右，冬天用鄂伦春语称"乌鲁克布吐思"的帘子做门帘，夏天则用柳条编制的帘子遮挡。斜仁柱的主要构架为30~40根长达4米左右的木杆、桦木或柳木搭盖而成的圆锥形。居室顶端的柳条圈与带杈的木杆相套，即构成斜仁柱的骨架。斜仁柱的覆盖物冬天为狍皮和芦苇帘，夏天用桦树皮，顶端留有通风口。（图5-20，图5-21）

二、鄂伦春族"斜仁柱"的材料及架设

鄂伦春族"斜仁柱"是一种结构简单可以随时拆卸搭盖的简易房屋。由于特定的自然环境，桦皮文化成为鄂伦春民族固有传统文化的重要组成部分。桦皮文化是以桦树皮为原料进行生活器皿创造——因袭——再创造的文化现象。桦皮是鄂伦春人不可缺少的民居搭建材料。"斜仁柱"所用原料几乎俯拾即是，因此，迁移时只将围护材料取下带走，骨架则原地放弃，到了新的地方再就地砍伐选取。

"斜仁柱"的主架由几根鄂伦春语称做"阿杈"的主杆和六根"托拉根"、二十多根"斜仁"组成。"托拉根"和"斜仁"是五六米长的笔直的松木杆或桦树

图5-19
鄂伦春人游猎在茫茫林海之中

图5-20
结构及建造都很原始的"斜仁柱"可能是穹庐式民居的早期雏形（模型）

图5-21
鄂伦春族"斜仁柱"的选址布局及形态特征

杆，架搭时，先把两根顶端带枝杈、能相互咬合的"阿杈"支成一个斜度为60度的圆锥形架子，然后把六根一头带杈的"托拉根"搭在"阿杈"上，在其顶端套上鄂伦春语称做"乌鲁包藤"的柳条圈，再在柳条圈周边均匀地搭上二十多根"斜仁"，"斜仁"的另一端都要插入土里两寸多深，这样"斜仁柱"的骨架就算搭成了。有了骨架再覆盖上狍皮或桦树皮，这样，夏天可防雨、冬天能御寒的"斜仁柱"就建成了。"斜仁柱"的大小根据家庭人口的多少来决定。

"斜仁柱"上的围护材料即覆盖物要根据季节的更迭而变换。夏天，"斜仁柱"搭设在比较高的地方，这样，有利于通风散热。外面盖的是质地柔软轻巧、富含油脂、不易透水、不易腐烂的桦皮围子，桦皮围子鄂伦春语称"铁克沙"；（图5-22）冬天搭设的比较矮小，外面盖的是保暖性能良好的狍皮围子，狍皮围子鄂伦春语称"额伦"。架一座中等规模的"斜仁柱"，约需要五六十张狍皮缝制成的两大一小共三片"额伦"。"额伦"四角均缝有带子，覆盖时两片大的盖在"斜仁柱"骨架两侧，小的一片盖在后面，并用四角的带子系在"托拉根"上。为了保暖，"额伦"上面一般还要盖上厚实的一层芦苇帘子。

三、鄂伦春族"斜仁柱"的室内空间布局与装饰陈设

"斜仁柱"前面用树干和柳条搭成晒架，晾晒肉或野菜。后面小树上挂着桦皮盒，里面供奉着神偶。"斜仁柱"的门一般都是向南或向东开。门上挂一张狍皮或桦树皮，用来挡风。圆锥形的"斜仁柱"内部陈设也很简单，正中为煮食、取暖、照明一火三用的火塘，火塘上架有三条腿或四腿一梁的铁架，上面吊一口铁锅，以便煮肉做饭。夏天天气较热就在"斜仁柱"前面再搭一座专用于炊事的小"斜仁柱"。火塘对面以及两侧，为供人坐卧的铺位。铺位有两种，一种是冬季的地铺，即直接沿火塘周围用圆木将三面团起来，铺上厚厚一层干草，再在其上铺上桦树皮、狍皮等；另一种是夏季的床铺，即在地上置木桩架横木，再在横木上密铺细木条，细木条上铺上干草和桦皮。在木桩上在青年夫妇住的一侧"斜仁柱"的顶上挂着横木杆，是吊孩子摇篮用的。正对着门的正铺鄂伦春语称"玛路"，这是最尊贵的席位，专供长者或男宾坐卧，也是招待男性客人的地方，禁止月经中的妇女坐卧。因为"玛路"上端"斜仁柱"上悬挂着四五个桦皮盒，里面有保佑全家人畜平安的神像。"玛路"两侧的侧铺鄂伦春语称"奥路"。它与"玛路"用扁木板就地隔开。在左边的"奥路"为大，是专供家庭男性主人长辈坐卧的席位；右边的"奥路"为女性和晚辈、小孩坐卧的铺位，年轻夫妇则坐卧于右侧"奥路"上。"斜仁柱"的顶端要留有空隙，以便里面生火时透风出烟，又可采光。（图5-23）

四、鄂温克人"萨喜格柱"与鄂伦春人"斜仁柱"及蒙古包之间的异同

世世代代以游猎采集生活方式为生的鄂温克人多少世纪以来住着冬天用来防寒、夏天用来遮雨的"萨喜格柱"里。这种简单的圆锥形帐篷,适合于猎民为追逐出没无常的野兽而过的居无定所、漂泊游动的生活。

值得一提的是鄂温克人有一种具有民族特色的树上仓库,在鄂温克语里它被称之为"靠老宝",直译为"树上仓库"。"靠老宝"这种具有民族特色的仓库是鄂温克猎民在二三百里的家族公社游猎生活圈里建起来的。它离地高三四米,四柱为间距合适锯断树冠的自然树种,可防野兽且不潮湿,搭上木杆后上盖桦树皮遮挡雨雪,可储藏猎狩物、衣物、粮食、工具等。它是家族公社公用的仓库,人们登梯上下从不设锁,其他家族公社的人出猎断了粮也可在就近仓库拿取接济,鄂温克人不认为这是不道德的行为,而是任何一个断粮人的权利也是主人应尽的义务。

鄂温克人"萨喜格柱"与鄂伦春人"斜仁柱"及蒙古包之间的异同主要归纳为以下几点。

(一)鄂温克人住的"萨喜格柱"和鄂伦春人"斜仁柱"的形态结构基本相似。其骨架也是由两根门杆、三根主杆和二十多根辅杆所组成。不同的是,鄂温克人一般都尽量选取末端自然弯曲的材料来作为"萨喜格柱"的门杆、主杆和辅杆,并且还要经过简单的刮、修等加工。鄂伦春人的"斜仁柱"的门杆、主杆和辅杆上端相交处用柳条捆扎,而鄂温克人的"萨喜格柱"是将门杆、主杆和辅杆自然弯曲的一端穿插入一块开有许多眼孔的圆形木板中,可以说这样的构造基本上就是蒙古包、哈萨克毡房顶圈和撑杆的雏形。

(二)"萨喜格柱"和"斜仁柱"的围护材料不同。鄂温克人"萨喜格柱"以牛毛细绳编织的围子作为围护材料,与鄂伦春人"斜仁柱"使用狍皮、桦皮缝制的围子不同。"萨喜格柱"自下而上一圈一圈地将牛毛细绳编织的围子系在骨架上以后,再用榆树皮把下面垂

图5-22 桦皮围子(模型)

图5-23 鄂伦春族"斜仁柱"狭小的室内空间

图5-24 源自"风篱"这种人类第一次从大自然中划分出来的人为空间（模型）

到地面的散头缝住并牢实地系在骨架上，然后再将草帘覆盖在围子上。

（三）"萨喜格柱"与"斜仁柱"内部的布置基本相同。只是"萨喜格柱"火位上面不像"斜仁柱"火位上架有挂锅的铁架，鄂温克人直接将锅悬吊在"萨喜格柱"的顶部。

（四）鄂温克人"萨喜格柱"及鄂伦春人"斜仁柱"与蒙古包的异同。与蒙古族居住的蒙古包相比，鄂温克族居住的"萨喜格柱"及鄂伦春人居住的"斜仁柱"都只是一种较为简易的圆锥形帐篷，"萨喜格柱"和"斜仁柱"都为圆锥形，而蒙古包上面的部分虽然也呈圆锥形，但下面为圆柱体。鄂温克人及鄂伦春人在搭建"萨喜格柱"和"斜仁柱"的骨架时都留有一门，上面挂有门帘子，其外形与蒙古包极为相似。虽然"萨喜格柱"和"斜仁柱"及蒙古包都是用木制骨架构成的，但是不同的是，"萨喜格柱"的骨架是互相交叉在一起的，而蒙古包的骨架上面为伞骨状，下面为交叉的网状；"萨喜格柱"和蒙古包上面均有遮盖物，但"萨喜格柱"的遮盖物可以是树皮、兽皮，而蒙古包则是羊毛毡。

鄂伦春族的"斜仁柱"、鄂温克族的"萨喜格柱"等古老住屋形式，都是从"风篱"这种人类原始住屋形式改进发展而来的。这种古老的住屋可以说是人类第一

次从神秘莫测的大自然中划分出来的人为空间。它作为一种最原始和简陋的住屋形式是与人类所采用的第一种觅食方式相适应的。（图5-24）

五、赫哲族的"撮罗子"

自古在黑龙江、松花江、乌苏里江三江流域繁衍生息长期从事渔猎生产的赫哲族，他们的民居分为临时性和固定住房两类。赫哲族人的临时性住房是用桦皮、兽皮、茅草搭成的。尖顶的被称为"撮罗子"；圆顶的被称为"胡如布"；尖形的窝棚被称为"撮罗昂库"及各种棚子被称为"昂库"。它们都是赫哲人捕鱼、狩猎时出于职业性的游动而需随时迁移搭盖的临时住所。其中以尖顶的"撮罗子"最具代表性。这里就主要介绍这种被称为"撮罗子"的临时性住房。赫哲人的"撮罗子"都选择在沿江两岸向阳的高处，便于捕鱼和接近猎场。"撮罗子"是一种在夏季捕鱼时居住的尖顶窝棚。这种草房用十几根至几十根长约一丈，直径约二三寸粗的木杆子支起圆锥形骨架，再用多道横条绑扎，然后外部从下到上用茅草一层压一层地盖好，形同蓑衣，也有用桦树皮围在四周的。"撮罗子"内部东、西、北三面搭铺，北面是上位，是老年人的睡处，东、西两侧是青壮年坐、卧的地方。还

有一种更简单的河滩住房，将许多柳条弯成半圆形，两头插入土中。盖上茅草即可住人。赫哲人居住的沿江地区，地势低洼，遍地生长着一种叫"塔头"的草，这种草能长到一人多高，用它建造的房屋既保暖又经济，是赫哲族建房的主要材料。赫哲族"撮罗子"只供夏季捕鱼时临时性居住，用完即扔掉。

赫哲族除了"撮罗子"这类临时性住所以外，还有一些固定的民居。赫哲族过去的固定民居主要有地窨子和马架子。地窨子是古人穴居的发展，地下地上各一半：挖进地表三四尺深，地上筑墙也有三四尺高。而马架子除了在侧面山墙开门开窗外和普通的土房非常近似。如今，草辫房和砖瓦房已经取代了昔日的地窨子和马架子了，有的渔民甚至还住上了二层砖瓦结构的楼房。

第六章 庭院围合的
少数民族民居环境艺术

第一节　庭院围合的少数民族民居环境艺术

院落式民居亦可称庭院式民居，此类民居由住宅和院落两大部分组成，功能齐全，较好地适应了生产和生活的需要。我国北方和南方少数民族中院落式民居各具特色，无论在平面布局、空间组合或环境艺术装饰手法上，都反映了较高的艺术水准。

第二节　维吾尔族民居环境艺术

在我国民族大家庭中，能歌善舞的维吾尔族是一个颇有些神秘色彩的少数民族。维吾尔族有自己的语言和文字，信仰伊斯兰教。维吾尔族是新疆维吾尔自治区的主体民族。维吾尔族的形成经历了一个较为漫长的历史过程。追根溯源，维吾尔族原是公元3世纪游牧于中国北方和西北贝加尔湖以南、额尔齐斯河和巴尔喀什湖一带的牧民。由于受部落间战争的影响，维吾尔人的先祖回鹘人各个部落的分支在9世纪中叶前后，从漠北高原地区西迁至西域今新疆地区，同两汉时期移居来的汉人及以后陆续迁居西域的吐蕃人、契丹人、蒙古人等毗邻共居、繁衍生息，实现了一种共通共融。受当地居民的影响，他们开始从游牧游猎生活形态向半牧半农及单一农耕生活形态过渡。于是，孕育融合及向现代维吾尔人迈进的发展格局开始形成，及至16世纪，一个初具规模并具一定现代意义的统一新民族——维吾尔族已基本形成。该民族自称"维吾尔"，其本意是团结、联合，也恰如其分地寓示了维吾尔族的诞生过程。

在中国少数民族民居环境艺术中，维吾尔族民居环境艺术不管在其内容的丰富性方面，还是在其风格的独特性方面，都足以成为极具风采的奇花异树。维吾尔族环境艺术的发展，与维吾尔族走向定居化农牧商生活分不开，和各民族文化的交流分不开，并且维吾尔族宗教文化对环境艺术产生的影响也是重大的。当然地理气候条件对于维吾尔族环境艺术的决定作用也是显而易见的。由于新疆远离海洋深居内陆，其气候具有典型的大陆干旱性气候特征，降水尤为稀少，年平均降水量仅为45毫米，只占全国年平均降水量的23%。并且新疆冬季漫长，春秋季短，日照时间长，昼夜温差大。除去上述一般的气候特点外，新疆南北两部又由于"三山夹两盆"的特殊地理环境构造而表现出明显的地区性差别。天山以北属寒温带，而天山以南属暖温带，南北气温差别大，降水量差别就更大。这种特殊的自然因素从根本上限定了维吾尔族民居环境艺术发展主流的相同及发展支流的相异。（图6-1，图6-2）

维吾尔族民居环境艺术在维吾尔环境艺术中发展较成熟且具有独特风格体系，它一般包括民居建筑和民居环境设施。而诸如维族人的葡萄干晾房等民居环境设施除以实用为目的而有专门的要求和处理外，其基本风格和特征还是和民居建筑及宗教公用建筑比较相近的。从维吾尔族民居环境艺术的结构、形态、功能等方面看，维吾尔族民居既体现了自身独有的个性化特点，又反映了生活于不同地域的功能性差异。

一、维吾尔族民居的选址布局及形态特征

维吾尔族民居一般多为土木或砖混（或土拱）平顶结构，有其独特风格。其在新疆各地区大部分都以一种形式为主，但同一种形式在具体布局上仍有较大差异。典型的维吾尔族民居一般外观是高大厚实而朴素的土墙，顶部一般为可作晒场用的平顶，很多维吾尔族民居利用屋顶平台作憩息处或杂物场，屋顶平台周围常设木

图6-1　南疆

图6-2　北疆

图6-3　维吾尔族民居的宗教意象

图6-4　底层外廊

栏杆，这在南疆尤为多见。维吾尔族居民基本上都程度不一地信仰伊斯兰教，因此在维吾尔族民居的设计和营制过程中，人们会自觉不自觉地考虑其宗教意象。（图6-3）例如维吾尔族住房门的开向是很有讲究的，不管是庭院还是居室的门一般不能向西开，因为穆斯林忌讳人们随意冲撞伊斯兰教圣地麦加之所在的西方。

维吾尔族民居平面组合形式基本上可有前室——后室、客室——后室、外间——客室等几种组合形式组成庭院式楼房或平房。整个民居环境一般包括住房和庭院两个部分。住房部分由兼作居室的客室、餐室及后室、储物室、淋浴室等小间组成。庭院部分为装修华丽的伊斯兰风格，是维族人家居生活的中心，院内面向庭院的

居室前多设有较深的带护栏的外廊，底层外廊多设有炕台，供户外起坐。沿外廊在院内多种植花卉、果树和葡萄，是维族人休息、弹唱、餐饮的地点。楼房庭院中用富于装饰性的小型楼梯、栏杆和檐口将错落有致的房屋连接起来，配以拱廊、石膏花饰、天棚和庭院绿化，整座民居显得雅静清新，极富民族风味。（图6-4）

米玛哈那是维吾尔族对其民居的一组生活单元的称呼，由米玛哈那（客房）、代立兹（前室）和阿西哈那（厨房、餐室兼冬卧室）组成，呈一明两暗的形式，房间布局、开间尺度、使用功能都有着维吾尔民族的鲜明特征。米玛哈那呈横向布局，面宽约9米，进深5-7米，向院面设开窗，窗台低矮，房间明亮宽敞，它用于待

125

■ 图6-5　吐鲁番民居是半开敞性高棚架式

■ 图6-6　户外空间

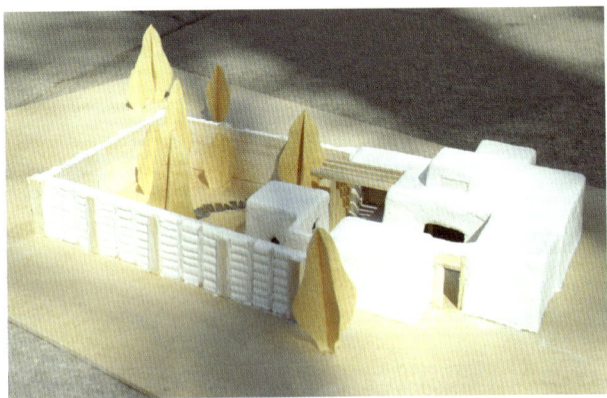

■ 图6-7　结合庭院的"阿以旺"民居（模型）

客，故称客房。代立兹设于中部，是进入米玛哈那、阿西哈那的过渡空间。它开间小，一般2.7米宽，进深同客房。阿西哈那意为厨房，平时作厨房、餐室用，冬季因燃料紧缺，需一火两用，又成了冬卧室。这一组房屋前还有较宽的柱廊，柱廊并非起交通功能，而是家庭室外

生活的重要活动空间。廊下都设炕台，宽2米，高45—60厘米，是待客聊天、纳凉休息、老人养病、儿童玩耍、妇女劳作、做饭、进餐、夏季夜寝的地方。

人们除了能够在新疆各地的维吾尔族民居上找到以上维吾尔族民居的这些一般特征外，又随着各地的气候特征、地理地势、物质条件、人文历史、传统文化等的不同而发现在不同地区不同类型样式的维吾尔族民居的不同特点。如同样是维吾尔族民居的一组米玛哈那生活单元，喀什民居为高密度内向性的集聚式，和田民居则是把院落顶上封闭起来高于四周屋顶的"阿以旺"形式，库车民居呈内向性的混合庭院式，吐鲁番民居是半开敞性高棚架式（图6-5），以伊宁为代表的北疆地区民居却是开敞性的庭院式。

二、维吾尔族民居的类型样式

（一）"阿克赛乃"。"阿克赛乃"是新疆地区维吾尔族广泛采用的、部分屋顶敞开的建筑。这种民居的结构是在较小的庭院的四周房屋上，沿内侧周边延伸屋盖，与外廊建筑有机地组合在一起，形成较封闭而又露天的场所，在"阿克赛乃"内生活劳作，比庭院和外廊更为亲切和安静，是一种巧妙的将室内、外融为一体的别致的建筑形式。（图6-6）

（二）"阿以旺"。除了维吾尔族广泛采用的部分屋顶敞开的"阿克赛乃"，"阿以旺"也是维吾尔族享有盛名的民居形式，维吾尔语"阿以旺"汉意即"明亮的住所"。维吾尔族的"阿以旺"式民居以夯土墙或土墼墙作围护结构的土掌式建筑。厚土墙在建筑内部为人们提供了创造各种表现力的条件，有凹入墙内的橱柜，做墙内的壁龛及种种富于变化的表面。厚厚的生土外墙除了具有挡风隔热的物理功能以外，也为室内创造了各种可塑性条件，原始时代这种土墙还可能有防御作用。从结构形式上看，"阿以旺"是在"阿克赛乃"原敞开的露天部分上面，加侧面天窗及屋盖围护构成，这样就形成一个高大宽敞、明亮通畅的大客厅。与"阿克赛乃"相比较，既遮风雨避阳光又能采光通风，与现代居室的大客厅颇为相似。"阿以旺"宽阔的空间，是接待客人、喜庆聚会、举行小型歌舞活动的地方。"阿以旺"的民居形式完全适应当地严寒酷暑及温差大的气候条件，具有十分鲜明的民族特点和地方

特色。南疆于田民居就属于"阿以旺"的民居形式。于田县可算是新疆最南边的城市，炎热干旱少雨水而风沙也较大。由于维吾尔族民居传统处理手法的普及和延续及自然地理条件的限制，当地民居庭院之上均设有高出周围屋顶些许的顶盖。这种"阿以旺"民居形式的屋顶和顶盖之间的四周连接处是木棂花侧窗，这种侧窗和顶盖既通风又采光，在一定程度上还能起到抵御风沙的作用。与一般"阿以旺"民居不同的特殊之处在于于田民居上往往还设有小天井，许多小间的上部顶棚中间处还常设有天窗，这些天井、天窗既能采光透亮，人们又能通过它们时刻感受到日月星辰及时令的变化，以决定自己的农牧业活动，并缩小人们在心理上产生的与大自然的隔绝感。日、月、星辰及光在历史上都是维吾尔族先民曾崇拜过的一系列图腾物，其中对光的崇拜甚至延续到了近代。（图6-7）

（三）喀什、和田城区密集式民居。喀什、和田是新疆名城，这里四季干燥，所以很适合土筑建筑，富有人家也用砖砌住宅。喀什城是维吾尔族集中居住的城市，因用地有限这种民居一般均为外墙方正棱角分明的一至三层楼房，并带两面或四面被房宅连体合围的方形小庭院。由于民居用地紧张狭小，民居犬牙交错不讲朝向随地形地势密集化地营造，整体内部空间就不得不以间为单位形成有机的群体组合向空中纵向发展。最有特点的是，这一类的不少民居往往还修建了上连下空的过街楼以满足小道小巷彼此通达的需要，来保持交通的顺畅及建筑体的完整性。喀什民居住房多采用一个或多个"外间——客房"及"客房——餐室"式样，以组成较为完整的平面单元。外间一般是平面组合的中心和进出的交通枢纽。房间一般进深浅、小间多，因信奉伊斯兰教，而多用绿色装饰，富有人家室内壁龛以及石膏花或三台板做成的浮雕装饰都很多，墙面、壁龛、拱廊、火炉与天花密肋

图6-8
图6-9　图6-10

图6-8　喀什、和田城区密集式民居
图6-9　小道小巷彼此通达
图6-10　上连下空的过街楼

等处多有精致雕饰。（图6-8，图6-9，图6-10）

（四）吐鲁番的地下、半地下土拱民居。位于新疆东部的吐鲁番地区，素有"火洲"之称，其海拔很低，居海平面以下，地质结构属低洼盆地。由于夏季十分炎热（夏季摄氏最高温度达四十多度），降水十分罕见，冬季又十分寒冷。夏天高热难耐时，地下温度无疑要显得凉爽适宜，而当冬天寒冷难熬时，地下温度肯定要显得温暖宜人。所以当地维吾尔族居民因地制宜在地上温度极高极低这种酷暑严寒的形势中能灵活通便地向地下发展，根据气候干燥、土质良好的特点，设计营造出地下室式或半地下室式的土拱平顶房屋。

从环境布局及形态特征上看，吐鲁番维吾尔族典型的传统形式土拱结构民居多，设前后院并在院中引进渠水用以浇灌白杨及荫棚葡萄，天棚或葡萄棚覆盖的开敞过厅也是连接居它之间通道。（图6-11）吐鲁番维吾尔族民居形态多为地下、半地下，也有少数建在地面。一般为等跨并列的5米-7米开间，也可垂直分布，其结构形式与尺寸都很随意。半地下的一般向前院开高窗，早晚开启，换气通风，中午关闭防止热空气进入房间。窗台低矮，45-60厘米高，窗洞做成喇叭状，以提高采光能力。室内串开套门，整个地下室或半地下室，多数只开一门对外。这种民居单元包括前室、客房、餐室、冬卧室。前室是一个小开间，开双扇门，人们在此更衣、换鞋，是整个单元的连通地，经过它出入客房和冬卧室，又沟通前后院落。前室具备夏季隔热、冬天防寒、隔离大风的作用，客房是建筑中面积最大的房间。

在室内空间布局与装饰上，这种土拱民居空间布局的处理手法与南疆维吾尔族民居基本一致，只是地炕略高，炕前靠一边设置有灶台。装饰上立面主要采用土坯砌筑花墙及多种式样的拱门，室内长向墙面的壁龛在大小、形状及数目上常对称相应。门窗洞往往开设在壁龛相应部位。室内装饰装修简朴，仅作白色粉饰，门窗边框一般略加雕花，有些墙面上压印有能产生浮雕效果的花纹。客房室内装饰相对精细，陈设布置也比较讲究。平顶盖一般要高出屋面，平顶盖与屋面相接处设有木棂窗或透空花墙。平顶盖内阴凉透风、蔽日挡暑，是夏季户外生活的主要场所。

这种土拱民居的构造冬暖夏凉、朴素舒适、乡土气

息极浓，是适应吐鲁番"赤日炎炎似火烧"的特点而产生的，住在里面很能使人感觉返璞归真而融于自然。

（五）北疆伊宁、塔城的坡顶砖木结构民居。北疆的伊宁及塔城等地区地处天山以北，不像南疆那样有天山作屏障，以至于起自北冰洋途经西伯利亚的湿冷空气常年无阻无碍地长驱直入，使这些地区寒冷湿润常降雨雪，水源丰富。这种自然环境因素使得伊宁、塔城等地的维吾尔族民居明显地同南疆及吐鲁番维吾尔族民居在多方面形成了较大差异。

首先，从形态及材料结构等方面看，房屋平面为曲尺形，房间排列在过道两边，过道与院内外廊相连接，并通过门廊直通街巷。考虑到排除雨露雪水，伊宁、塔城等地的维吾尔族民居多采用砖土木结构的坡顶房屋，而不像南疆那样采用平顶。房屋与果园以绿篱或葡萄棚等分隔，葡萄棚与房屋外廊搭接，组成凉爽的户外生活

图6-11　葡萄棚

图6-12　北疆伊宁、塔城的坡顶民居

图6-13 | 图6-14

图6-15

图6-13
维吾尔族院落式住宅

图6-14
土掌式民居"阿以旺"的屋顶（模型）

图6-15
"阿以旺"民居的构造

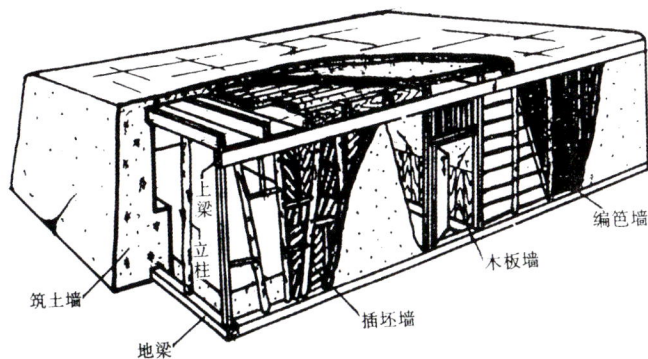

上梁
立柱

编笆墙

木板墙

筑土墙

插坯墙

地梁

场所。在建筑用材上，土建房屋往往经不起雨水的冲刷浸泡，而北疆多雨水，因而这里的民居不像南疆民居那样把土作为建筑的围护构件，而是主要使用砖、石、木等材料。（图6-12）

其次，伊宁、塔城等地民居的空间环境布局与南疆民居大致上还是相同或相近的。庭院引入渠水，院内绿化较南疆各地显得更为突出。庭院利用绿化分割不同使用空间，由于草木茂盛，整座民居往往掩映于绿荫环抱中，使居住环境显得碧洁幽雅，这和北疆多水、花草植物易于浇灌是分不开的。

再次，在室内装饰上，护窗板和窗框多有精致的雕花，住房入口有时用做有精致挂落和栏杆的小型门廊代替外廊，有些门廊的栏杆采用圆拱坡度的艺术造型。因维吾尔族尚蓝，墙面多刷为浅蓝色。客房家具、陈设及帘幔的布置一般都较为讲究。

北疆伊宁及塔城等地的维吾尔族民居不同于南疆民居的差异性的产生，首先是受到自然因素的影响；其次是由于当地的维吾尔族与其他多种民族长期杂居，民族

间的相互交流和影响也是产生这种差异性的原因。

三、维吾尔族民居的结构材料

总体而言，维吾尔族民居以土坯平顶住宅为主。除生活富裕的人家用砖修建之外，一般人家多就地取材而用土坯修造，以土坯外墙和木架、密肋相结合的结构，依地形组合为院落式住宅。（图6-13）在布局上，院子周围以平房和楼房相穿插。维吾尔族民居空间开敞，形体错落，灵活多变。用土坯花墙、拱门等划分空间。维吾尔族"阿以旺"民居的结构方式和用材在维吾尔族民居中是具有一定典型性的。

维吾尔族以夯土墙或土墼墙作围护结构的土掌式民居"阿以旺"最显著的标志是其屋顶，为木基层草泥屋面子屋顶，做法与彝族土掌房差不多，即采用小梁上密铺檐条再铺上泥土拍实抹平。因为干燥少雨，屋面一般不做泄水处理。（图6-14）

"阿以旺"民居构造的承重部分主要是木构架系统，构架传力部分有地梁、立柱、上梁和檩条。主要立

129

柱间距约120-160厘米。开间宽在3-4米，大于4米时在中间架一横大梁，以木柱承重，檩条改为纵向布置，以缩小长度。开间与进深不求一致，大多比例约在1比1.5左右。檩条以矩形断面为主，间距为45-70厘米。木构架以穿榫结合硬质木钉、木楔固定。为防变形，在立柱间加上斜撑，尤其拐角处必须设置，使之成为稳固的空间构架。（图6-15）

"阿以旺"民居厚厚的土墙多以卵石砌基，墙基入地30-40厘米，露出地面20-30厘米。外围的庇护墙体为筑土墙，用当地黏质沙土以水和成稍稠的泥堆，不用模板，也不夯打，分层湿筑，底厚约80-100厘米，顶厚50厘米左右。泥层稍干以后，室内的一面铲修成垂直状，同时挖出壁龛或铲成壁台，再在表面抹上一层草泥压光。室外墙面保留原有坡度，以维护墙体稳定。在黏土资源比较丰富以及地基比较干燥的地方，有的以泥浆砌筑土坯或土墼墙体，土质较差的地方则以小型土坯侧列排砌。

"阿以旺"民居的内隔墙为厚约12厘米的编笆墙，即在木构架上加横向支撑，用柳条、芦苇等在横撑间编成篱笆，然后两侧以草泥扣底、抹平、压光。

"阿以旺"民居的门均为枢轴式，双扇门板，内门高度约为150-170厘米，宽约80-100厘米。外门除框、扇、压条外，有时尚有门亮子、门斗、门顶等。

四、维吾尔族民居的室内外空间布局与装饰陈设

（一）维吾尔族民居的室内空间布局。以"阿以旺"为中心的维吾尔族民居室内空间布局除了"阿以旺"的大空间还有客室、夏居室、冬居室、前室、厨房、茶房、库房、杂用房、过道、净洗间、贮藏室、粮仓等等。这些空间按照与户外活动中心联系的主次关系，围绕户外活动中心向外延伸，灵活多变。因气候方面的因素和宗教信仰方面的心理，这些空间大都布置于建筑物的景深处而更具内向性、封闭性、私密性。这些分间，分以客室为主体的"客室空间组"和以自家常用的"家用空间组"两个相对独立的组群。居室组群常以套间形式出现，相当于一明一暗或一明两暗。使用上有明确的区域划分，相互间可以通过过道或前室相联系。

（二）维吾尔族民居的室内地面。维吾尔族民居的室内地面多为砖地或木板地且上覆民族图案的地毯和花毡。因早期无桌、床、椅等家具，常"席"地面坐。

（三）维吾尔族民居的室内墙面。维吾尔族民居的室内墙面一般比较简洁，只在接近天棚下或壁台下作周边式花边，沿炕墙上围以印花炕围布。花边以单色或石膏刻花为主，其颜色多为单一的蓝色或绿色，如白地绿花、蓝地白花等。墙壁上用砖横竖砌成图案花纹或者挂有单体花纹、卷草纹、叶纹、蔓纹等色彩鲜艳的具有民族特色图案的壁毯。可能是受到俄罗斯等民族文化的影响，内墙墙面设有以精致的石膏花饰装饰的壁炉、壁龛，壁炉用来做饭取暖，壁龛用于放置日用物品，并都饰以各种花纹图案；由于穆斯林向往西方圣城麦加的宗教心理而在西墙面设有大壁龛，并将其视为房屋的正墙而设有用做祷告的神龛，大壁龛两旁及其他墙面设小壁龛。（图6-16）

（四）维吾尔族民居的顶棚。维吾尔族民居非常注重天棚的装饰，具有鲜明的民族特色和悠久的民族传统，比较常见的顶棚有露明密梁式和木板拼花式及"满天彩"式。先说露明密梁式，木结构屋顶的传统形式顶棚为檩木，上面密铺椽子。梁檩本身即为天花板的构成部分。最普遍的做法是在外露的木梁上，采用半圆截面的小椽条密铺拼装天花板，利用椽子的粗细，巧妙地安排层次及排列方向，构成了错落有致、明暗相间的顶棚。再说另一种被称为木板拼花式的天棚，即在椽条上面钉木板，再以小木条压缝拼花，组成条状或其他几何形状。比较少用的还有称为"满天彩"式的彩画天棚，花纹图案丰富多彩。美丽的花卉以及传统宗教纹饰都是常用的题材，彩画着色以相近的颜色为主调，如蓝、绿为主，红、黄为辅，并灵活变化。整幅图案绚丽多彩、明快柔和、民族情调浓郁。（图6-17）

（五）维吾尔族民居的门窗。维吾尔民居中的门窗制作精致，既为房屋添彩又与整体结构协调统一。门框的装饰十分讲究，往往采用刨线、镶边、刻花和贴花等工艺。门扇常用花棂木格扇和实木板扇。用刨线或雕刻制作各种图案，最常见的有弯月、石榴等样式。传统木窗的形式为木栅窗、花板窗和花棂木板窗。木栅窗是用预先准备的木栅条固定在窗框内制成，花板窗是用预先准备的花板固定在窗框制成，花棂木板窗则是两种方式

图6-16　维吾尔族民居的室内正墙

图6-17　维吾尔族民居的顶棚

图6-18　室外活动场所

的组合，它图案严谨，花式众多，结构缜密。古老的整体式镂空花板是在整块木板上镂刻的，密拼花板也是较古老的窗式，制作工艺复杂，具有较高的文化品位，既有实用价值又具美学价值。别具特色的门窗既为房屋增添了色彩又与整体结构协调统一。

（六）维吾尔族民居的室内家具及陈设。维吾尔族民居的室内家具及陈设独具民族特色，室内有一连灶土炕，有的土炕的周围还挂有布制或丝绸的色彩绚丽的印花炕围布。室中央置长桌或圆桌，室内家具及陈设品多遮盖有钩花图案的装饰巾，门窗上挂着丝绒或绸类的落地式垂帘。

（七）维吾尔族民居室内装饰装修。维吾尔族民居室内装饰装修因住宅平面组合形式、各地材料及技艺的不同而有一定差别，但总体而言其内檐的特征主要是伊斯兰风格精美的内廊装修，与外部敦厚的平板土墙形成对比。门廊多有挂落和栏杆，墙面和顶棚为浅蓝色，门窗板有装饰性木雕。喜欢用工艺刺绣、壁毯、大幅织花窗帘装饰。维吾尔族民居装饰艺术达到了很高的成就，在建筑物的不同部位按照一定的规律采用石膏装饰，在石膏花饰中牡丹、荷花、葵花、菊花、飞花、玫瑰等花卉植物纹与几何纹结合自然，疏密有致。由于石膏质地细腻、洁白，涂色和不涂色使用都能收到良好的效果。

（八）维吾尔族民居的室外活动场所

因为维吾尔族有大量的户外活动，所以，室外活动场所是维吾尔族民居总平面布置中重要的组成部分。维族民居的室外活动场所主要有庭院（哈以拉）、果园（巴克）、外廊（辟希阿以旺）、无盖的内部空间阿克赛乃等。其中庭院（哈以拉）内常引入渠水，通风良好，又能蔽日纳凉，成为人们日常生活起居的主要中心而在民居的平面布置中被安排在重要的位置。院内用活动藤蔓苇棚覆盖的天井或遮荫避暑的葡萄棚，棚下多做室外活动场所，维族人民喜爱在庭院或外廊摆设茶具，接待客人。庭院中用土坯花墙、多种形状的拱门、平台、葡萄棚等组合成富于变化的空间。宅内各组房间之间由葡萄棚或天棚组成的开敞过道相连。新疆南部的喀什地区，常将平屋顶处理为屋顶院落，利用庭院顶部的绿化，巧妙地扩大了视野美化了住宅，反映了维族人民在住宅建筑方面十分重视绿化的环境意识。（图6-18）

五、维吾尔族民居与环境的适应

维吾尔民居的优秀传统是适应当地的地理环境和气候特征。维吾尔族半数以上聚居于物产丰富的南疆。南疆地区四面环山，最南部是于田县，中部为浩瀚的沙漠戈壁，形成了盆地边缘典型的内陆沙漠气候。因此，这一地区空气干燥，雨量极少，日照时间长，热辐射强度大。内陆气候干燥少雨，风沙大，气温高，温差大的气候特征，使人们有户外活动的习惯，民居建筑也必然有户外活动乃至户外起居的场所。因此，维吾尔民居历经数千年的演变，依然保留了厚草泥屋顶，用生土或生土制品筑成厚实的外墙拱券，内向和封闭的外墙高大而不设窗户或者仅设很小的窗户，住宅内部有户外场所的"阿以旺"等突出特点，以防寒避暑保持室内冬暖夏凉。为适应北疆寒冷湿润的气候条件，北疆伊宁及塔城等地普遍采用砖土木结构的坡屋顶民居。为适应当地气候，南疆和东疆的民居则大多有冬夏用房，冬房封闭性好，夏室则开放性强。维吾尔族民居具有鲜明的民族特色和地方特色，是与当地环境适应的结果。

第三节　满族民居环境艺术

满族，中国少数民族之一。现有人口982万余人。主要分布在东北三省，以辽宁省为最多，少部分散居于全国各大中城市。满族历史悠久，其先民可追溯到北宋至明代的女真、隋唐的靺鞨、北朝的勿吉、汉代的挹娄，以及商周前后的肃慎。明代建州女真首领努尔哈赤统一女真各部、创立八旗制度，于万历四十四年（1616年）建立后金政权。天聪九年（1635年）皇太极废旧族名，改称"满洲"。崇德元年（1636年）改后金为清。顺治元年（1644年）清军入关，夺取中央政权，定都北京。辛亥革命后通称"满族"。满族统治阶级建立的清朝，代表中国封建地主阶级，持续统治了260多年。满族有自己的语言和文字。满语属阿尔泰语系满——通古斯语族满语支。由于清代以来满族人大量迁入中原地区，在经济、文化、生活上与汉族交往密切，满族人民逐渐习用汉语文。

满族是一个从事农耕狩猎且尚武的民族。昔日地广人稀的东北是满族的发祥地，为了适应东北寒冷的气候，当地的满族和一部分达斡尔族民居，也以生土作围护材料。但是，与彝族土掌房、维吾尔族的"阿以旺"、土族庄廓不同，东北的满族民居，其围护结构除少数为土墼墙，大多数是垡子墙或拉核墙，其屋顶不是土掌式，而是两坡水悬山式起脊草顶，当地群众称起脊草房。我国北方的满族民居是传统木构架房屋组成的庭院式住宅——四合院，又称"四合房"。满族入主中原后，由偏安一隅的少数民族而一跃成为君临天下的统治者，他们特有的风俗习惯及其政治、经济、文化、宗教特点在吸收汉族文化营养的同时得到了保留和发展，这些都对满族民居环境艺术产生了深刻的影响，从而呈现出满族民居环境艺术的文化特征。

一、满族民居的选址布局及形态特征

（一）满族民居的选址布局

就满族民居的选址布局来看，居住在东北的满族人进入定居生活后，在八旗的统辖下，以户为单位聚居在"屯"里，每屯30-80户人家，也有上百户的大屯，屯的街道由户接连而自然形成。每户人家以大家庭为基本家庭形式，数代同堂。满族民居的平面布置以正房厢房围合，大门开在中轴线上，殷实人家还可在院内盖仓房、碾房、车马房等，组合成四合院。满族四合院的典型环境布局一般分前院、内院和后院。从进入内院的二门至院内各主要房屋有走廊联系，住宅的四周为院墙及各座房屋的后墙所封闭，一般对外不开窗；院内则栽植花草果树、摆鱼缸盆景，构成幽静舒适的居住环境。为了使人从外面不能直接看到宅内的活动，进入四合院大门迎面设有一影壁，大门内影壁后就是前院，背街道而建的倒坐房常作为家塾、客房或男仆住所。建在纵轴线

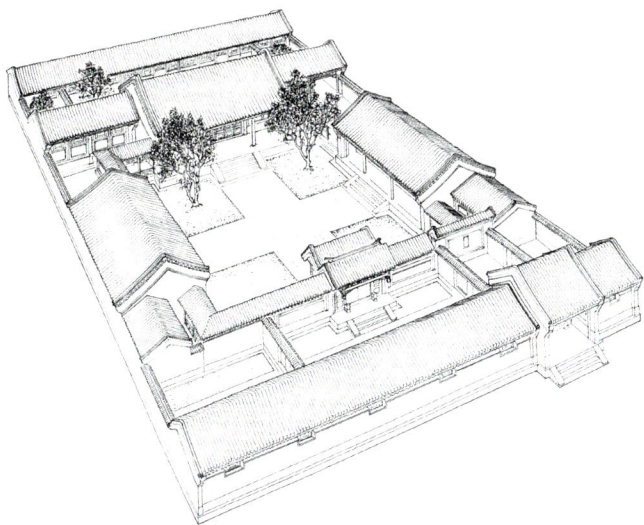

图6-19
北京四合院具有成熟而鲜明的选址布局特征

图6-20 形态特征

上的二门常为华丽的垂花门。进二门是作为主要庭院的内院，内院是住宅的核心部分，其东西厢房作为饭厅或供晚辈居住的卧室，而正房则作为家长会客、起居和举行礼仪的地方，正房两侧的耳房为书房或卧室。在正房后面的后院，往往建有一排后罩房，为厨房、厕所、女仆住所及杂物储藏间等。某些大型住宅在正宅左右建别院相通，或在二门内以两个或两个以上的四合院向纵深伸展，更大的住宅也有在后部或一侧营建花园的。北京四合院具有成熟而鲜明的选址布局特征。（图6-19）

（二）满族民居的形态特征

就形态特征而言，满族民居属于庭院围合的民居，其院墙用泥土垒成，以木栅或木条做院门，院落宽敞，可容车马。满族民居建筑与汉族相同，为木构架梁柱土筑墙或砖墙结构，双坡瓦或茅草铺顶并有四合院的单元建筑。"口袋房、万字炕、烟囱出在地面上"是满族民居居室的三大特点。房屋一般为三或五间，坐北朝南，东边开门的称为"口袋房"，中间开门的称"对面屋"。值得强调的是满族民居内部布局的本民族特点，标准的室内平面布局俗称为"三间草房四铺炕"，其屋内南、西、北三面皆炕，烟囱砌在屋侧，由地面砌起，用砖或土坯砌成，只要高出屋檐数尺即可。前院的影壁墙及神杆是满族建筑的独特风格，在故宫的建筑群中，我们也可以看到这种建筑特点。（图6-20）

二、满族民居的类型样式

（一）"马架子""地窨子"。"马架子""地窨子"是满族早期经济文化比较落后时的民居样式，这种民居样式的居住条件非常简陋原始。早期满族人夏季居住的场所被称之为"马架子"，一般建在林子里，借用一些树桩，在树桩上用木板铺地，上面搭一个人字形架子，再覆盖以树皮、山草防雨。而"地窨子"是满族人冬天的居所，一般在向阳的山坡向下挖土为墙，上面盖有树皮或茅草。室内有锅灶、火炕，保温、取暖效果好。随着经济文化的发展和与各民族的交往、学习，满族民居得到了发展，其居住条件也得到了提升。

（二）"营房"。"营房"是一些地方的满族传统住宅，也有人称之为"官房"。这种供八旗兵丁居住的"营房"宅院一般每户占地面积约几百平方米，有院墙围合而成。由设有门楼的院门进入，门口迎面3米处是影壁，绕过影壁可看见其背后设置的佛龛及院内设立的神杆，展现在眼前的"营房"房顶均为马鞍形，房屋皆南窗，中开门，两侧里屋均为南炕，西墙上设有祖宗灵位。"营房"一侧为箭道，通过箭道可达房后的厕所和马厩。这种营房到现在仍有保留。

（三）四合院。满族传统木构架房屋组成的庭院式住宅被称之为四合院，又称"四合房"，以北京地区为代表的四合院是东北、华北及山东地区的满族居民所普遍采用的民居类型样式。四合院建筑是典型的传统北方建筑，以其"四合"为主要特点，门房、正房、东厢房、西厢共同组成一个建筑单元。这种类型的民居受到封建礼教宗法传统的支配及"风水"思想的影响十分明显。反映在院落布局上，通常在南北向纵轴线上建正房，在正房前面东西向横轴线上建对峙的厢房而成主次分明的格局，院内迎门砌影壁，也称"照壁"（图6-21），照壁后立一高杆称神杆，人不许踩神杆的影子。按照"风水"观念大门应处于八卦的巽位和乾位，也就是说坐落于街道南侧的住宅，大门开在西北角；而坐落于街道北侧的住宅，则大门开在东南角。（图6-22）

（四）清朝王府或贵族大型住宅。独具特色的清朝王府或贵族大型住宅尺度宽阔，造型雄伟，装饰华美，用料考究，具有气派而豪华的独特风格。是中国传统建筑风格与北京四合院及满族居住习俗的杂糅。其实清朝王府或贵族大型住宅基本上就是四合院式的，而其多进的院落实际上就是多套四合院落的组合。（图6-23）如果说故宫本身就是一个大四合院，那么众多的清朝王府或贵族大型住宅只不过是规模比皇宫小一些的大四合院。这些建筑基本上体现了我国传统梁柱式结构建筑单体造型及群体组合的一些特点。瓦顶砖墙木构架的清朝王府或贵族大型住宅，在单体造型上有许多富有满族传统特色的构件和细部，如大门上装狮头铜门环，大门外设上马石，院心影壁、外墙面以及屋脊的花饰，正房的

前廊、窗棂，柱下的石刻柱础等等，都显示出主人的审美情趣和社会地位。（图6-24）在中轴线上，由正门、正殿、后殿、后寝等建筑组成的建筑群体，成为整座建筑的核心，与之相配的有东西配殿、配楼等。花园是清朝王府或贵族大型住宅的重要组成部分，它虽然比不上皇家气派，又与苏州园林有别。但小小的花园却浓缩了南北方的特点，在有限的空间里展现了自己的魅力。目前保留最好的花园，让人们见到了清代王府花园的典范。其假山叠石、花草树木、匾额题字等，让人们流连忘返，回味无穷。（图6-25）

三、满族民居的结构材料

满族寻常百姓家常见的木梁架土墙双坡草顶四合院民居，其结构材料为屋顶起脊，架木板或木棍以铺房草于其上，房草一般厚达2尺。也有平顶草房的满族民居，其防寒保温性能也非常良好，结构材料为苫铺房草后再抹稀泥。这种平顶草房的满族民居在辽西、辽南一带较为常见。

这种木梁架起脊双坡草顶满族四合院民居以多土墙为围护结构，土墙的构筑又有土坯、拉核、垡瓮等几种不同的垒筑方法。拉核墙的构筑方法是"纵横架木，拧草束密排横架上，表面涂以泥"。形象地说拉核墙就是以竖横的网状木架为筋骨、以和泥草把为皮肉编接而成的墙体，做法是在承重列柱中间多加竖向、横向支撑，然后将和泥草把自下而上密层层挂在横向支撑上，内

图6-21 照壁

图6-22 坐落于街道北侧的四合院大门开在东南角

图6-23 | 图6-24
　　　　 | 图6-25

图6-23
院落的组合

图6-24
清朝王府或贵族大
型住宅的大门显示
出主人的审美情趣
和社会地位

图6-25
花园是清朝王府
或贵族大型住宅
的重要组成部分

外同时挤压拍打使之平实光滑，风干以后形成墙体。"核，犹言骨也，木为骨而拉泥以成"，所以拉核墙又称挂泥墙；还有一种墙叫堡瓮墙，是从平坦的草甸上铲切而得草榴密集的草堡子趁还潮湿时将泥与草搅拌在一起挤压密实打成土坯，再将土坯砌筑而成墙体。土坯墙、拉核墙和堡瓮墙都能就地取材，防寒保温性能好，适应北方寒冷地区生活的需要。三者若加以比较的话，其中拉核墙以网状木架为筋骨、和泥草把为皮肉的这种结构看起来似乎原始简单，但它却比土坯墙、堡瓮墙更具防寒、保暖功能，冬天寒气不易侵入，而且相当坚固耐久，因此颇受当地满族群众重视并得到广泛采用。（图6-26）

　　起脊草房以土坯墙、拉核墙、堡瓮墙等不同方法构筑的土墙虽然坚固抗压，但土墙只是围护结构，并不直接承受屋顶荷重，而是由木梁架来承重。一般做法是在列柱上搁大柁，大柁选料有用方料也有用圆木的，一般比较粗大，不设置二柁而直接在大柁上立瓜柱，这就是当地满族群众所称的"三炷香"式屋梁架。

　　而经济状况较好的满族人家其四合院房屋的结构材料不是采用土墙草顶，而一般是在抬梁式木构架的外围砌砖墙，屋顶式样以硬山式瓦顶居多，次要房用平顶或坡顶，墙壁和屋顶都比较厚重，用以保温和隔热，室内设火炕取暖，室外地面铺方砖。（图6-27）

四、满族民居的室内空间布局与装饰陈设

　　由于满汉文化的混合与趋同，在民居环境艺术方面，在外观上很难看出木梁架起脊双坡草顶满族民居与当地汉族两坡水悬山式或硬山式土木结构民居有什么不同，但是满族木梁架起脊双坡草顶民居在室内空间布局与陈设及居住习惯上看，仍然保留有自己民族的许多鲜明特点，当地群众所流传的民谣"口袋房，万字炕，烟囱出在地面上"就是这些特点的精练概括。

　　满族民居一般为三间或五间房，坐北朝南，采光充足。布置在院落中轴线上的三开间正房多在东边第一间开门，而五间房多在东边第二间开门，居室多为套房，整幢房屋形如口袋，又称"口袋房"。对外开门的那一间为伙房，又称外屋。置有火灶锅台、水缸橱柜等等。外屋西头的两间称里屋，即卧室，是家庭成员日常起居的主要空间。里屋中间一般设有隔壁，隔壁用木板制成，可装可卸，也有用长柜隔开的。

　　居室以里屋也就是卧室为重，满族家庭有几代人同居一室一炕的习惯，里屋除了隔壁，沿前墙、后墙和西墙三面南北对起通炕，西边砌一窄炕，与南北炕相连，形成连二大炕格局，冬季可烧热供取暖，叫"万字炕"或称"蔓子炕"、围炕。

　　西炕紧靠山墙供奉祖先故不住人，炕上置有一个特大木制板柜。板柜上方山墙正中安有一块被称之为"祖

图6-26 防寒保温性能良好的满族民居（模型）

图6-27 抬梁式木构架外围砌砖墙（模型）

宗板"的木板，满语称"窝撒库"。 长约1米、宽约30厘米的"祖宗板"上摆放内装祖宗画像、偶像的"神匣"。大板柜前面，摆有一张八仙桌，桌上摆放茶具，由于西墙正中安有祖宗板，供有神匣，故此，西墙一方就成为整个居室的尊位而受到人们的尊重、崇敬，西炕也就成为祖先神灵栖息的地方而不许任何人在此睡坐，也不许放置空碗等日用杂物。

万字炕的南炕向阳，比较温暖，因此南炕长辈睡，北炕晚辈睡，若有客人留宿则让出南炕让客人睡，以示尊敬。南炕炕上置炕桌，炕梢紧靠山墙置有专供存放四季衣物的双开门大板柜，称做"寝琴柜"，漆以深红色油漆、饰以金黄色铜饰的大板柜上白天常将被褥叠置其上，谓之"被格"。睡觉时大家头临炕沿，脚抵墙边，男女老幼皆一炕而睡，夜间就寝时南北两炕之间以幔帐隔开。北炕墙上，供置放宗谱的谱匣。并且北炕炕头与南炕上大板柜对称，也置有一对被称为"檀箱"的同样表面漆以深红色油漆并绘有金黄色花纹图案的大木箱。平时多用于收藏被褥铺盖的檀箱上常摆有梳妆盒、镜子等。

满族起脊草房里的万字炕的构造有花洞、直洞、满堂红、倒卷帘等多种多样的形式，并根据火炕的原理创造出地火龙、火墙、暖阁等取暖设备。为保证室内温度必须使烟囱过火量大并便于烟火通畅，所以烟囱做得都比较粗大。同时，为防止烟囱于冬冻春化时坍塌，比较粗大的烟囱就不可能像关内那样建在屋顶上，而是设于房屋山墙一侧的地面上。这也就是"烟囱出在地面上"的重要原因。

满族民居的门窗也有自身的特点。门大都是独扇的木板门，有木制的插销。坐北朝南的正房前墙多开设宽大的窗户，这样可以增大受光面积而有利于采光。窗户多为上下两段式支摘窗，这种两段式支摘窗的上段窗扇安有木轴，可以从里往外向上支起，下扇窗户安在窗框里，可以摘下。窗扇多饰以各种花纹的花心，常见的有"步步锦""豆腐块""拼合锦"等方格形、梅花形、菱形多种图案。被列为"关东八怪"之一的"窗户纸糊在外"是指在花心外面糊上拉力较强的高丽纸，再在纸上喷洒搅拌酥油、豆油或苏子油的盐水。糊窗所用的窗纸常见的还有一种坚韧如革叫"豁"的纸，满语称为"摊他哈花上"，汉译为麻布纸或窗户纸，是用破衣败絮经水沤成绒，再在致密的芦帘上过沥摊匀经日晒而成。将窗纸糊于窗外不仅可以在支窗时不易损破窗纸，而且可以避免泥沙落积于窗棂的花心上；而窗纸喷以搅拌酥油、豆油或苏子油的盐水可以使窗纸更加绷张以增大其韧性使之经久耐用，还可以防雨水并增加亮度。

除了以上这些室内布局与装饰陈设及居住习惯上的鲜明特点之外，满族四合院房屋的室内空间还常采用装纸顶棚及不同形式的隔扇、挂落、博古架等分隔空间，构成多式多样的艺术形象。并且民居用色上有严格的规定，除贵族府外，平民住房不能使用琉璃瓦、朱红门墙和金色装饰，所以满族民宅砖画和屋顶以青灰色居多，仅在大门、二门、走廊及主要的柱、椽头及栏杆等施加彩色，再在大门、影壁、屋脊等砖瓦上加以雕饰。

第四节 达斡尔族民居环境艺术

在中国东北富饶美丽的嫩江两岸，生活着一个以农业为主兼事畜牧业和渔猎业的民族——达斡尔族。达斡尔族约有12万多人，主要分布在内蒙古自治区莫力达瓦达斡尔族自治旗、鄂温克族自治旗、黑龙江齐齐哈尔市和新疆塔城等地。达斡尔族有自己的语言，属阿尔泰语系蒙古语族。由于达斡尔族长期和当地各族人民共同生活，大部分人兼通汉、蒙古、维吾尔、哈萨克或鄂温克语。"达斡尔"之名最早见于元末明初。根据有关文献记载、传说以及对达斡尔族的语言、地理分布、生活习俗等方面的研究，达斡尔族与古代契丹族有渊源关系。达斡尔族民居也属于院落式民居。

一、达斡尔族民居的选址布局及形态特征

（一）达斡尔族民居的选址布局

生活在黑龙江和嫩江流域的达斡尔族，定居已有悠久的历史，他们多以同姓聚居一屯为主，全屯统一规划，所以房舍、院落、园子井然有序，村落具有独特风格。其村屯和住房多选择依山傍水、坐北朝南、向阳背风、风景秀丽的开阔地带而建。达斡尔族群众中有这样一句话："有达斡尔村屯的地方不怕水淹"。这是因为由于长期受游猎生活习惯的影响，达斡尔族不管居住在哪里，总要选择一个山水适宜的地方，因而达斡尔族人的村屯大都建在依山傍水、视野开阔、地势较高的岗坡或山脚下，即使在平原地区，村屯也建在临近河川的高地。（图6-28）

（一）达斡尔族民居的形态特征

达斡尔族民居都有庭院，庭院为方形或长方形，院墙大都围着红柳条编织的带有花纹的篱笆，院墙也有土坯墙或木栅栏的，一般有前后院之分，前院有畜厩、柴垛、牛粪堆、羊草垛等，后院为菜园。马棚和牛舍一般修筑在离院较远的地方，保持干净清洁。

达斡尔族房舍院落修建的十分整齐严谨，尤其是一幢幢高大的"介"字形草房，给人一种大方雅观的印象。房屋多以松木为房架，以土坯或土垡为墙，里外抹几道黄泥，屋顶铺草苫。达斡尔族房屋有二间、三间、五间不等，二间房以西屋为卧室，东屋为厨房；三间房或五间房以中间一间为厨房，两边为居室，房屋十分注重采光，窗户多是达斡尔族房屋的一大特点。主房庭院两侧盖厢房，或盖仓库、碾房。（图6-29）

二、达斡尔族民居的类型样式

过去达斡尔族的住房主要有三种：柱克查、乌日格、桑格乐。柱克查是几个世纪前达斡尔人居住的有门

图6-28
达斡尔族民居的选址布局（模型）

无窗的房子,现已淘汰。乌日格是由柱克查改进而来的住房。乌日格有门有窗和火炕等,比柱克查更适于居住。桑格乐是达斡尔人用的仓房,分两种:木板建造的叫扎德莫勒桑格乐,用柞木笆编成的叫库希莫勒桑格乐。仓底离地面约3尺,以防潮湿。

现在达斡尔族民居的典型样式是一种"介"字形草房,内蒙古莫力达瓦达斡尔族自治旗一带的达斡尔族民居就是这种用松木以"榫合法"搭成房架的"介"字形草房。"介"字形草房屋内被隔成二间至五间不等,以西屋为上屋,住人,靠西南北三面墙砌炕。天棚和墙壁讲究装饰。东屋为下屋,南北紧靠隔墙砌灶,烟筒通向东西山墙外一米左右。门多开于南墙东侧。南墙、西墙开窗,窗外糊纸。正房前东西两侧盖有厢房,东西厢房南面筑畜圈。院墙用红柳条编成的带花纹的篱笆搭成。(图6-30)

三、达斡尔族民居的结构材料

森林资源丰厚的大兴安岭为达斡尔人建造房屋提供了丰富的木材,其民居木结构框架所用的梁、柱、檩子、椽子多选用干透的大小松木、柞木或桦木做原料,用榫卯接合。在达斡尔族村屯,木料不备齐、不干透,他们决不草率施工。并且无论谁家盖建新房,各家都要出劳动力相助,不计报酬,被视为应尽的义务,这是一种良好的习俗和美德。

达斡尔族民居可以历经百年而不倒塌,这主要与达斡尔族民居的地基立柱有直接关系。达斡尔族民居的地基一般要高出地面1-2尺,地基平整后打夯加固。而民居立柱则要深埋3-4尺,柱坑中放松子油和草木灰,以桦树皮包裹立柱基础,以防腐蚀。

达斡尔族民居的房顶厚度可达尺许,是先用细柳条或苇席编织成的柳笆覆盖房顶椽子,再用草和泥抹平,厚达二三寸,其上再以麦秸秆或草苫铺盖,再用马鞍形木架将草压住而成,平整美观还保温。(图6-31)

达斡尔族民居的墙主要用沼泽地里的草皮坯垒成,达斡尔人称之为"塔头",在宽阔的草甸子上铲草皮为坯,草根密集的草皮坯不易碎裂,里外用泥抹干,用它砌墙不但牢固,还能防潮御寒。(图6-32)

图6-29 达斡尔族民居的形态特征(模型)

图6-30 "介"字形草房

图6-31 达斡尔族民居的房顶

图6-32 达斡尔族民居的墙

四、达斡尔族民居的室内空间布局与装饰陈设

达斡尔族的传统居室具有草顶西窗、坚固实用、冬暖夏凉和宽敞明亮的特点。其正房有三开间和五开间之别，三开间正房以东间为厨房，而五开间正房则以中间为厨房，东西两侧各有两个厢房。与满族一样，达斡尔族的居室有以西屋为贵的传统，祖神、娘娘神都供奉在西屋，西屋又以南炕为上，多由长辈居住。儿子、儿媳及其孩子多居北炕或东屋。家中接待贵客也安排在西炕住宿起居。东厢房设置比较简陋，一般用于贮藏衣物、粮食等。正房西南或东西侧建有二间或三间松木垒制的木板仓底离地二尺以上的台架式仓房。仓房底板前部留有供搁置马鞍等用具的约一米宽的阳台。这种仓库具有防水、防潮、防鼠等优点，匠心独到。大户人家庭院一侧建有碾房。大多数人家都建有畜栏、禽架。（图6-33，图6-34）

达斡尔族民居住房空间宽大并十分重视开窗。达斡尔族源于契丹，由于古代契丹族住房坐西朝东，有开南窗、西窗的习惯，故达斡尔族民居不但每间正面有两大扇南窗，且保留了开西窗的传统，采光充足，室内光线明亮。

室内设施主要有凹形炕、炕桌、炕柜等。居室内房顶东西向也有一横梁，婴儿摇篮就悬挂在这个横梁上，摇篮底部挂着许多兽骨，晃动摇篮兽骨发出有节奏的叮咚声，给婴儿催眠。

达斡尔族居室的南、北、西三面或南、东、北三面建有相连的三铺大炕，俗称"蔓子炕"。"蔓子炕"保温性能好，是达斡尔人冬季不可缺少的取暖设施。过去，达斡尔族的炕面大都铺苇席，也有铺桦树皮的，现在，很多人家铺上了人造纤维板。虽然随着经济的发展，如今达斡尔人的生活条件得到了改善，但使用火炕等起居习俗仍深受他们的喜爱。

图6-33　达斡尔族民居的台架式仓房

图6-34　仓房

第五节　白族民居环境艺术

巍峨壮丽的苍山下，碧波荡漾的洱海边，生活着孕育五朵金花的民族——白族。白族，中国少数民族之一。现有人口159万多。主要聚居于云南大理白族自治州、丽江、碧江、保山、南华、元江、昆明、安宁等地。部分散居在湖南大庸、桑植，贵州毕节，四川凉山等地。白族有自己的语言文字，白语属汉藏语系藏缅语族白语支，为汉、藏缅语混合语言类型。历史上使用汉语比较普遍。历史上使用的文字有三种：汉文、僰文（即汉字白读的古白文）、梵文。白族主要从事农业，兼营渔业、畜牧业及手工业。粮食作物主要有水稻、小麦、玉米等。经济作物有甘蔗、烤烟、茶叶等。白族的宗教信仰以本主神崇拜为主，也有部分人信奉佛教或道教、基督教等。云南省西部大理白族自治州作为白族的主要聚居地，西倚苍山、东临洱海、山川秀丽。白族自治州地理上的中心大理是云南的文化发源地之一。（图6-35）据史书记载，这里曾是唐代南诏王的都城，唐宋时期曾一度成为云南的政治、经济、文化中心，现辖大理市及剑川、喜州、宾川等十一个县。"银苍玉洱"是大理的典型自然之美。世代生活于这一自然地域中的白族酷爱其生存环境，他们的民居环境艺术很注意与自然景观相映照。

白族具有悠久的历史文化，由于历史上白族与汉族的文化、经济交往的历史悠久和普遍深入，因而白族民居环境艺术深受汉族民居文化的影响，唐代就有汉族工匠来大理修建佛寺、佛塔，其民居环境艺术很早就吸收了汉族的工艺技术并具有浓郁的民族韵味，发展得很成熟，人们往往可以从白族的民居环境艺术看到或悟到汉文化的思想烙印，同时白族的民居环境艺术又保持、发展了其本民族的文化特色，它的技术与艺术成就具有很高的代表性。

一、白族民居的选址布局及形态特征

（一）白族民居的选址布局

白族村落多选在依山傍水的缓坡地带，村口建照壁，并且几乎村村都有一处方形广场，村落布局以这个方形广场为中心，广场旁建有本主庙与戏台，成为全村市场交易和文化活动的中心，村中广场常有一株被本地人称为"风水树"的大青树。在地势允许的地方，将溪水引入村镇，街巷旁一般都有石渠清泉。白族人很讲求住宅环境的优雅和整洁，十分喜爱种植各色花卉，多数人家的院子里一般都砌有花坛，种植山茶、丹桂、石榴等乔木花果，花坛边沿或屋檐口放置兰花等盆花，因而有"家家泉水、户户花木"之美誉。

白族民居院落为封闭式院落，组合规整，在朝向上有鲜明的民族特色。我们知道汉族民居在朝向上力求坐北朝南，这体现了汉族以南为正方、北为反方，以东为上、西为下的空间观念。而白族民居院落布局的一个突出特点是正房一般坐西向东，这种坐西向东的朝向体现了白族民居环境艺术的民族文化特色。（图6-36）

图6-35　苍山洱海

图6-36　白族民居坐西朝东

白族民居院落主房朝东的原因主要有三个方面：其一，适应风向。云南大理地区受印度洋季风影响较大，这里常年风向为南偏西风或西风，由于风力及频率都很大，避风成为居住方式的第一需要，使房舍坐西向东，就达到了避风的目的。所谓"大理三宝"者，房舍坐西向东为第一宝。民谚有云："大理有三宝，风吹不进屋是第一宝。"这是第一个原因；其二，由于地形所限。大理位于云南横断山脉地区，这一带的山脉走向以南北向为多，尤其是大型山脉。因为山均在西面，所以就决定了该地区的城镇建筑，不仅建于傍山东麓的缓坡地域，而且倚山而面东；其三，风水观念的影响。白族人深受汉族风水观念的影响，相信"正房要有靠山，才坐得起人家"的风水观念，建房时使正房的中轴线对着一个认为吉利的山峦，而背景最忌对着山沟或空旷之处。

总之，白族村落和民居的选址布局尤其是白族民居院落主房的朝向包含了丰富的合理合情的建筑环境科学与美学因素。（图6-37）

（二）白族民居的形态特征

白族自古以来从事水稻为主的农业生产，定居是农耕民族最主要的特征，因此，白族传统的生活方式非常注重居住的条件，白族人节衣缩食也要建造起结实舒适的住宅，而在旧时代，建盖一所像样点的住房，往往花费了白族人的毕生精力。白族民居追求住宅宽敞舒适，住房多采取"三坊（也有称做'房'的）一照壁""四合五天井"的样式，以家庭为单位自成院落。在功能上要具有住宿、煮饭、祭祀祖先、接待客人、储备粮食、饲养牲畜等作用。在形式上雕梁画栋、优美和谐、富有民族特色，具有浓厚的文化积淀。

白族民居的"三坊一照壁"为独立封闭式的住宅，有点像北京的四合院。一座端庄的民居院落主要由院墙、大门、照壁、正房、左右耳房组成。而"四合五天井"则是由四"坊"之房舍构成四方围合的空间布局，即四方高房，四方耳房，一眼大天井，四眼小天井。在一座四合院的平面内除在平面中心设一个大庭院（大天井）外，其四角又设置了被称为漏角天井的四个小院，即汉族的四合院仅中间一个庭院（天井），而白族的这类民居共安置了大小五个天井，均衡地点缀于这白族民居的空间布局之中，这也是白族民居典型的平面布局与空

间造型之一。白族民居的"三坊一照壁""四合五天井"从平面布局上可以看出中原民居的遗风流韵。这种以院落为中心，祖神牌位居中并围绕院子而布置居室的向心组合，本来是中原地区宗法家长制在民居上的反映，而白族民居接受这种平面布局，采取汉式民居的居住方式，说明它也较早地进入了宗法社会。外墙闭合、门少、窗小，甚至不开窗的封闭形象，同汉族民居一样，反映了小农经济自给自足及自我保护、与世无争的心理。（图6-38）

二、白族民居的类型样式

白族民居多为砖木结构的瓦房，以往根据人们社会地位、经济条件的不同，其所居住民居建筑的类型样式也有所区别。一般的民居形式是："两房一耳"，"三坊一照壁"，少数富户住"四合五天井"。此外还有其他由"三坊一照壁"及"四合五天井"衍生而来的或简或繁的民居类型，如古老而又造价昂贵的两院相连的"六合同春"，楼上楼下由走廊全部贯通的"走马转阁楼"等等，但由于社会结构的根本性变动，这种住宅现在已很长

图6-37　白族民居封闭式院落

图6-38　白族民居的形态特征（模型）

时间没有被当地白族人采用了。现在比较普遍的是一家一户自成院落的二层楼房。但这些民居的雕刻、彩绘仍不减当年，而且还有所发展。但"三坊一照壁"及"四合五天井"依然是白族传统民居最为典型的类型样式。

（一）"三坊一照壁"

"三坊一照壁"是白族传统民居的主要布局形式，由正房、两侧的厢房和面对正房的照壁四部分共同围成一个正方形的院落，院落内种植花木。"三坊"是指一幢坐西朝东的正楼加上两侧的两幢配楼，围合成三合院的三幢两层房子；"一照壁"即指正房正对面的一堵墙壁，三合院的三边由正面的主房与两侧的厢房构成，它的第四边就是这堵被称之为照壁的墙壁。（图6-39）

各坊房屋一般为三开间两层，比较注重内部装修。照壁长度相当于三开间，院落为三开间见方。整体上看，照壁的体量及高度和宽度与"三坊"之间保持着一个和谐的比例关系。照壁的宽度一般就是院子的宽度，照壁总的高度均以不超过主房、厢房之屋脊为限，其中段之高约与厢房之上层檐口平齐，边段之高又与厢房下重檐间的"封火墙"平齐。照壁前砌有花台，以花卉盆景装饰，为庭院增辉添彩。整座民居的平面为方形，三边之房及照壁都面向其所围合而成的庭院，这实际是一个汉族四合院或三合院的亚型。汉族三合院的第四个边以院墙为堵或不设院墙，白族的这种民居模式与之相似而又具有创造性，即以照壁为主房正面的对应之"屏障"，显示出其民族特色。（图6-40）

照壁是"三坊一照壁"白族民居建筑空间造型的主要特征。照壁又名影壁。在北京明清四合院中也常常能见到。白族民居的照壁形式有所谓独脚照壁及三叠水照壁两种。独脚照壁的造型壁面等高、壁面不分段，呈"一"字形，称为一字平照壁，壁之端顶部为庑殿式，建筑品位较高，仕宦人家方能采用；三叠水照壁较为常见，其造型是将横向、平整的壁面垂直分为三段，两端尺度较窄，中段较宽，中段与两端形成中心突出、主从分明，以两端衬托中间的观赏效果，形似牌坊。无论哪种照壁形式，在美学上均达到较高的审美水准。白族民居的照壁，是白族建筑文化的杰出创造，以体态轻盈、灵秀、匀称、装饰华美为佳，其主要的审美特征是"清雅"与"娟秀"，犹如清纯而美丽的白族少女，玉立于民居之中。（图6-41）

（二）"四合五天井"

"四合五天井"是白族传统民居的另一种主要布局形式，房屋由四坊带厦房屋组成一个四合院，各坊房屋，一般为三间两层，正房较高。这种民居内大小共有五个院子，成为别具一格的"天井"文化，故称"四合五天井"。除四坊房子中间最大的那个院落外，每两坊房子相交的四个角上各有一个小的院落，或叫漏角天井。漏角天井中都有耳房，厨房设在某一耳房内。（图6-42）

与汉族四合院以方形为平面的空间造型类似，白族"四合五天井"式民居的平面一般亦为方形，房屋四周的墙一般亦都为实墙，四边外侧往往也都不设窗，故与汉族四合院的空间形态一样也有封闭向心的空间倾向。然而，与汉族四合院在东南隅设一门供人出入不同，白族"四合五天井"式民居的院门一般不设于东南隅而是设于东北角，并常常习惯采用一个漏角天井做入口小院，在此厢房山墙上开设二门通抵宽阔的厢廊，供人由二门进入中央的大天井，并且中央的大天井前也不设垂花门，缺少汉族四合院那种曲致的行进路线，而且其天井多至五个，非常精彩地体现了白族民居的空间通透性。所以白族"四合五天井"式民居不仅在造型上不如汉族四合院那般封闭，而且在空间序列上也不如汉族四合院那样幽深。这既符合白族民居地处西南温湿之域，需要散热、祛湿的功能要求，又反映出白族与汉族在审美心理上的差异。（图6-43）

三、白族民居的结构材料

由于大理白族自治州地处多风地区并且还在地震带上，所以白族民居的结构材料方式与防风、抗震有密切关系。我们可以从防风措施和抗震构筑两个方面来认识白族民居的结构材料。（图6-44）

（一）防风措施

大理是多风地区，每年出现大风次数既多风力又强，尤以下关一带为最，最大风速可达12级（即每秒钟风速在40米左右）。白族人在与自然做斗争的进程中，使白族民居的形态具有了良好的防风能力，从房屋朝向、平面组合到立面处理，都为防风步步筑防，如"三坊一照壁"或"四合五天井"的平面组合形式、高大的照壁，层高差距

图6-39　"三坊一照壁"（模型）

图6-40　合院

图6-41　白族民居的照壁

图6-42　"四合五天井"

图6-43　院落

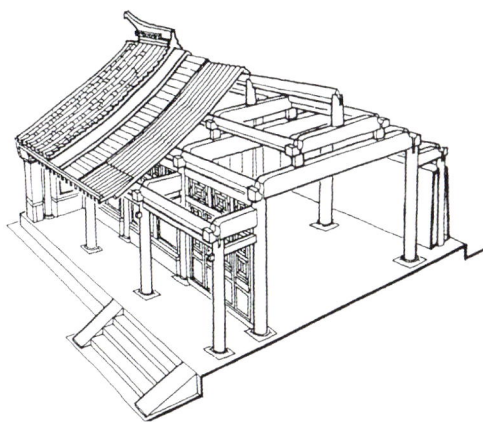

图6-44
白族民居的结构材料方式与防风、
抗震有密切关系

不大的房屋互为屏障等等。除此之外，白族民居的防风措施主要还体现在其结构材料上，具体包括上细下粗的立柱选材、抗风的屋架技术与结构、筒板瓦覆顶、"硬山"顶式的封火山墙和"封火檐"等防风措施。

1. 在材料上，立柱选材上多选用上细下粗的木料，不仅无须费力加工，且具自然收分之效，还加强了结构的稳定性，倘"头重脚轻"，效果就相反了。

2. 屋架技术与结构的抗风性能。白族民居屋架技术与结构以木梁柱构架承重，屋架多取五架或七架的穿斗式和抬梁式，但一般不用瓜柱而用柁墩，这与内地唐

143

代建筑有渊源，更为重要的是柁礅在结构上可使屋架更为稳定，大大加强了建筑物抗风的能力。

3. 白族民居以筒板瓦覆顶起到了防风的功效。据考证，"保留至今的明代住宅，都有'瓦衣'。用对开细竹条密编的簽笆，铺在椽子上，并用簽皮缚紧。瓦衣上面，填苫背泥，厚约5—6厘米，再上铺瓦片，板瓦边缘与苫背泥面之间的空隙，用石灰填实。这种做法，非但不易漏水，并且挡风"。虽然白族民居屋顶用料可有瓦顶与草顶两类，但由于以茅草铺盖屋面防风性能差，因此瓦顶民居还是较为多见。

4. "硬山"顶式的封火山墙和"封火檐"等防风措施。在大理农村，由于房主经济实力有限，旧式草顶民居还是比较多见的，但即使不得不使用草顶，也在技术结构上采取了"硬山"顶式的有效防风措施。草顶白族民居山墙直出屋面的"硬山"顶较屋面挑出的"悬山"顶为多。具体做法是山墙到顶，可高过屋面60厘米左右，这种"硬山"构造有防止邻居火灾波及的作用，但这种四面临空的"硬山"顶式山墙上端之形成，不在于防火而为了挡风，以保草顶安全。与这种封火山墙类似，大理地区民居的硬山式"封火檐"也很有特色。这种"封火檐"用一种被称为"封火石"的特制薄石板制成，封住后檐和山墙的悬出部分，外观上比较整洁，主要是起到了有效的防风作用。

（二）抗震构筑

大理白族自治州地处地震带上，尤其在大理和剑川等多地震地区，白族人民积累了丰富的抗震构筑经验，建筑出了耐震性能好的房屋。白族民居的抗震构筑主要体现在其墙体的砌筑技术、屋架的木构架技术以及结构上的"生起"与"收分"之法等方面。

1. 墙体的砌筑技术。白族民居墙体以夯土墙、土坯墙、卵石墙和条石墙为主。白族民居诸如层高较低、土墙厚实，以及在土坯墙内砌入竹墙筋等墙体的砌筑技术，都可以增加房屋的抗震能力。这些抗震砌筑经验中首先是使房屋层高降低，在同样震级情况下，层高低者不易震塌，这是由于层高低的房屋重心就较低，而白族民居的层高一般都较低。其次，白族民居的一大特色就是充分利用当地盛产的鹅卵石来砌墙。白族民居的石墙基及土墙较厚重，而上部的屋架和屋顶则较轻盈，由于

整座民居重心在下，就不易为地震所破坏。大理石头多，所谓大理"三宝"之一，便是"鹅卵石砌墙不会倒"。由于白族劳动人民千百年来长期使用卵石筑屋，一方面积累了一套传统的抗震砌筑经验，另一方面又处理了每年从苍山十八溪随山洪冲下而积存的大量卵石。

2. 屋架的木构架技术。这表现在三方面，a. 是接榫极为严密。梁柱、桁条、楼楞及柁礅等构件之间都依赖接榫来构成一个牢固的屋架整体，才能抗震，所以接榫必须十分严密，恰到好处。而白族民居在木构架接榫技术上可谓"鬼斧神工"，木构架各构件的尺寸都算度准确，分毫不差。b. "三坊一照壁"和"四合五天井"这两种形式的白族民居为抗震而运用串枋技术结构法，即以整段挺直木枋，横穿立柱的对穿榫眼，从而将一排立柱串构为一种牢固的"排架"构件来承重。一座房屋，左右后三方用土基围护，屋架顶部、立柱中部以及底部，均有一根通穿的"穿枋"，它把整所房子的"排架"以串枋之术联成一个整体，箍得如同雀笼一般，抗震能力不言而喻是增强了。c. 白族民居在两座相邻的房屋单体即两坊之间合用一个立柱，或互为交叉，从而使两坊互相扶拉，不易坍塌。

3. 构筑的"收分"与"生起"之法。白族民居采取了"收分"与"生起"之法来加强民居的稳固性，以增强房屋的抗震能力。总的来讲"收分"与"生起"的方法都是利用增加民居接地受力面积，从而最大限度地使其重心居中或趋下，以增加民居的稳固性，提高其抗震的能力；具体而言，所谓"收分"之法就是前述分析白族民居的防风措施时，讲到利用立柱上细下粗的方法，这也同样有增强抗震能力的功效，因为"收分"亦使建筑物重心趋下。白族民居的墙体同样亦有"收分"（主要在墙体外侧）。如一般夯土墙，底层厚度可达80厘米，檐下部的土墙顶端仅厚为60厘米，其收分率达25%；而所谓"生起"就是逐渐从屋宇中心向两端增加柱长而成，因为两端高，逐渐向中心趋低，形成了屋脊两端起翘的造型，这在当地称为"屋脊起水"。同时，既有"生起"，则立柱必有"侧脚"之制，即除了中部立柱外，渐渐使两边之立柱形成向内微斜的侧势，造成屋架之立柱向内相互撑持的结构态势，这无疑都增加了建筑的稳固性，提高了抗震的能力。

总之，在建筑物的总重量由于材料、技术、结构的局限而难以减轻的时候，通过墙体的砌筑技术、屋架的木构架技术、构筑的"生起"与"收分"之法等结构技术上的处理，提高建筑物的稳定性与牢固性，从而增强其抗震能力，证明了传统白族民居达到了很高的结构材料技术水准（图6-45）。

四、白族民居的室内空间布局与装饰陈设

白族民居室内空间布局左右为卧室，当中为客厅，放有镶嵌彩花大理石的红木桌椅和画屏，室内清洁整齐。白族民居喜爱装修，精美的雕刻、绘画装饰是白族民居最显著的特点，尤其大门门头、外墙山尖檐下，各种极具个性的彩绘、雕刻几乎随处可见。其门窗、墙面、照壁、大门门头、梁柱及地坪都是重点装饰部位，装饰手法有木雕、石刻、彩绘、泥塑、大理石拼镶等，艺术造诣上的高度成就，在中国少数民族民居中是颇为突出的。以下仅从门窗木雕装饰、墙面装饰、照壁装饰和门头装饰四个方面来分项考察梳理。

（一）门窗木雕装饰

不论南方、北方民居，门窗总是人们最费心装饰的部分。而白族民居门窗木雕，无处不闪现着白族木匠高超的手艺，也展示了白族民居华贵绚丽的传统风格。门窗木雕装饰多为卷草、飞龙、蝙蝠等各种动植物和几何图案；更有不少带有神话色彩和吉祥幸福象征意义的图案造型，如"白鹤青松""鸳鸯荷花""老鹰菊花""孔雀玉兰""金狮吊绣球""麒麟望芭蕉""秋菊太平"等等千变万化、情趣盎然的图案作品。

格子门，正房中间的门，白族称之为"格子门"的地方是木雕艺术最精彩的地方，整个"格子门"有三合六扇，由上、中、下三部分组成，分透雕、浮雕两种手法雕琢而成，上部多采用透雕手法雕刻镂空的历史人物和花鸟图案，以便采光和空气流通；而中、下部分则采用浮雕手法，常见的有"龙凤呈祥""松鹤延年""梅花报春"等图案。更精彩的是白族木雕巧匠们还特别擅长在"格子门"的上方雕以玲珑剔透、层层相连的多层"透漏雕"，多层次的山水人物、花鸟虫鱼都表现得栩栩如生、动静相宜，美不胜收。而次间格扇，花格透气窗等也处处美轮美奂。门窗木雕装饰的表面上还涂有红色的油漆，显得光滑明亮，古朴典雅。（图6-46）

（二）墙面装饰

白族民居重装饰，工艺精湛，手法细腻，在我国少数民族民居中较突出。墙面装饰就是白族民居的另一

图6-45
白族民居达到了很高的结构材料技术水准（模型）

大特色。所谓"粉墙画壁"包括墙体的粉刷和墙体的砖柱及贴砖都刷灰勾缝，墙心粉刷后作花鸟、山水、书法等文人字画，并饰有宽窄不同色彩相间的装饰带。"粉墙画壁"不仅增加墙的耐久性，还美观。粉饰部位有檐下、山尖、窗口等处，甚至有在外墙檐下部位绘制山水风景的。山墙一般都有腰带，腰带以上山尖全部用黑白彩画装饰，或用浮雕式泥塑大山花装饰，表现出一种清新雅致的情趣。（图6-47）

（三）照壁装饰

照壁是白族民居中不可缺少的部分，也是其最显著的特色，白族民居院内有照壁，大门外有照壁，村前也有照壁，可见照壁的作用和重要性。照壁均用泥瓦砖石砌成。正房前面的照壁十分讲究，从形式上分为独脚照壁和三叠水照壁，这在前面已有讲述，这里着重对于照壁装饰略做考察。

白族人家建房时要迎东建，阳光首先就照在照壁的上面，给全家带来福气与吉祥。照壁脊部由对称的高低两台用青瓦或琉璃瓦铺盖的"滴水瓦"组成，照壁两端檐角瓦面四角向上翘起，似飞欲跃，整个脊面呈凹曲形状，檐下或用斗拱，或用双重垂花柱子挂坊，额部及两侧边框镶嵌大理石，檐下的整个墙面用石灰刷成白色，在这块白墙上白族人倾注了所有的色彩，在白墙的上方绘以人物花鸟和翎毛花卉，中间则写上大大的"福""寿""旭日东升""福星高照""紫气东来""虎卧雄岗"等吉祥词句，风格清雅秀丽，为整座宅院增添了欢乐喜庆的气氛。照壁前还设有大型花坛，花坛造型各异，花木品种很多，一年四季，花香四溢。（图6-48）

（四）门头装饰

白族门头建筑不仅富有民族特色，而且在建筑技巧上也独具匠心。门头的造价相当于一坊房屋的造价，白族人对美的追求似乎都集中在了门头上。整个门头的屋脊墙脊、屋檐、门窗、照壁无一不是精心雕刻的杰作。在整个门头装饰中最让人惊叹的是那些出自手工艺人之手的雕刻和绘画艺术，其题材无论是历史人物还是花鸟虫鱼，都极具当地特色并富有丰富的寓意。如门头装饰上鱼的形状，要的是鲤鱼跳龙门的吉祥之意；而在门口的石础上雕龙刻虎，则是取镇宅保平安之意。按照建造规格来分，门头又分为有厦门头和无厦门头两种。

1. 有厦门头。富裕人家大型民居的有厦门头，装饰极其华丽多彩。精心制作的屋脊、墙脊尖长的翼角翘起，远远看去整个门头似振翅欲飞的样子，在动感中体现出壮观的气势。在不到两米宽的门头上用花砖、青砖、木雕等共同组成层层密布的斗拱重檐，并有斜拱衬

图6-46 门窗木雕装饰

图6-47 墙面装饰

图6-48　照壁装饰

图6-49　有厦门头

托，斗拱的端头雕成"龙、凤、象、草"，斗碗雕成八宝莲花。斗拱以下是重重镂空的花枋，在"八字墙"各面砖砌框内，镶嵌着风景大理石或彩塑翎毛花卉，或画山水人物和题诗名句，把门楼装饰得琳琅满目，美不胜收。有的地方整个门楼不用一颗铁钉或其他铁件，而联结却十分牢固，几十年风雨如故，再装上两扇较有厚度的铁黑色木大门，甚是庄重威严。（图6-49）

2. 无厦门头。一般人家的门头也注重装饰，手法有砖雕、泥塑、镶砖等，但与豪华宅第相比，要朴素得多。无厦门头一般采用砖雕、泥塑、镶砖的方法，拱形、纹饰，造型富有民族特色，装饰美观大方，因为造价不高，故为民众经常采用。

五、白族民居作为一种适应环境的生存方式所展现的文化根性

颇具鲜明民族风格的白族民居，其外观形象的艺术特征表现为屋脊"生起"所形成的凹曲状屋顶曲线的优美飘逸。由于照壁装饰精雅，天井比较开敞，且有的如"四合五天井"型的天井数量还较多，所以虽然外墙很少开窗，民居的艺术形象却具有质感轻盈的独特美学特质，并且与当地的自然环境非常协调。

而民居艺术形象的美学特质是建立在其构筑技术之上的。

白族民居的结构技术特点主要表现为因地制宜，其构筑技术的形成和发展，不是外在因素的强力"介入"，而是在这块白族世代耕耘的土地上"长"出来的。白族民居结构技术上特点生成的原因一是白族居住地处于多风且猛的高原地域，二是白族居住地地震频繁，这两方面都给白族居民造成了极不安全的居住处境。也正因为如此，白族民居的构筑技术特点主要体现在构筑技术的防风和抗震两个方面。

首先，为了达到防风目的，如前所述，白族民居在结构技术上采取了一系列有效的措施：如上细下粗的立柱选材、抗风的屋架技术与结构、筒板瓦覆顶、"硬山"顶式的封火山墙和"封火檐"等防风措施。另外，为了对付地震，白族人民运用其自身的勤劳与智慧，在民居的构筑技术上创造出许多种办法，从而使白族民居的抗震技术也达到了很高的水平：如墙体的砌筑技术、屋架的木构架技术、构筑的"生起"与"收分"之法等结构技术上的处理，都能有效地提高民居的稳定性与牢固性，从而增强其抗震能力。

综上所述，可以说白族民居艺术形象的美学特质及其构筑技术都根植于白族适应当地环境的生存方式所展现的文化根性之上。

第六节　纳西族民居环境艺术

纳西族现有人口约278000多人，主要聚居于崇山峻岭、水资源丰富、物产丰饶的云南省西北部，主要是在云南丽江纳西族自治县，其余散布于维西、中甸、德钦、宁蒗、永胜等县。在中国古代纳西族曾经被称为"摩沙""磨些""么些""摩梭"。"纳"有大或尊贵之意，"西"意为人。纳西族有自己的语言和文字。其语言属汉藏语系藏缅语族彝语支。古羌人"子孙分别，各自为神"，是现今藏彝语族各民族的先民，纳西族的祖先与彝族一样都是中国古代游牧民族氐羌，纳西族是古代氐羌南迁的一支。由于与汉族来往密切，自元、明以后，纳西族主要使用汉语文。至于古老的象形文字，主要由巫师"东巴"用来书写经典，故又称"东巴文"。另有一种音节文字叫"哥巴文"，使用范围很小，写成的经书也不多。

纳西族和白族民居都带有浓厚的汉族气息但仍具有本民族的特色。与白族颇为相似，纳西族早在唐宋时就充分吸收了汉族的民居文化，同时也根据本民族的生活方式和自然条件加以创造，水平甚高。直到今天，他们的院落式民居所包含的唐宋韵味甚至可能比汉族还多。纳西族和白族所处地域邻近，互相之间影响很显著，院落住宅颇为相近。总之，长期以来，纳西人形成了崇尚自然、崇尚文化，善于学习和吸取其他民族先进文化的优良传统。纳西族在其所处的社会历史与自然条件中所形成的这一传统对他们的民居环境艺术产生了深刻的影响。

一、纳西族民居的选址布局及形态特征

（一）纳西族民居的选址布局

纳西族村寨多建在平坝、河谷或半山区。长期以来，纳西人形成了崇尚自然、崇尚文化的优良传统。受中国传统风水观念的影响纳西人多傍水而居，枕水而筑，选择水系丰富的地域是他们筑城建屋的重要出发点。筑沟引水，将溪流泉水引至千家万户，住宅旁或院内泉水淙淙，纳西民居环境艺术的亲水性无疑给纳西族人民创造了有利于生活的良好环境。

丽江古城民居是纳西族民居环境艺术的集中体现，

是现存古城中极为罕见、保存完好的少数民族古城。古城的选址和布局充分利用了地理环境和黑龙潭水系，就建在玉龙雪山下的盆地中央。城内道路随着水渠的曲直而延伸，主街傍河，小巷临渠，清泉密布。街道既显工整而又自由，房屋依山就势，层叠起伏，临街的房子多被辟为铺面。"城依水存，水随城在"，实为一座水城。该城中有以黑龙潭为起点之玉泉水系，经五龙桥变作西河、中河、东河三条支流，支流又分为无数条支流沟渠穿流古城，流入街巷阡陌，有的水系甚至流入民居的庭院与厨房，与散布在城区各处的井泉构成严整的水系，满足古城居民生活用水的需要，形成家家泉水，户户垂柳的高原水乡景色，实为纳西民居环境艺术的奇观。（图6-50）

图6-50　高原水乡的纳西民居环境艺术

纳西族村寨都有一个平坦方整的广场称为"四方街"，这里是商业和集贸市场的中心，古城的街道以四方街为中心向四周延伸出小街小巷，坐落着具有民族风格的纳西族民居。其间小巷如网往来畅便，并在适当部位留有集散空地。街巷路面均用五花石铺成，雨季不泥，旱季无尘，石上花纹图案自然雅致，与古城十分协调。（图6-51）

此外，一般规模大一点的摩梭村寨，往往建一座喇嘛寺，小型村寨则建"喇嘛堆"。这是因为自从藏传佛教喇嘛教传入，便有渐渐取代东巴教之势。因而这种宗教祭祀建筑设于村口，以白色卵石堆成锥形，简朴得有如坟丘，却是纳西族虔诚的祭祀对象，其卵石上刻有喇嘛教经文，终年香火不断。

（二）纳西族民居的形态特征

由于纳西族所处的滇西北高原气候温寒干燥，与北方气候相近，冬天需要更多阳光，因而丽江、大理民居与北京四合院的主院相当接近，皆方整宽敞，不像南方一些天井院那么狭小封闭。与在中国西南广泛分布的实用大方、质朴灵巧、造型优美的"干栏式"民居不同，居住在玉龙雪山脚下的纳西族民居则给人以轻盈而富于变化、绚丽精致之感。

纳西族民居在纳西族井干式木楞房形式基础上吸收汉、白、藏等民族民居的优点而形成，以有着"东方威尼斯"美誉的丽江古城的四方街最具代表性。这里的民居特色鲜明、构筑因地制宜、造型朴实生动、装修精美雅致。布局形式最为典型的是"三坊一照壁""四合五天井"等样式。无论"三坊一照壁"亦或"四合五天井"式的住宅，无非都由正房厢房构成，各坊房屋亦多为两层土木结构的楼房，穿斗式结构、土坯墙、瓦屋顶。各坊房屋与照壁组成院落。庭院内十分重视种植果树花木或置放盆景，加之花鸟图案的木雕门窗点缀其中，整座民居清幽宜人。（图6-52）

另外，纳西民居中最显著的一个特点是在朝向院子的一面楼下向前扩出，以廊柱构成厦子（即外廊）。由于丽江气候宜人，因而无论城乡，家家房前都有宽大的外廊，纳西族人把一部分房间的功能如吃饭、会客等搬到了外廊里。正房最高，下层的外廊也最宽，是平日休息和喜庆日设宴的地方，据说其进深就是根据摆下一桌酒席的需要定出的。（图6-53）

此外，纳西民居细部还多有精工细雕的装饰图案，线条生动苍劲，形象栩栩如生，显示了纳西民族的艺术造诣和审美情趣。如门窗饰以木雕图案，外廊小照壁用

图6-51 ｜
———　图6-53
图6-52 ｜

图6-51
纳西族村寨都有一个平坦方整的广场称为"四方街"

图6-52
清幽宜人的纳西族民居庭院

图6-53
纳西族民居的外廊是平日休息和喜庆设宴的地方

大理石装饰，大过梁的梁头雕成兽头，庭院采用鹅卵石或五花石铺装等，是功能与艺术的结合，并富有鲜明的民族风格。目前已有32处庭院被确定为第一批国家重点保护民居。

二、纳西族民居的类型样式

纳西族民居深受白族民居的影响，除部分地区仍保留有井干式木楞房外，纳西族民居大多为土木结构，比较普遍的形式有"四合院""三坊一照壁"、前后院、一进两院等几种形式。在纳西族民间经济困难的人家，也有修建"两坊房"和"一坊房"的，待经济好转之后，再逐步扩充。在上述纳西民居的类型样式中，最主要的是"三坊一照壁"和"四合院"这两种形制。"坊"在此意为一座单栋建筑，如正房、厢房和正房对面的下房（倒座）等，一般都是三开间的二层楼。

纳西族的民居文化，也受到邻近白族等民居文化的影响，其民居的"三坊一照壁""四合院"等，就是从白族民居那里吸取而来的。然而这些民居样式又自有其自己的特点与禁忌。最明显的是它将白族的"四合五天井"改造为本民族的"四合院"。即这种民居比白族的少了东北隅的一个小天井，为"四合四天井"式，纳西人称为"四合院"。那么，为什么独独少了东北方小天井呢？这是由于纳西族对东北方的方位禁忌而形成的。

所谓"三坊一照壁"由一正两厢围成，一般正房一坊较高，方向朝南，主要供老人居住，两边各为一坊由晚辈居住的稍低的厢房，与正房对面建照壁样院墙围成方正的三合院，在正、厢转角处各从正房附一耳房和一座小天井，看上去主次分明，布局协调。三坊一照壁的它门常开在从院内面向照壁的左端、也与汉族民居相同，进入大门即是左厢前廊。"三坊一照壁"是丽江纳西民居中最基本、最常见的民居形式。（图6-54）

而"四合院"则是在正房对面有下房，转角处除东北隅没有小天井外各相邻坊间均各有耳房和小天井，共三个，加上正中的院子共四个，故称"四合院"。"四合院"的它门都开在某一小天井处，一般也在全宅前左角，或根据住宅与街巷的关系开在其他方位。

三、纳西族民居的结构材料

纳西族民居的结构以土木结构为主，木梁架承重，

图6-54
"三坊一照壁"是丽江纳西民居中最基本、最常见的民居形式

保留的唐宋传统做法较多，如"收分"（侧脚）和"生起"（起水）等。与宋《营造法式》规定的"侧脚之制"完全一样，在面阔方向每高一尺内收一分，进深方向内收八厘。三间"起水"三寸，称为"加三"，比《营造法式》规定的"三间生起二寸"还要高，所以屋脊两端上翘更为显著，具有一定曲度的"面坡"，避免了沉重呆板，显示了柔和优美的曲线。"面坡"中部凹下明显，其舒缓柔和，较之内地已不做侧脚和生起的明清民居，更多了几分唐宋风情。

作为围护构件的墙因地制宜，有土坯墙、夯土墙、乱石墙等。如金沙江边的村寨石多土少，就多选用乱石墙。在纳西族民居中，对墙体的要求是"墙砌不到顶，倒墙倒外面"。这是因为墙不承重，只是起外围保护作用，所以既然墙体不承重，就没有必要砌到顶。而呈阶梯状向内作适当倾斜的墙身既起到了抗震、增强整个房屋稳定性的作用，又使房屋显得别致、美观。山墙及前后墙体使用土坯或砖砌到整房高度的三分之二，剩余的三分之一使用木板封筑到顶，楼层窗台以上安设"漏窗"，整个房屋显得上薄下厚，上轻下重，秀美轻灵。纳西族所处地区多地震，墙体的这种处理显然有利于抗震。

纳西族民居多用"出檐"深远的悬山屋顶，为保护木板不受雨淋，大多房檐外伸，并在露出山墙的横梁两端安装上被当地称为"封火板"的"悬山封檐板"，"封火板"的宽度约25-40厘米，对横梁起到了保护作用。

四、纳西族民居的室内空间布局与装饰陈设

（一）就室内功能空间布局而言，纳西族民居正房均为三开间，中间一间开间较大为堂屋，供起居和接待客人之用，左右开间一般为老人卧室；厢房一般供晚辈居住；天井供全家人生活之用，多用砖石铺成，常以花草美化；如有临街的房屋，居民将它作为铺面。而农村的民居在功能上与城镇则有所不同。以"三坊一照壁"为例，一般来说三坊皆两层，朝东的正房一坊及朝南的厢房一坊楼下住人，楼上做仓库，朝北的一坊楼下当畜厩，楼上贮藏草料。天井除供生活之用外，还兼供生产如晒谷子或加工粮食之用，故农村的天井稍大，地坪光滑，不用砖石铺成。

如前所述，纳西民居空间布局中还有一个最显著的特点就是纳西人把一部分室内的功能搬到了房前室内外空间过渡地带宽大的"厦子"即外廊里。（图6-55）

此外，在扩大庭院及居室的使用功能空间方面，纳西族民居积累了丰富的经验，如利用土墙的厚度设置壁橱、神龛、扩大檐廊增盖吊厦、骑厦、在卧室上部搭阁楼等，有效地增加了使用和贮藏面积。

（二）此外，受汉族民居文化禁忌与"风水"观念的影响，纳西族民居居室本身还存在着不少禁忌。如在平面布置上，道路不能直冲大门而来，如果这种状况因地形或其他种种原因所限而不可避免，那么我们往往就会在这种地方看到用以压邪的对联"泰山石敢当；箭来石敢当"；横批："弓开弦自断"。再如纳西族民居如为三开间正房，则其屋面高度应平齐，这是因为纳西人认为屋面参差意味着不吉利。而由于纳西族"左为下"的空间观念影响，所以如为四开间，则左侧一间应跌落。而如为五开

图6-55 外廊

151

间，则左右两侧间应同时跌落，否则也被认为不吉。

（三）民居装饰。纳西族民间的雕刻、彩绘艺术常用于民居装饰，而民居重点装饰的部位是大门和照壁，一般民居的正房有宽敞的檐廊，正面设四扇或六扇雕花木格门，雕有多层象征吉祥的花禽鸟兽镂空图案，窗亦为镂空花饰，尤其多为六角形、正方形或圆形的镂空花饰图案，正房建有楼层的亦用雕花门窗装饰，有的房屋石柱柱础、梁头亦雕刻花饰，雕花大都十分精细华丽，所用刀具就多达四十余种。有些部位的木雕镂空花饰甚至多达四层，如最外层刻花鸟或人物，在其镂空处则雕第二层云霞，再镂空刻第三层葡萄纹，第四层刻以连续"田"字纹透空花格为地。檐廊的天花也常用木枋拼成覆斗：四周斜下，隔成长方形框档；中部高起，隔成多个方形或八角形框档，框档内贴大理石或绘画题诗，在檐廊尽头和照壁上，普遍以条砖镶成以圆形主题为中心、周围绕着各种样式的框档，框档内也贴大理石或绘画题诗。这些都显示了纳西族民间的装饰技艺。（图6-56）

在民居装饰上，值得一提的是纳西族民居的一个最显著特点，就是山墙"悬山封檐板"正中的"悬鱼"装饰。"悬鱼"是区分纳西族与白族、藏族民居的明显标志。这"悬鱼"饰原为汉族建筑的饰件，但因何而取名"悬鱼"呢？鱼者，水生也，悬于山墙处，以水压火者也。中国多木构之建，最忌火，故饰以"悬鱼"以为"防火"，当然"悬鱼"只是在文化观念上起"防火"的作用，也有取其吉庆有余的意思。纳西族民居山墙为悬山式，两边为"悬山封檐板"，其正中悬挂"悬鱼"，吸收了汉族建筑的"悬鱼"做法，但其"悬鱼"造型比汉族的要大得多，有长达80厘米者，异常醒目美观。从视觉效果上讲，这一做法减弱了"悬山封檐板"的突然转换和山墙柱板外露的单调气氛，"悬鱼"与上部的木板壁和深挑檐在山墙面与下部实墙形成色彩、材质和虚实上的丰富对比，十分动人，增强了整个民居的视觉艺术效果。

地面的装饰上，廊、厦及庭院地面多用方砖或间以瓦片、卵石、碎砖石镶嵌铺成各种花纹图案。（图6-57）"丽郡从来喜植树，山城无户不养花"，这是说在纳西民居小巧玲珑的庭院内，家家户户都栽种花草，清新宜人且赏心悦目，有"庭院中的花园"之美誉。

图6-56　民居装饰

图6-57　地面装饰

第七章 少数民族环境艺术的生态性

少数民族环境艺术的生态观念

少数民族环境艺术与生态环境的相适关系

中国各少数民族的环境艺术之间尽管在许多方面存在着差异，但是，在少数民族环境艺术中我们都能发现人与自然，以及人与社会、人与人之间的和谐一体。在生态文明的视野中，从中国少数民族环境艺术方方面面透出来的天人合一的独特生态性，实在是可以给当代建筑环境中所面临的种种生态难题以启迪。

第一节 少数民族环境艺术的生态观念

从生成渊源及其本体构成看，少数民族环境艺术总体上均与"生态"有着天缘关系，具有与自然亲和的文化品格。其一是由于自然生态是少数民族环境艺术重要的前提与依托；其二是由于中国人的文化心理中，自古就怀有对自然的好感与亲和之"心"，对自然抱有文化上的一种"亲昵"态度，少数民族环境艺术作为中国文化之构成，其所处的整个中国文化具有的"天人合一"的文化精神氛围，使少数民族环境艺术也具有了这一哲学底蕴。（图7-1）如果说以前的世纪是人本的世纪，那么21世纪则应当是包括人类及自然在内的整个生态相谐成趣的世纪，在这样一个人类生态意识广泛觉醒的21世纪时代背景下，少数民族环境艺术无疑是作为一种重要的生态文明资源而存在的。

一、少数民族环境艺术的生态意识

生态文明是21世纪人类文明的重要内容，2004年4月30日《光明日报》发表的《论生态文明》一文指出："目前，人类文明正处于从工业文明向生态文明过渡的阶段。""生态文明是人类文明发展的一个新的阶段，即工业文明之后的人类文明形态。"伴随着人类生态意识广泛觉醒的是与之相适相应的一系列新的生态思维、新的生态伦理以及新的生态价值观的构建与确立。在人类生态文明视野中的少数民族环境艺术就是一种重要的生态文明资源，具有符合现代生态文明的生态意识。

在前述"少数民族民居环境艺术"一章关于侗寨的考察中，我们不难感受到少数民族环境艺术这种与自然亲和的符合现代生态文明的生态意识。就拿侗寨的选址来

图7-1
少数民族环境艺术
与自然亲和的文化
品格

说，就非常典型地体现了这一点。（图7-2）侗寨的选址多处于山川秀丽之处，如肇兴侗族民居大都坐落在两山之间的谷地，这里地势较为平阔，民居建筑沿山脉走向及谷地位置，呈带状分布，建筑群体之间以曲折自然的道路及河流来分隔与联络，呈现出十分自然的面貌。贵州从江县侗寨也有这一特点，若干侗寨分布于都柳江畔，多取依山傍水的选址模式。有苏洞大寨临江而建，整个山寨的选址，颇合防风聚气、向阳背阴、靠山亲水的原则。寨前入口处植两株大椿树，村寨之西、北以大片山林作为屏障，山前建寨，沿山就势。整体远观这些侗寨，是人工建筑融入于自然美景之中，而不是使人工建筑强制性地"介入"，造成对自然的"破坏"，这些侗寨的人工建筑宛如从山间江畔的自然环境中"生长"出来一样，充分体现了其布局建造的生态意识。（图7-3）

二、少数民族环境艺术的生态人文精神

实质上生态文明是一种新人文精神，它超越了资本主义的工业文明压抑在人性之上的迷雾，展现了21世纪的新人文精神，这种新人文精神主要体现在实现人与自然的相对平等。"'生态平等'不是绝对平等，而是相对平等，也就是生物环链之中的平等。它的意思是，包括人在内的生物环链之上的所有存在物，既享有在自己所处生物环链位置上的生存发展权利，同时也不应超越这样的权利。"这种生态平等要求人的生存发展权利对应于人的环境保护义务，这是一种权利和义务的对等和平衡。人的生存发展权利包括享有美好环境的权利，与之对应的人又有保护美好环境的义务。前者是就当代和人类自身而言，而后者则是为了后代和其他非生命物体。这就是这种新人文精神区别于传统意义上的人本主义人文精神的主要内容。我们将这种新人文精神称之为生态人文精神。就前述侗寨的建筑形态而言，从直观上就直接体现了这种生态人文精神所注重的生态平等，以及其所要求的人的生存发展权利与人的环境保护义务的对应。侗寨总是与山川有机地结合在一起，这种干栏式的构筑，虽也有人工对自然的巧妙"裁制"；但总体上我们更多看到的是人工对自然的"迎合"。（图7-4）侗族人在谋求自身的生存与发展时不是一味地强行改造甚至破坏自然，而是根据所处的具体自然环境条件，

创造了多种适应当地自然环境的建筑形态。如有的侗寨靠山一侧构建，取"背山面水"型；"在山体凸处，建筑包山；至其凹处、山包建筑。"（邓焱《苗侗山寨考察》，《建筑师》第9期）有的侗寨则位于山腰，为求与自然之协调，屋宇作横向延伸，建筑隐现于山景之中。有的建于山路之外侧，取"朝山面河"之势。我们

图7-2
依山傍水的侗寨（模型）

图7-3
宛如从山间江畔的自然环境中"生长"出来的侗寨（模型）

图7-4
侗寨总是与山川有机地
结合在一起

称这种建筑布局为"半边楼"。漫步于这种"半边楼"构成的"街"上，空间由于山体的转折坡度变化时收时放，可得移步换景之趣；这些侗寨与自然景观结合得很熨帖，自然景观中的岩、坡、坎、沟、水、林等自然因素虽然限定了建筑之选址及其外部造型，但侗族人在营造他们生存的环境时，却没有一味地征服自然对于建筑的限定使自己凌驾于自然之上，而是以一种原生态的方式自发地行使了其环境保护的义务，平等地对待着生物环链之上的所有存在物。因地制宜、因势利导，因而侗寨建筑环境常常显现出独特的外部空间造型，这里的建筑也具有了一种灵活的风韵。

三、少数民族环境艺术的生态价值观

生态文明作为一种超越了工业文明所不可避免的对人性造成压抑的新人文精神，其在价值观上的优越性体现在：将人的价值扩大到自然的价值；将对于人类自身的关爱扩展到对其他物种的关爱；将对于人类命运的当下关怀扩大到对人类前途命运的终极关怀。上述侗寨建筑木构的材料构造方式从细节上体现了侗族人自然本真的审美心理，我们知道审美心理是价值观的反映，而侗族人这种对于自然价值的注重和认同的价值观正是符合生态文明的生态价值观。侗族聚居于气候湿润、地形复杂、林茂水深的

山区。这里自然植被十分优越，所以侗寨之建筑用材得力于当地的森林资源，木构之筑是侗寨在材料构造方式上的主要特征：以木柱支撑整个建筑物，立木柱为屋，以木板为墙，两端偏厦、上覆杉皮的干栏之建（参阅罗德启《侗祭特征及侗居空间形态影响因素》）。木材的质地、外观立刻使人联想到自然和故乡，唤起人们亲近自然的美好感觉和审美心理，这些其实都来自于符合生态文明的生态价值观。侗族人生态价值观中的木楼世界，结构上亦多采用穿斗式干栏形制，基本居住方式为"人居其上、畜产于下"。底层木构用以饲牛或其他家畜、堆放杂物，二层为主要居住面，在这里设火塘、居室，外设宽廊、顶屋比较干燥，用于储粮或供居住。侗寨木构之筑材料构造方式的审美心理"语汇"是极其自然的。（图7-5）干栏式形制使整个侗寨民居造型显得比较轻盈而非滞重。虽由人作，不仅宛自天开，而且由于其木质本身来自自然界，其与山体、林木就具有着天然的协调性。木构之制具有近人、可人的亲和之美，它的美来自对自然的回归，来自侗族人原发的符合现代生态文明的生态价值观。这种生态价值观是对于自然价值的确认，对于进一步维护人的美好生存具有极为重要的意义，虽是当代文明的新拓展，但在诸如侗寨这样的少数民族环境艺术中却是早已存在的，当代文明对于它们的认可实质上是一种价值观上的重合：少数民族原

生态的价值观与当代人类觉醒的新的生态价值观殊途同归，这种生态价值观对于自然价值的注重和认同实质上是人的仁爱精神的延伸，是新的道德伦理观念的建立。

少数民族环境艺术所展现出来的生态价值观，是立足于人类赖以生存的"家园"的层面上，将人类生存的终极关怀融入自然的广博经纬之中，从而使之具有工业文明所不可能具备的更加丰富而深刻的内涵和优越性。（图7-6）从这个意义上看，在人类生态意识广泛觉醒的当代，少数民族环境艺术毫无疑问是一笔宝贵的生态文明资源。尤其是当代人现在正面临着许多重大的生态问题与危机的困境，虽人类无数的圣贤大德亦知通宇宙是一大生命体，众生之于宇宙本如同树叶之于森林，然更多人虽有识亦常忘却大体，日陷迷误与糊涂，扶躯壳起念，自为局限，执著于一空无卑微之躯而着急贪求于物，烦躁苦愁，自陷不智与下等，竟显丑陋及无用：温室效应、臭氧空洞、酸雨、森林热带雨林肢解、野生动植物递减灭绝、海洋污染、荒漠化、有害废弃物转弃发展中国家地区公害云云。

如此种种不能不令人担忧与思虑，同时也不能不触发人重新重视人类的本原之思——人与自然环境的关系。面对这样的现实作理性的反思与前瞻，则自然会深刻地认识"生态"的意义。因此要在新世纪特别高扬生态文明。其中，除了对于自然生态的关注之外，还有人文生态的和谐。人文生态意指人的生命存在状态等与自然环境间"动态平衡"的共生和谐状态。在这些方面，中国少数民族环境艺术作为一笔宝贵的生态文明资源无论于自然生态而言亦或于人文生态而言都是富有启迪性的。（图7-7）少数民族环境艺术在新世纪的生态文明呼声中，对于实现"人与自然的和谐"、实现人与自然的协调、有序与可持续发展而言，就像一包幸存下来的珍贵的种子，等待着我们去培植它，使它发芽开花结果，从而使蕴藏于其中的价值得以生发壮大。

图7-5　图7-6
图7-7

图7-5　侗寨木构之筑展现出侗族人的生态价值观（模型）

图7-6　家园

图7-7　人与自然的和谐

第二节　少数民族环境艺术与生态环境的相适关系

一、生态环境是少数民族环境艺术的依托

中国各少数民族艺术之间尽管在许多方面可能有着千差万别，但是少数民族环境艺术与生态环境之间都呈现为一种密切的相适关系。生物适应环境是生态学中的一条重要规律，"适应"在生物与环境两者的关系上主要表现为和谐，是生物与环境的一种本质联系。生态环境作为一种先在条件，往往对少数民族形成一定的压力，少数民族为了生存与发展，通过自己的调节能力调节自己的行为习惯和方式，包括建造居住的方式和习惯，去主动地适应环境，这是少数民族的一种"生存智慧"。各少数民族居住地的生态环境及所从事的生产活动，对少数民族环境艺术在结构、平面布局、环境艺术造型及用材方面的不同类型有很大影响。因地制宜，就地取材，是少数民族环境艺术的基本出发点，也是其最为重要的特性。无论位于东南西北任何一方，也无论是在高原大漠的草原游牧民族、还是在山林水乡的森林狩猎民族、山地农业民族以及渔业民族等，都充分利用当地的自然资源，与特定的自然环境相适应来建造自己的家园。我们知道一个民族的生存智慧，必须从其文化根性加以探究。我们探究少数民族环境艺术与生态环境之间的关系也需从文化根性上去考察。

在北方辽阔的草原地带，居住着众多的住毡帐的民族。如洗的蓝天，悠悠的白云，辽阔的大草原，奔腾的骏马，还有那回荡在天地间的动人牧歌，这样的自然人文环境是天、地、人的和谐也是缔构草原文化的源泉，而点缀其间美丽的蒙古包或帐篷与这样的自然人文环境浑然一体。游牧民族以一种诗意的生存方式栖居于大地之上，构成了一种独特的名符其实的环境艺术。（图7-8）由于受气候、雨水、风雪的影响很大，大草原一年四季牧草的生长不均，游牧民族只有随水草而居，不断地选择牧场，畜群才能兴旺繁衍。因而，易于拆迁转移的毡帐是游牧民族最方便的住所。游牧民族的民居有冬、夏之分，游牧季节多住易于拆迁的毡房，冬季为保人畜平安过冬，则住木房或土砖房。如哈萨克族牧民春、夏、秋三季住毡房，冬季则住木屋，他们利用

伊犁河流域丰富的树木造屋，用圆木垒砌成墙，墙外覆土抹泥，室内挂毡毯，以避风雪、保暖。（图7-9）而平均海拔4000米以上素有"世界屋脊"之称的西藏，北部广阔的藏北高原在群山之中夹杂着的许多盆地形成了水草丰盛的天然牧场，为主要的牧业区。西藏地区高寒的气候，肥美的草场，丰富的资源，为西藏人民的衣食之本。西藏牧区特有的"高原之舟"——牦牛，耐寒负重，体大毛长，牧民居住的毡房就是用牦牛毛编织的毛毡覆盖，这种易于拆迁的毡帐非常适应游牧生活的需要。大草原和高原牧场上的动植物资源为草原牧民的衣食住行提供了充分的保证。（图7-10）

从文化根性上去考察，草原、牧场是游牧经济的主要源泉，牧草的生长受气候、雨水、风雪的影响是很大的。游牧民族所创造的保护自然生态的居住方式本质上是他们适应生存环境所形成的一种生存方式，这种生存方式及其所创造的保护自然生态的游牧经济文化，又蕴涵着天人合一、崇尚自然的理念，形成了独特的草原文化根性。这种草原、牧场文化根性决定着游牧民族的居住方式。

我们认识游牧民族民居环境艺术及其传统文化艺术，是决不可脱开其特有的自然环境的前提与背景的。草原、牧场上的游牧民族创造的毡帐居住方式是以草原为根的，而游牧民族相信万物有灵，主张顺应自然，对于自己生息所依的草原、牧场的崇敬、与自然万物的感应生情，谱写出了民居环境艺术中最具本原性的和谐之歌。草原、牧场是游牧民族生存的家园，也是游牧民族民居环境艺术得以产生与发展的基本物质环境依托，游牧民族民居环境艺术因草原、牧场而生成，所以，关爱草原、牧场、保护草原、牧场，实际上是游牧民族民居环境艺术发展中的基本守线，也可称之为生命底线。

二、少数民族环境艺术对生态环境的适应

少数民族所创造的保护自然生态的居住方式本质上是他们适应生存环境所形成的一种生存方式。少数民族环境艺术对于自然生存环境的适应表现在各个方面。少

图7-8
图7-10　　图7-9
图7-11

图7-8　诗意的栖居
图7-9　哈萨克族牧民冬季住的木屋
图7-10　牦牛毛编织的毛毡用做覆盖牧民居住的毡房
图7-11　坎儿井

数民族环境艺术的构建，就要把水源、土地、地势、物产资源这些主要的对民居有很大的影响的自然生存环境因素作为需要适应的重要方面。

（一）少数民族民居环境艺术对于水源的适应

少数民族民居环境艺术的构建原则首先选址必须水源充足有利生产，方便生活。少数民族在水源的开发利用方面就积累了丰富的经验。例如为了适应当地干旱的环境，新疆维吾尔族人民创建的"坎儿井"（图7-11），利用暗槽、明渠和竖井组合的水渠，将高山积雪融化的雪水由地下引向地面，有的渠道长达十几公里，成功地解决了干旱地区用水问题。又如在南方山区，少数民族的"竹筒分泉"将清洁的泉水引入村寨，"竹空其中，百十相接，架谷越涧，虽三四十里，皆可引流"，极大地方便了山区人民的生活及灌溉用水。

（二）少数民族民居环境艺术对于地形的适应

地形条件包括地势和山脉的走向，对民居建筑也有很大的影响。少数民族民居环境艺术的构建也主动地适应当地的地势和山脉的走向等生存环境条件。如大理白族地区风大，而民间却流传大理有三宝，风吹不进屋是第一宝，这说明民居环境顺应地势和山脉等自然条件；由于横断山脉为南北走向，大理地区建房多选择傍山东麓的缓坡地带，而大理多西风，因此正房多朝东，这样风就吹不进屋了。又如南方少数民族的"干栏"式民居也是适应当地的地势和山脉等生存环境条件的结果。因为南方少数民族多居住在重峦叠嶂、森林茂密、溪流纵横的山区或半山区，气候分别属温带、亚热带和热带，潮湿多雨，地貌多样。为适应山区的自然环境，民居建筑多依山就势，竹木结构，灵活多变，底层架空，以避潮湿，村寨道路因地制宜，自由延伸，一切从方便生活出发，有很强的适应性。山区温湿的气候，适宜杉树、毛竹、松树的生长，特别是树干笔直、生长迅速、防腐性强的杉木，又自然作为了山区主要的建筑材料。

山区地势陡峭，适于盖房的平坦空间较少，争取和

扩大使用空间，就成为了山地民居中一个重要的问题。山区民居建筑在山地生存环境条件下争取和扩大民居使用空间表现出了极强的适应性，山地民居在利用复杂多变的地形扩大空间上积累了丰富的经验。如在干栏式民居中设宽敞的前廊，扩大了外空间，楼层增建阁楼、型楼、抱厦，利用悬挑争取空间。不仅扩大了使用面积，而且在建筑形态上改变了建筑物简单的"一"字形，使建筑造型更加丰富。分层筑台，在台地上建房，或利用山区的零碎地形，用长短不同的吊脚支撑楼房，都是山区民居建筑中常见的手法。一幢幢高低不同的吊脚楼，不仅具有浓郁的民族风格，也是山区民族智慧的结晶。（图7-12）

在云贵高原一带，地形错综复杂，地势西北高，向东南逐渐降低，有海拔2000多米以上的高寒山区，也有湿热多雨终年如夏的河谷坝子。复杂的地形地貌和气候类型，使这一带的少数民族民居环境艺术也呈现为复杂多样的形态和面貌。从原始穴居、巢居的遗存，到父系

图7-12 对于地形的适应

图7-13
民居对于当地物产资源的适应

大家族共居共耕的"大房子",从傣家竹楼到以木雕、泥塑、彩绘装饰的白族民居,不同形态的少数民族民居环境艺术,充分展示着少数民族民居环境艺术对于地形等生态环境的适应性。

（三）少数民族民居环境艺术对于物产资源的适应

世代居住在中国东北部大小兴安岭及黑龙江流域的鄂伦春族、鄂温克族,是富有传奇色彩的民族,历史上称他们为"林木中的百姓"或"使用驯鹿的人"。鄂伦春族、鄂温克族人对自然有一种天然的亲近,他们的活动与其所处的自然环境有着直接的联系,其民居环境艺术包括装饰形式也说明了其对于物产资源的适应。大小兴安岭密林中的动植物资源,使他们成为以狩猎经济为主的民族。动物是鄂伦春族、鄂温克族人关爱自然、崇拜自然的最典型的体现。他们认为,动物既是他们赖以生存的活物,又是与他们共同生活在山林中的生命体,因生活所需,森林中的狍子、鹿、熊以及飞禽等成为他们捕猎的对象。但又不失对动物的真诚关爱,如:不许捕杀正在交配的动物,不惊扰孵卵期、哺乳期的禽兽,不许用怀胎的马驮运猎物等等。这些在狩猎中的禁忌,"直接影响了鄂伦春人对动物的审美感情,发展到

后来,随着宗教内容和禁忌意味的消失,动物就变成了鄂伦春人审美的主要内容和最高表现。他们把动物形象装饰在所有需要装饰的地方,以显示对动物的喜爱和崇拜,这类动物雕刻装饰逐步形成了一个具有特色的审美领域,极富审美意味。"他们居住的"斜仁柱"或"撮罗子",就是利用桦木或柳木搭成的窝棚,夏天覆盖桦树皮,冬天覆盖狍子皮。他们充分利用大小兴安岭的资源,过着衣皮食肉,聚木为居的游猎生活。

少数民族环境艺术与生态环境的适应关系,即是人与自然的适应关系,包含少数民族民居环境艺术对于当地物产资源的适应性开发和利用。从西北高原的黄土泥墙(图7-13),到热带丛林中轻盈通透的竹楼,从东北地区的"地窨子",到大西南的土掌房、石建筑(图7-14),我国少数民族充分适应性地开发和利用大自然的资源构筑了风格迥异的少数民族环境艺术。

我们知道,追求和谐是人类源自古往而又相续永恒的祈愿。尽管人类进入21世纪的今天已是全球资讯时代,但是人类所面临着的仍然是历史上多次遭遇的共同问题,其中,人与自然的关系,以及与之密切相关的人类自身的生存境遇问题,依然是具有普遍性的。而从中

华民族大家庭中的各个少数民族的环境艺术中，我们可以得到多方面的诸如人与自然平等、确认自然价值、关爱人以外的其他物种、保护美好环境等人与生态环境相适应的合乎新世纪的生态文明的资源与启示。少数民族环境艺术与生态环境的相适关系突出体现了人对自然万物的关切与认同，以及人与自然之间的密切相关。

图7-14 石建筑

第八章

全球化背景下少数民族环境艺术的发展

第一节　少数民族环境艺术发展的"复合"理念

在第一章中对少数民族环境艺术在具体属性上的诸多优良品质作了归纳，而在总体的宏观层面上，少数民族环境艺术的这些优质首先来自于其民族性所包含的"复合"理念。

一、少数民族环境艺术的"复合"理念与近代文明的"分化"

在第一章中讲到，民族性的本质属性来自于不同民族、部落所处空间向度上自然地理环境前提性条件的差异，以及时间向度上诸多不同因素"复合"关系作用的结果。具体到少数民族环境艺术来说，这种"复合"是其与自然地理环境相契合的人工构筑物，包括其类型、样式、风格及构造方法等这些空间向度的表征，与不同的空间中所独具的社会经济、历史、生活习俗、文化传统、宗教信仰等时间向度上的单向线性因素的相互"复合"。少数民族环境艺术的"复合"理念由于能够融合不同民族、部落所处不同空间向度上不同的自然地理环境的差异，以及时间向度上的诸多不同，而使少数民族环境艺术本体具有了确定而多元化的面貌。（图8-1）

与少数民族环境艺术"复合"的理念不同，以西方文明为主导的人类近代演化过程越来越突出的一个特性却是"分化"，其中科学技术与人文精神的分化脱节，是"工业革命"以来的显著体现。具体到许多领域、许多方面都在分门别类且越分越细，并在分化之中各自日趋独立，有的甚至堪称分裂状态。这种分化的趋势对于人类来说也无法逾越利弊得失的二律背反。在21世纪要很好发挥现代科学技术在推动包括少数民族环境艺术在内的民族文化艺术的发展中的正向作用，则需要逆"分化"而动，强调"复合"。

二、少数民族环境艺术"复合"理念的现实意义

如前所述，民族性本质上存在于时空复合型的关系之中，强调环境艺术空间向度上自然地理环境等前提性条件与时间向度上社会经济、历史、生活习俗、文化传统、宗教信仰等诸多差异性因素的关系作用，强调科学技术与人文精神"复合"的理念，这既是一个民族性自在的学理问题，更是当代状况下包括环境艺术在内的文化艺术发展所面临的一个很实际的现实问题。作为少数民族环境艺术自在的这种优质，以人文精神与科学技术的"复合"理念对待少数民族环境艺术，其主要意义在于突出不同面貌的民族精神及其共通的可持续发展的平衡态，以及现代科技条件下少数民族环境艺术基于人类物质精神生活品质目标的先进性。就当下而言，由于科技的单向度发展所导致的对于现代人的单面化强迫，特别需要发挥民族性自在的人文因素或精神的调节作用，以弥补单纯物质技术手段在推动环境艺术发展上来自于价值观和手段上的缺陷，从而使环境艺术的发展从内在意义的充实和外在面貌的多元化上展现出其丰富和谐的状态。

▌图8-1 *少数民族环境艺术本体确定而多元化的面貌*

图8-2
少数民族环境艺术
自然生态及人文生
态的和谐同构

三、"复合"理念下少数民族环境艺术的生态和谐

　　少数民族环境艺术与生态的和谐是其"复合"理念的具体印证，中国各少数民族环境艺术尽管在许多方面可能存在着千差万别，但是有着一个极为相同的方面，那就是与各自生存所依的自然人文环境相适相谐，也就是与生态的和谐。少数民族环境艺术这种与生态和谐的第一层意思是指与空间向度上自然地理环境的和谐，即通常所谓的自然生态。保存至今的少数民族环境艺术是身处不同空间区域中的民族、部落在时空复合型关系中主观参与作用的结果，并且这种主观参与过程中主体所采用的物质技术手段都能够与自然环境相适相谐，也就是说时空复合型关系中主观参与作用的结果无一例外地都呈现为对于空间向度上的自然地理环境等前提性因素的尊重；少数民族环境艺术与生态和谐的第二层意思是指与时间向度上的社会经济、历史、生活习俗、文化传统、宗教信仰等诸多差异性因素以及上述因素在时空复合作用中的先在结果的和谐，是人与自然环境间合规律而相适相谐又"动态平衡"的共生态，其中包括人的生存状态，生命的存在状态等。少数民族环境艺术与过往时间向度上的社会经济、历史、生活习俗、文化传统、宗教信仰等诸多差异性因素也通过其在时空复合作用中的先在结果得以存续，这实质上是对于时间向度上诸多因素及时空复合作用关系先在结果的再复合。在生态文明的视野中看中国少数民族环境艺术，其所表现的人与自然，以及人与社会、人与人之间的和谐旨趣，则可给当代生态文明建设以启迪。从生成渊源及少数民族环境艺术本体构成看，中国各少数民族环境艺术都与"生态"有着天然关系。自然生态是其重要的前提与依托，人文环境的生态之合又使之圆润而纯粹，每一个少数民族的环境艺术都是其特定环境中的自然生态及精神生态的和谐同构。以上这两个层次是相依相生的，而后一层则尤具人文意义，它们共同构成少数民族环境艺术全方位的生态和谐。（图8-2）

　　当然，之所以要特别将少数民族环境艺术与生态的和谐作为少数民族环境艺术"复合"理念的具体映射来思考分析，主要是因为当代人事实上正面临着由长期"分化"的观念定势和惯性所导致的许多生态问题与危机。其中涉及到人与自然的关系，以及与之密切相关的人类自身的生存境遇问题，如水源缺乏、土地沙化、能源枯竭、环境污染、物种退化、精神失落、心态失衡，等等几乎都成了全球性的凶顽之症，因此不能不令人担忧与思虑。我们把这个问题作为富有人文特质的命题看待，是因为其更具有社会和精神上的根源。少数民族环境艺术与生态的和谐除了对于自然生态的关注，还有人文生态的相谐。面对这样的现实以少数民族环境艺术为视点，尤其以少数民族环境艺术"复合"的理念作理性

的反思与前瞻，则自然会深刻而全面地认识"生态"的意义。在此方面，少数民族环境艺术中的丰富资源是富有启迪性的，值得我们去悉心梳理，消化吸收。

总而言之，于民族性的"复合"理念而言，对于科学技术与人文精神任何一方的过分强调或偏废，都是与之不符的。而作为少数民族环境艺术，其空间向度上的自然地理环境等前提性因素和物质技术手段所支配的类型样式风格及构造方法等表征，以及来源于各民族所独具的社会经济、历史、生活习俗、文化传统、宗教信仰等这些促成民族性意义生成的时间向度上的单向线性因素都是达成其完整与纯粹的积极因素。可见，少数民族环境艺术民族性的"复合"理念是其总体上的突出优质所在。

第二节　全球化背景下少数民族环境艺术的民族性及其多元化发展

一、全球化背景下少数民族环境艺术的民族性

"过去那种地方的和民族的自给自足和闭关自守状态，被各民族的各方面的互相往来和各方面的互相依赖所代替了。物质的生产是如此，精神的生产也是如此。"这是100多年前马克思、恩格斯《共产党宣言》里的话，而在跨入21世纪的今天，开放、交流更成为世界性的不逆之势。随着全球化进程中人类遥感技术、光纤通讯、卫星传播、国际信息高速公路建设等现代高科技的迅速发展对自身空间向度限定的克服过程，国家、民族、地域间空间向度的限定被更加有力而快速地打破，从而使不同文化之间获得了时间向度上的相对共时性而有了更多接触、交流、互动、杂交、吸收、融合或碰撞、借鉴的可能。全球化使人类在对自身空间向度限定的克服过程中获得了更多时间向度上的自由度，从而使主观参与时空复合作用的机会、方式和效用发生了巨大改变，也就获得了许多往昔难以想象的可能，民族性文化的无边界性得以恢复，民族性文化表达方式的无限多样性和无限可更新性得以促进。文化在其发展中的多元化（及其所包含的多样性）与民族性之间在客观上得到统一。

不可避免的是文化的单面化或同质化在一定时期也会出现，但基于主观参与时空复合作用中人性的不可泯灭性，文化的单面化或同质化只会在短期内出现以达成人类最低成本存活的普适性，而随着这种普适性的达成，人类更高层级的存在将使基于生命个体的内在差异性需求逐级显现，并最终将文化的单面化或同质化内容控制、打压、还原或淘汰至一个最低成本存活的基层，其动因来自于人性对单面化或同质化的永续性反抗。这种来自于人性的反抗使文化的许多源自于民族性地域性的差异成分从以前的话语强加于其上的种种限制中得以解放。

少数民族环境艺术作为民族文化的物质与精神综合体，无疑是上述全球化状况下民族文化多元化发展的直观显现。弗里德里希·尼采《自由精神录》："对谁来说还存在某种绝对不可违抗的强迫力量把他和他的子孙们拴在一个固定的地方？对谁来说还存在某种严格强制性的事情？正像所有的艺术风格都可以被同步模仿一样，一切等级、一切种类的道德、风俗和文化都可以被同步模仿。这个时代之所以获得其重要性，是因为，在这个时代中，对各种各样的世界观、风俗和文化都可以同时加以比较和体验——而这在以前是不可能的事情。因为，在以前，所有的艺术风格都有时空限制，与此相应，每一种文化的影响力都总是只局限在某一局部地方。"如同我们在当代中国的许多大都市中可以在一天之内品尝到来自于中国各个民族地区的美食小吃一样，我们也可以在一天之内看到和体验到几乎中国各个少数民族风格样式的饭店、餐厅、娱乐、文化场所等环境艺术。

二、全球化背景下少数民族环境艺术的民族性与多元化发展之间的统一

（一）就少数民族环境艺术本体而言，全球化使少

数民族环境艺术作为文化或艺术其自身的无边界性得以恢复，表达方式的无限多样性和无限可更新性得以促进，这是"全球化"为少数民族环境艺术本体带来的生机。

"全球化"之所以可以恢复和激发少数民族环境艺术的本体生机，这是由于全球化及其现代高科技的迅捷发展使少数民族环境艺术曾经相对闭合、相互隔离的状态逐步被冲击，各少数民族环境艺术在对自身空间向度限定的克服基础上获得了时间向度上的相对共时性，从而与其他国家、民族、地域的环境艺术之间轻松地展开了更多的接触、交流、互动、杂交、吸收、碰撞、融合或借鉴。对以往人们习惯的空间向度限定的克服往往给人一种超现实主义的强烈错位感。但是这种所谓的超现实主义却是活生生的现实，各民族的环境艺术在"全球化"这一大舞台上进行着充分的自我表演，彰显其独特的美学资质和文化精神面貌。对此，尽管人们或欢迎、或贬抑、或首肯、或拒斥、或者另有其他不尽相同的认知与评价，但无论如何，各民族环境艺术的这种自我表演却着实是在实践着艺术的多样化及文化的多元化。

若充分利用好全球性自我表演的这个大舞台，可以使少数民族环境艺术本体自然地超越以往那种国家、民族、地域、宗教、信仰、语言等语境的局限，从而使少数民族环境艺术为更多不同民族的人所感知和认识，而获得更大的生存空间。而且这种自我表演中的相互激发在激活和保持本民族环境艺术个性特质的基础上，使少数民族环境艺术获得全新的建构观念和表现形式，从而最终更大程度地实现少数民族环境艺术在文化生命意义上的有效增殖，使之具有持续发展的活力。

这样的一种状态所展现在我们面前的是一幅富有生趣的理想图景，这就是文化在其发展中的多元化（及其所包含的多样性）与民族性之间在客观上统一的结果。

（二）少数民族环境艺术的多元性及其丰富样态可以消解全球化所带来的文化单一化的弊端。全球化带给文化艺术的除了前述的有利因素，也有十分明显的弊端，文化的单一化就是当代面临的主要问题。经济全球化、科技标准化或一体化、传媒的单边大众娱乐化使文化不可避免地走向单一化。这是因为人类群体的思维方式与行为模式会在其所涉及的所有领域保持空间向度上横向的一致性和时间向度上前后的延续性。这种空间向

度上横向的一致性将使经济和消费领域的标准化在文化艺术领域得以套用，而这种时间向度上前后的延续性将使这种未经考量的套用得以占据一个相当的时间长度而造成文化艺术单一化。而少数民族环境艺术的多元性及其丰富样态恰恰可以给予趋向于单一化的环境艺术以新的多元的环境艺术思维观念及形态建构方法论，乃至丰富的素材细节，从而消解全球化所带来的环境艺术的单一化弊端。面对全球化的大背景，如何对待少数民族环境艺术，并积极利用其有利因素，使之提升并发展为促进环境艺术乃至世界文化多元并存与互动的有机成分，以促进环境艺术多元并存风采共呈的生机与活力。这既与各少数民族环境艺术自身的生存与发展直接相关，又有其在更宽泛的文化层面上的意义。

（三）世界多元化发展趋势与少数民族环境艺术民族性内在所蕴涵的"复合"理念相暗合。整个人类文明大千世界由众多民族各具特色、丰富多样的文明共同构建而成。作为主观参与时空复合型关系作用结果的人类文明，其健全而富有生机的发展表象实质上是主观在参与时空复合作用中所显现出来的能量强度，这种能量强度呈现在数量的累计和广度的拓展上表现为文化的多元化及文明形态的多样化，这是所有文明人类共同珍惜的历史性成果和实践的未来取向。尤其在当代"全球化"的进程中，需要以多元的民族性文化和多样的区域性文化平衡人性多方面多层次的需求，这是一个前提性也是几近共识性的问题。而少数民族环境艺术民族性内在所蕴涵的"复合"理念与上述世界多元化的发展趋势是相暗合的。也正是这种暗合而使不同民族、部落所处不同空间向度上不同的自然地理环境差异，以及时间向度上的诸多不同能够得到融合，而最终使少数民族环境艺术本体具有了确定而多元化的面貌。

三、"全球化"给少数民族环境艺术的生存与发展造成的问题与挑战

当代的"全球化"为包括少数民族环境艺术在内的文化交流提供了十分广阔的空间和多种可能，因而，一方面少数民族环境艺术可以在交流中丰富自己并获得生存与发展的新生机。但另一方面，"全球化"也对少数民族环境艺术形成了严峻的挑战，客观上造成诸多的具

体问题，我们将其归纳为两个方面，即体认上的扁平化和地位上的边缘化。

（一）全球化中少数民族环境艺术遭遇体认上的扁平化。挑战主要是，一方面其原生环境发生变化，全球化背景下超出种种地域限制的不同民族、不同地域、不同风格的环境艺术在人类克服空间向度对自身限定的基础上，汇集成感受与体验的超级市场。人们有恃无恐地享用着来自时间向度上的相对共时性所催生的这一超级市场所赋予的种种感受与体验，全然不顾时间向度上共时性所提供的样态庞杂的无限性与个体生命存在于时间向度上的有限性之间的矛盾。

这种矛盾将导致主观内在和客观外在的双重问题。主观内在方面，这种矛盾将导致时间向度在终极上对于个体生命和人性意义体认上的扁平化，也就自然导致对于作为人类文明中个体生命和人性意义凝结成果的少数民族环境艺术体认上扁平化的危险；而客观外在上，这种矛盾将导致少数民族环境艺术本身只求外在表现形式无关根本的花样变化，而是不可能实现其持续发展和增殖。当然少数民族环境艺术被扁平化的危险也来自于其自身，由于少数民族环境艺术自身形态的特殊性以及时

间向度上被感知与认同的长期局限性，即使在全球化的今天事实上的确存在着某些传播方面的障碍或交流上的不平等，或者仅仅只是处于"被看"的状态。

（二）全球化中少数民族环境艺术遭遇地位上的边缘化。科学技术的一体化与物质生产、消费领域的标准化，通过现代生活全方位向少数民族环境艺术领域渗透。本民族中的受众，特别是青年一代的行为心理模式与美学需求与趣味在这种渗透中发生变化，可能形成当代人行为心理模式与美学需求与趣味取向的时尚化、趋同化。从而使受众的观念在事实上形成未经考量的套用定势。这种定势就冲淡或遮蔽了群体对于少数民族环境艺术个性化行为心理模式与美学特质的认同；同时，全球化进程中与资本"强势"挂钩的 "强势文化"通过竞争推动其相关的环境艺术思维观念和建构方法论及构造技术广泛迸发，占领受众群和市场，从而打压了原本就处于弱势的少数民族环境艺术的生存与发展空间。

来自于"全球化"的一体化内部渗透和强势外力打压，将使处于标准化之外弱势的少数民族环境艺术本体被遮蔽，而使其在这种文化的单一化过程中更加趋向于边缘化。

第三节　全球化背景下少数民族环境艺术的生长

应对全球化中少数民族环境艺术所遭遇的扁平化和边缘化的途径存在于全球化中少数民族环境艺术新的生长之中。一个民族的艺术，以至整个民族文化，只有它在本体品质上是可生长的，才可能是有生命力的。少数民族环境艺术的创新与发展，必须以其内在的文化科技积累与发展为依托的环境艺术思维观念和建构方法论及构造技术等本体品质的提高为标志。

一、少数民族环境艺术随着时间向度的线性行进而发生变化

毋庸置疑，由于时间向度上诸多差异性因素的单向

线性存在方式，而致使时空复合关系作用也呈现为不可逆转的线性存在。少数民族地区的人们内在的主观需求在变化，认知水平在变化，人们的生存条件与生存方式在变化。因而对于少数民族环境艺术而言，无论人们多么怀恋古往"原生态"的那种完整与纯粹，但就环境艺术发展的大势而论，却不可能"回归"到古往的时代。其诸如形态特征及环境布局、类型样式、结构材料、拆装架设、空间布局与陈设等诸多空间向度上的外显特征，都将随着时间向度的线性行进而发生变化。在全球化的背景下，这种变化的生成因素除了经济地理、人文地理、以及因此而形成的一个民族独特的情感方式、道

德观念、生存状态、民族性格等等多种时间向度上因素的变化之外，科学技术的发展无疑将会起到至关重要且不可抗拒的作用。

二、少数民族环境艺术的生长

（一）少数民族环境艺术的生长动力

上述少数民族环境艺术的这种变化是不可逆的，但变化的结果却既有可能呈现为衰微，也有可能呈现为生长。造成环境艺术衰微与生长的原因很复杂，诸如经济市场、生活方式、社会状况、艺术设计教育人才、传播方式、受众群体等等，都可能是相关作用因素，而总体上环境艺术创造力则是决定少数民族环境艺术生长的动力，这种创造力是由包括物质经济技术状况及精神文化价值观状况在内的社会环境状况所决定的。在整个世界范围内地域性阻隔被打破的当代，各方面竞争、包括环境艺术在内的艺术设计竞争十分激烈，创造力的问题则更显得尤为重要。少数民族环境艺术在"全球化"背景之下更不可过多地依重于"保护"而故步自封，创造力依然是各少数民族环境艺术生存与发展最重要的生命机制。

（二）少数民族环境艺术的生长条件

在当代全球化的背景下，少数民族环境艺术的生长在最终结果上表现为其富有特色的形态特征及环境布局、类型样式、结构材料、拆装架设、空间内部的布局与陈设等诸多方面所构成的美学品格、营造方式及构造技术，而这些都是以不断追求新的民族环境艺术个性的结果。新的民族环境艺术个性的生长需要良好的经济技术环境条件和文化信仰氛围，应当积累强大的物质经济技术力量，提升整个社会的精神文化价值观水准，从而为少数民族环境艺术生长营造良好的环境条件和氛围。这样才能有更多属于民族的生命个体将更多意欲所蕴涵的能量升华为环境艺术的创造力，从而开掘不竭的民族生命之源以探索在新的历史条件下少数民族环境艺术的本体突破。

（三）少数民族环境艺术的生长及其"复合"理念

另外，少数民族环境艺术在当代新的经济、文化背景下的生长，依然应当发挥前述其自身民族性所蕴涵的"复合"理念。因为在全球化多因互动的"选择"过程中，必然是一种冲突与排斥、传承与变异、交流与融合等多方面共生共存的状态。由于地域的、历史的、以及文化传承惯性与观念意识等方面的原因，包括少数民族环境艺术在内的民族文化，在新时代出现的全球化的文化交流中，往往更容易出现种种文化落差。因此，"复合"理念下开放与宽容的胸襟和姿态，以及较强的融通力对于少数民族环境艺术的本体突破是十分必要的，以求在实际操作中进行积极的探究与调适，在种种新的选择与重构中实现多因互动的新的生长。

（四）少数民族环境艺术的生长包含的多重超越

首先，在少数民族环境艺术本体论上表现为对于不适应当代审美需求模式的超越；其次，在认识论上表现为对于狭隘的民族主义与文化屈从性的超越，注重在融入多元共生之中适时地重新定位及自我确证；最后，在具体的环境艺术实践及美学追求上实现着时间向度和空间向度上的双重超越：时间向度上植根于传统而又有所突破和推进，实现纵向提升。空间向度上，吸取与消化本民族以外健康而有益的东西，穿越诸多域限境界，不断实现横向跨越。

（五）少数民族环境艺术生长中的诸多具体问题需要思考

第一，少数民族环境艺术资源的开掘。第二，少数民族环境艺术真正的生命力与当代人的生存需求。第三，少数民族环境艺术传承主体的当代变化。第四，现代科技对于少数民族环境艺术的介入及作用。第五，面对全球化的本体突破与保持民族特性的关系问题。下面我们就这些少数民族环境艺术生长的诸多具体问题在方法论的层面上展开探讨。

三、"复合"理念下少数民族环境艺术资源的开掘

（一）"复合"理念下少数民族环境艺术资源的开掘

传统意义上具有显著地域特性的少数民族环境艺术，说到底是该民族在空间向度上包括地理、气候在内的特定自然环境中生存和生活方式及状态的生动呈现，是凝结了时间向度上群体意识和生存智慧的精神寄寓。经过长时期的相对封闭与自适自足以及族群生存中多因素的濡染，各少数民族环境艺术之间往往存在明显差异而形成各自的鲜明特色，并极富自然与人文内涵。在全球化背景中对这些少数民族独特环境艺术资源的开掘，

其价值是不言而喻的。因而，就少数民族环境艺术本体突破与生长的具体实现而言，首先就可以从少数民族环境艺术民族性所蕴涵的"复合"理念指导下对这些少数民族独特环境艺术资源的开掘上入手。其目的在于寻求与激活在当代背景下发展少数民族环境艺术的因子和机缘，从而使少数民族环境艺术获得新的生长点而实现其有效生存和发展。

（二）"复合"理念下少数民族环境艺术资源开掘的意义与作用

这种意义与作用表现在两个方面：其一，是在营造多元共生的当代文化景观中，这种开掘是本民族人对自身环境艺术和文化传统的回忆与重新建构过程，而这种过程本身却可以强化对于本民族环境艺术的认同感和归属感，从而在空间向度上的横向对比与跨越中充分认识与提升少数民族环境艺术在整个民族文化谱系乃至整个人类文明中的内涵与意义，以进一步确认并彰显少数民族环境艺术自身独特的文化身份与价值；其二，通过开掘利用少数民族环境艺术资源在时间向度上所积累下来的特有资源而进行适时的新的"复合"式组合诠释与生发，对于其进行当代新的文化阐释。也就是用现代人的眼光和观念解析与利用少数民族环境艺术传统资源，借以激发新的创造热情和审美追求，从而有效拓展与焕发

新的可能性，使之焕发出新思想、新形式以及新技术创造出的多元共生世界中新的建构方式与美学品质。

（三）"复合"理念下如何开掘少数民族环境艺术资源呢？

1. 需要以开放的心态在交流与互动中展开多向度、多层面的开掘。首先，一个少数民族的环境艺术文化资源作为其在历时态中的积累，其含量的多少和样态的丰富在一定程度上首先取决于其是否以开放的心态去开发和吸收，所以开放的心态是一个前提和基础。其次，某一少数民族环境艺术的思维观念和建构方法及构造技术及其所共同形成的审美文化是对于"他者"文化而言的一种特质，是一种民族之间、地域之间的"关系性存在"。所以对于少数民族环境艺术资源的开掘，同样也应当将其作为一种对于"关系性存在"的开掘，在民族之间、地域之间的交流与互动中发掘并有效地利用其资源。其三，这种开掘本身还应该是多向度、多层面的，这样才能够纵向深入和水平延展而达成多维的并掘，从而在结果和效用上能够焕发更多新的可能性。

2. 注重对少数民族环境艺术资源中先进性因素的发掘，使之成为环境艺术民族性中主导的一面，并以此整合其他新的因素，实现在新的背景下少数民族环境艺术的自然增值。如少数民族环境艺术中呈现出来的诸如

图8-3
侗寨内的水元素

生态观念等这些先进性方面就可以成为其新的生长点。同时，这些富有少数民族智慧的先进性因素往往还可以在一些少数民族环境艺术的细节中发现，例如侗寨内水元素利用就是一例：侗寨水塘密布，穿插于民居群落之中，这种水面既可成为防火隔离带，又是消防水源，塘内养鱼，一水多用，同时也美化了侗族村寨空间。（图8-3）少数民族环境艺术资源中诸如此类的先进性因素很多，还有待于去发掘。

四、少数民族环境艺术生长的系统机制

（一）少数民族环境艺术生长的系统机制

丹纳说："形成近代精神的三个因素(指近代民主制度的建立、工业机械的发明、风俗的日趋温和)继续在发生作用，力量越来越大。你们没有一个人不知道，实证科学的发现天天在增加；地质学，有机化学，历史学，动物学和物理学中的整整几个部门，都是现代的产物；实验的进步无穷；新发明也应用无穷；在一切工作部门，在交通，运输，种植，手艺，工业各方面，人的威力扩大了，每年都有意想不到的发展。你们还知道政治机构也有所改善，社会变得更合理更有人性，它维持内部的和平，保护有才能的人，帮助弱者和穷人，总之，人在各个方面用各种方法培植他的聪明才智，改善他的环境。所以不能否认，人的生活，风俗，观念，都在改变；也不能否认，客观形势与精神状态的更新一定能引起艺术的更新。"这段话揭示了人的生产、生活以及精神状况和艺术活动随着近代社会环境的变化而发生变化。"全球化"背景下少数民族环境艺术的生存、变化与发展又何尝不是随着"全球化"的社会环境中当代人的生活方式与包括精神状态在内的生存状态的变化而变化的呢。

人的一切心理和行为都必然出于一种基于生活方式与包括精神状态在内的生存状态之上的内在主观需求。这种主观需求作为人类行为的主观依据而存在，有时候是未被人意识到而潜在地支配着人的心理和行为。以高科技、现代化作为先导和基础的"全球化"以一种新的方式和力量影响着人们的心理和行为，并不断引发人们新的主观需求。因此，考察与探讨民族性、地域性环境艺术在"全球化"背景下的生存与发展，就不能不注意

图8-4 古老的布朗民居前的摩托车和太阳能热水器

到基于生活方式与生存状态之上的人的内在主观需求的变化。

中国的少数民族多数处于偏远、闭塞地区，但同样也在追求着现代化。少数民族地区的人们和其他地区的人们一样，都在积极创造条件将现代化的生产、生活资料，以及新的观念一同引入，以努力改变其生活方式与生存状态。适应现代化生存需求是当代人的必然，而这恰恰不可避免地会关系到当代少数民族环境艺术的生存与发展问题。少数民族的生活方式与包括精神状态在内的生存状态及其内在主观需求构成激发少数民族环境艺术生长的系统机制，是其生命活力的源泉。（图8-4）

（二）技术与少数民族环境艺术生长的系统机制

少数民族环境艺术生长的系统机制不是完全的技术决定论，而是由人的全方位终极内在需求决定的。技术本身并不是目的，而只是满足需求的手段。现代化高科技的出现与运用，程度不同地改变了当代人的生活方式与包括精神状态在内的生存状态，但这种改变的终极目的并不是外在于人类的技术本身，而只是人的内在需求。少数民族环境艺术作为一个民族生活方式的物质依托与精神寄寓，适合人的最低成本存活与发展是其底线，而符合当代人对于生活品质以及自由与幸福的追求则是一个不变的终极主题。无论是保护、继承少数民族环境艺术，还是发展少数民族环境艺术，其根本指归或目的都是为了人的自由与幸福，以及人类文明的和谐演进。不可否认少数民族环境艺术的发展变化与材料及营造技术有很大的关系，现代化高科技的出现与运用必然

导致当代少数民族环境艺术的变化，但其发展变化不完全平行于技术的更新换代，并非凡是新的就一定是先进的或好的，或者是一种新的艺术表现方式的出现一定意味着原有的方式被替代。也就是说少数民族环境艺术的生长系统机制有着自身的规律，其最终指向应该始终是人的全方位终极内在需求。新的历史条件下少数民族环境艺术的生长其实是新的人的内在需求变化得到更合理满足的结果，而不是人对于技术的被迫适应。

五、少数民族环境艺术传承方式的当代变化

少数民族环境艺术传承方式的当代变化主要源于其所处自然、人文环境的变化。由于所处自然、人文环境系统生态链的原生性、完整性和稳定性，传统意义上少数民族环境艺术的传承融入了少数民族日常的生存状态之中，成为其生产生活中的一个组成部分，因而少数民族环境艺术的传承方式表现为一种具有极强自在性与自适性的自然状态。可是当代少数民族环境艺术传统传承方式存在的人文背景和自然环境都在发生着重大的变化，其存在的传统环境系统生态链的"原生态"前提不但已所剩无几，而且其原有的完整性和稳态性由于遭到了来自于当代"全球化"社会环境中人的生活方式与包括精神状态在内的生存状态变化的冲击而变得面目全非。

（一）少数民族环境艺术所处环境系统生态链运行机制的意欲化趋势

传统意义上少数民族环境艺术所处环境系统生态链的关键性变化并非仅局限于具体的内容或环节，而是一种根本性、全局性、系统性的内在运行机制的改变。少数民族环境艺术所处环境系统生态链的原有运行机制是在人类所受的严格空间向度限定下存续的，具有很强的客观化特征，这种客观化表现为明显的不以人的意志为转移的源于客体限定的自在性。而当代少数民族环境艺术所处环境系统生态链的运行机制却呈现为强烈的意欲化或称主观化、人为化趋势。这种意欲化或称主观化、人为化趋势具体说来就是所谓的产业化、市场化以及种种有意识、有目的的组织、策划、宣传、营造和操作甚至炒作。从根本上说，这种意欲化或称主观化、人为化趋势源于主观参与时空复合型关系过程中状态或地位的改变，也就是源于人类对自身空间向度限定的新的巨大

克服。这种克服得力于全球化进程中交通技术、遥感技术、光纤通讯、卫星传播、国际信息高速公路建设等现代高科技的迅速发展。这种克服使人类的意欲有了更大程度满足或实现的可能。这种可能来源于现代高科技的迅速发展及其全球化普及使人类在对自身空间向度限定的克服过程中获得的更多来自时间向度上相对共时性所提供的自由度。而在适者生存的强力机制作用下，包括少数民族环境艺术在内的任何人类主观参与时空复合作用的活动都必须严格地意欲化才能获得生存与发展的可能，才能拥有足够的能量强度而获得生命力。

由于上述当代少数民族环境艺术所处环境系统生态链运行机制的意欲化或称主观化、人为化趋势，致使作为意欲实现结果的少数民族环境艺术很难再以往昔客观化的"自然状态"轻松获得生存与发展，若仍依赖那种源于客体限定的自在性的"自然状态"，很可能会快速消失灭迹。作为意欲实现的当代少数民族环境艺术传承需要有更强的自觉意识和作为，包括人为地开掘、创造，为其注入新的生机，以适应"全球化"时代所处的环境系统生态链的运行机制。

（二）富含原创因子的少数民族环境艺术意欲化传承的优势和必然

当代少数民族环境艺术传承的产业化、市场化以及种种有意识、有目的的组织、策划、宣传、营造和操作甚至炒作是其意欲化行之有效的具体实现途径。"全球化"时代富含原创因子的少数民族环境艺术产业化、市场化等意欲化传承有其先在的独特基础或优势。因为"全球化"时代人类凭借现代高科技对自身空间向度限定的克服所获得的只是一种途径或可能性，而不是原创因子本身，原创因子只能源于人类原生态的生活方式与包括精神状态在内的生存状态，而"全球化"所提供的上述途径或可能性是一种"管道"，可供原创因子接触、交流、互动、杂交、吸收、融合或碰撞、借鉴。"全球化"所提供的作为"管道"而存在的诸多途径或可能性仅仅基于技术，因而并不具有唯一性和稀缺性，而是普遍的和可复制再生的。而少数民族环境艺术所富含的原创因子却不同，它是基于各少数民族不可复制不可再生的原生态生活方式与包括精神状态在内的整个日常生存状态，因而少数民族环境艺术所富含的原创因子

是具有唯一性和稀缺性的。并且在"全球化"时代，愈是富含原创因子的资源，愈是具有包括产业化、市场化在内的意欲化的实现意义和潜能。

富含原创因子的少数民族环境艺术的意欲化传承具有一定的必然性。在当代"全球化"新的产业、市场条件下富含原创因子的资源可以充分实现自身的价值增殖，所以积极开掘少数民族环境艺术内在的文化资源并实现当代少数民族环境艺术的传承应当积极利用"全球化"新的产业、市场条件，并有意识、有目的地组织、策划、宣传、营造和操作甚至炒作以实现其意欲化。因为只有严格地意欲化才能使当代少数民族环境艺术获得传承的可能，才能拥有足够的能量强度而获得新的生命力。可能有些人对这种包括产业化、市场化在内的意欲化确有一种担忧，即担忧少数民族环境艺术进入到文化产业的意欲化人为运作，会影响甚至毁坏对于往昔"自然状态"中生成的具有自在性的少数民族环境艺术传统经典特色的新的经典性创造。应该说问题的关键在于，"全球化"时代作为文化产业组成部分的当代少数民族环境艺术，以及少数民族环境艺术生长的系统机制及其所处的环境系统生态链运行机制的意欲化，都是在包括产业化、市场化在内的意欲化经济文化氛围和条件下生成的，因此与之相适应的少数民族环境艺术的传承也必须采取与包括产业化、市场化在内的意欲化经济文化氛围和条件相适应的思路与方式。通过进行有意识、有目的地组织、策划、宣传、营造和操作甚至炒作及拓展新的传播(少数民族环境艺术被消费)领域并形成新的规模，从而实现其意欲化传承。具体来说少数民族环境艺术的传承一方面可以在其原生地人为地营造适于该少数民族环境艺术生长的自然人文"生态"环境条件；另一方面可充分利用现代媒介的强势传播。

六、少数民族环境艺术传承主体的当代变化

原生态地域性的少数民族环境艺术是产生和存活于少数民族民间能工巧匠乃至大众手中的，即通过少数民族民间具体的有技艺的能工巧匠乃至大众而传承的。传统意义上少数民族环境艺术传承主体的环境艺术思维观念及建构方法总是具有极大的潜在惯性，呈现为由其民族文化心理结构所决定的相对自足性与稳定性及趋同

性。由于空间向度上的相对隔离所促成的地理环境对于交流途径的阻隔和时间向度上单向线性因素的相对稳定与均质所导致的局限，决定了传统意义上少数民族环境艺术的传承主体所处的环境系统生态链总是与空间向度上特定的自然环境相对应，并携带着本民族在时空复合型关系中参与作用的历时态中所积累的一系列既定主观结果。这些都决定了特定民族文化心理结构的面貌，也就决定了传统意义上少数民族环境艺术传承主体的环境艺术思维观念及建构方法的稳定性、自足性与趋同性。

而随着"全球化"时代人类凭借现代高科技对自身空间向度限定的克服，以及随之而来的当代社会环境中（包括少数民族环境艺术传承主体在内的）人的生活方式与（包括精神状态在内的）生存状态的变化，少数民族环境艺术的传承主体也发生了巨大的变化。（图8-5）现在的实际情况是，掌握环境艺术思维观念及建构方法的少数民族环境艺术老一代传承主体越来越少，而年轻人则自觉不自觉地将与自身生活方式与包括精神状态在内的生存状态相关联的当代新的观念与技术融入既有的环境艺术思维观念及建构方法之中，而生活方式与包括精神状态在内的生存状态同样发生着变化的大众也乐于接受其中新的审美观念与新技术所提供的便利与舒适。少数民族环境艺术作为一个民族生活方式的物质依托与精神寄寓，必然随着时代条件、社会环境的变化而变化，并且这种变化是不可逆转的。既然是不可逆转的，那么少数民族环境艺术有生机的传承就应当顺时顺势，接受容纳当代新的观念与技术。有生机的少数民族

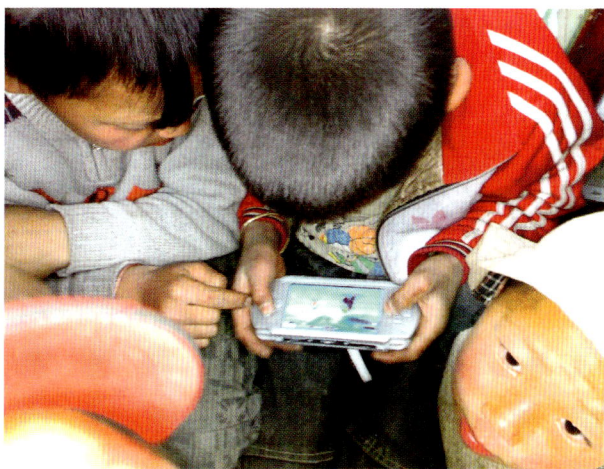

图8-5　少数民族环境艺术传承主体的当代变化

173

环境艺术传承必然具备一定的能动性，传承主体在谙熟自己所承接的对象基础上依据时代、环境、包括物质科技条件的变化与发展的需要，对于对象作出基于新的自身生活方式与包括精神状态在内的生存状态之上的独立价值判断、选择与创造。少数民族环境艺术的这种能动性传承实际上是一种发展中的合规律变异，也就是传承主体对于承接对象所进行的创造性超越。

七、现代科技对于少数民族环境艺术的介入及作用

少数民族环境艺术作为一个民族生活方式的物质依托与精神寄寓，必然随着时代条件、社会环境、科学技术的变化而变化。虽然说少数民族环境艺术生长的系统机制是由人的全方位终极内在需求决定的，而不是完全的技术决定论，但现代化高科技的出现与运用，却也程度不同地改变了当代少数民族的生活方式与包括精神状态在内的生存状态。就拿电视这种现代社会最寻常的科技事物来说吧，通过电视，居住在深山里的少数民族平衡的生活被打破了，这些人也许连县城都没去过，但他们却通过电视看到了整个世界，看到了繁华城市中的生活甚至他们所在的地球，而这又必然影响到他们的生活方式与包括精神状态在内的生存状态。而这些又必然是其全方位终极内在需求在具体时代条件和社会环境下的映射，那么现代科技还是对少数民族环境艺术生长的系统机制发生了作用。现代科技对于当代背景下少数民族环境艺术（包括少数民族环境艺术资源人为地开掘、利用与借此而进行新的创造）的介入及作用是不可小觑的。

（一）科学技术的本性

电视影响到了深山里少数民族的生活方式与包括精神状态在内的生存状态。这是因为虽说技术本身并不是目的，而只是满足需求的手段，但手段会影响达成目的的过程并进而对当事人的心理感受、思想意识施加影响。大众媒体对当事人心理感受及思想意识所施加的这种单边影响正在把不同地区人的文化拉平，这种拉平的过程也是不同地区的独特人文资源流失的过程。如果这种不同地区人的文化拉平和人文资源流失是一种恶，那也不是手段自身的恶，而是选择这种手段是否妥当以及如何利用这种手段的问题。因为科学技术本身是"中性"的。正如汤因比所说：一切力量——也包括进步的

科学技术所产生的力量——在伦理上都是中性的。因使用方法的不同，它可以成为善的东西，也可以成为恶的东西。至若其利害所向，完全在于运用它的人，以及它被如何运用。我们不应该简单地责难科学技术本身，而是应该首先追问运用这些技术的人，以及这种运用本身是否合理，还有其运用的目的。海德格尔认为："技术乃达到某种目的的手段。"关于技术运用方面出现的善恶得失应该追问到这种运用本身是否合理及其运用的"目的"层面。现代科技对于当代背景下少数民族环境艺术（包括少数民族环境艺术资源人为地开掘、利用与借此而进行新的创造）的介入及作用，我们也只有追问到这个层面上才能做到客观的认识与分析。

（二）现代科技对于少数民族环境艺术的局限超越和优质彰显

现代科技的出现是人类演进发展的必然，人类文化发展史也充分证实了科技的作用是不可小觑的。当代少数民族环境艺术与现代科技条件下的材料构造技术及施工工艺的联结更加紧密了。

从积极方面看，如果现代材料构造技术及施工工艺等科技合理地运用于人类生活品质的提升及其与自然生态的协调"目的"，那么调用了先进科学技术因素和手段的少数民族环境艺术，可以超越原有局限使其原生优质发挥到前所未有的程度。在第一章的"少数民族环境艺术优质与局限的二律背反"一小节中，我们了解到由于传统的少数民族环境艺术有着明显的地域特性，即生成于特定地域的自然与人文环境之中，使之便于在本民族的稳态化文化结构中保持其原生性与原位性优质，但同时也具有传播与交流上的局限性。而现代科技手段正可以使少数民族环境艺术的这种局限得到极大超越，并使其原生优质得以彰显。

这种超越和彰显还不仅是针对包括材料构造技术及施工工艺在内的少数民族环境艺术本体提升而言，而是站在全球文化交流的层面上反观少数民族环境艺术的价值提升。由于现代科技手段和与之相协调的大众文化运作程序，全球化背景下的全球大众文化传播为不同民族和国家的人群提供了一套交流的"元语言"或交流平台，利用这种"元语言"或交流平台，不同的文化才得以呈现自身。以现代科技手段为后盾的全球大众文化传

图8-6
北京郡王府环
境艺术设计
刘向华
2002年

播是多维度和多方向的，可以使当代各民族大众获得传统社会中无法获得的丰富的民族环境艺术传统技术及审美文化优质资源。现代科技在对于少数民族环境艺术局限的超越中亦实现着对其优质的彰显。

（三）现代科技对于少数民族环境艺术的更新

现代科技不仅可以帮助少数民族环境艺术实现固有局限超越和原生优质彰显，而且还可以帮助少数民族环境艺术资源的开掘、利用及传承，融合少数民族环境艺术的原生优质与高科技对于人类生活品质的提升作用，而生成更人性化并与生态和谐的新的环境艺术，也就是实现少数民族环境艺术的更新。

现代科技手段的运用与全球大众文化平台的运作，必然导致少数民族环境艺术本体的某些变化，但变化并不意味着失落或消亡，而可能是对于其传统技术及审美文化优质资源的适时性开掘和创造性利用，这种变化就是更新。对于传统意义上的少数民族环境艺术而言，无论是借助现代材料构造技术及施工工艺等科技手段来进行本体更新，还是运用现代科技手段利用全球大众文化平台进行传播，必然会不同程度地改变其"原生态"与"原位性"。发生这些改变的少数民族环境艺术仍然存在，还可能在蓬勃地发展，虽然其存在和发展的意义

和价值已经有了许多的变化，但这种变化可能使少数民族环境艺术的传统技术及审美文化优质资源获得新的机缘，并为更多的人所领受，这就是少数民族环境艺术的更新，并且其更新后的生命力与影响力会显著增强，受众面会得到扩展，并产生新的功能与审美价值。（图8-6）

八、少数民族环境艺术面对全球化的本体突破与保持民族特性的关系

少数民族环境艺术在面对全球化的本体突破中如何保持自身的民族特性呢？对于这个问题，少数民族环境艺术民族性所蕴涵的"复合"理念仍然是解决自身问题的可靠途径，"复合"理念中面对全球化的本体突破与保持民族特性是和谐一致的。所谓少数民族环境艺术面对全球化的本体突破，实际上无非是基于视野的拓展、多样态的丰富参照，以及广泛的影响等特点，而这些与少数民族环境艺术的民族性事实上并无绝对矛盾，而是个有机统一悖论性共生关系。怎么个有机统一悖论性共生呢？

因为实际上无论全球化还是民族性无不服从于空间向度的限定，并且其本质上也都是就这种限定而言的，

而人类的所有奋斗及其成果实际上在相当大的程度上都是对这种限定的克服。全球化与民族性都是主体对于作为客体而存在的空间向度对于主体限定克服的结果，或呈现在时间向度上的过程状态。而由于空间向度的无限性或纯粹的向度性，也就在终极意义上取消了都作为过程状态而言的全球化与民族性的局限。具体而言，任何少数民族环境艺术的所谓民族性，从来就是一个民族在对限定自身的空间向度的克服过程中取得与其他民族的交往共生而相比较显现出来的，从来就不是囿于本民族自身而确认的，也就是说少数民族环境艺术的民族性是基于民族间的交流对于空间限定的克服所获得的异族参照体系而得以确认的。

一方面，全球化并不会窒息少数民族环境艺术的民族性，相反，它可以通过拓宽空间限定而把少数民族环境艺术从狭隘禁锢的民族主义意识形态中解放出来，从而促发其本体突破；另一方面，富有生命力的少数民族环境艺术的民族性，由于其历来在时间向度上主观参与时空复合作用中所显现出来的能量强度，而使其完全可以在空间限定得以拓宽的全球化情境中鲜活存续，乃至蓬勃发展。当然，就少数民族环境艺术的民族性本体而言，也应该是开放性的。这种开放性本身就是促成其能量强度的内在因素之一，少数民族环境艺术民族性的开放程度决定了这个民族在主观参与时空复合作用中所显现出来的能量强度。这种开放性所促成的本体有所突破的少数民族环境艺术的民族个性，能够不断吸收世界各民族环境艺术的优秀成分，在空间限定得以拓宽的广泛交流融合之中，熔铸出具有现代性的新成果。（图8-7）

图8-7　中国伊斯兰教协会会所环境艺术设计　刘向华　2005年

参考文献

英文书目

1. Ruskin, John, "The Seven Lamps of Architecture", New York: The Noonday 2000

2. MichaelLittlewood. LandscapeDetailing, Vol. 1. oxford：Butterworth-Heinemann Ltd., 1993

3. Adrian Lisney, Ken Field house. Landscape Design Guide, VOl. 1, 4. London：Gower Technical Publishing Corporation, 1990

5. Jia hua Wu, A Comparative Study of Landscape Aesthetics. London：The Edwin Mellen Press，Ltd., 1995

中文书目

1. 海德格尔. 存在与时间. 选自洪谦主编. 西方现代资产阶级哲学论著选辑. 北京：商务印书馆，1964

2. 〔丹麦〕S．E．拉斯姆森著. 刘亚芬译. 建筑体验. 北京：中国建筑工业出版社，1992

3. 〔美〕约翰·拉塞尔著. 陈世怀，常宁生译. 张俊焕校. 现代艺术的意义. 南京：江苏美术出版社，1996

4. 叔本华. 作为意志和表象的世界. 北京：商务印书馆，1982

5. 〔美〕房龙著. 衣成信译. 人类的艺术. 石家庄：河北教育出版社，2002

6. 文丘里著. 周卜颐译. 建筑的复杂性与矛盾性. 北京：中国建筑工业出版社，1991

7. 杨大禹著. 云南少数民族住屋——形式与文化研究. 天津：天津大学出版社，1997

8. 陈志华著. 北窗集. 北京：中国建筑工业出版社，1993

9. 萧默著. 东方之光：古代中国与东亚建筑. 北京：机械工业出版社，2007

10. 西藏工业建筑勘测设计院编. 罗布林卡. 北京：中国建筑工业出版社，1985

11. 〔日〕中川作一著. 许平，贾晓梅，赵秀侠译. 视觉艺术的社会心理. 上海：上海人民美术出版社，1991

12. 陈小明著. 解构的踪迹：历史、话语与主体. 北京：中国社会科学出版社，1994

13. 高觉敷主编. 西方近代心理学史. 北京：人民教育出版社，1982

14. 诺伯特·舒尔茨著. 施植明译. 场所精神——迈向建筑现象学. 台北：尚林出版社，1986

15. 〔美〕乔纳森·卡勒. 论解构. 北京：中国社会科学出版社，1998

16. 王受之著. 世界现代建筑史. 北京：中国建筑工业出版社，1999

17. 〔英〕彼得·科林斯. 现代建筑设计思想的演变1750～1950. 北京：中国建筑工业出版社，1987

18. 刘先觉著. 现代建筑理论. 北京：中国建筑工业出版社，1999

19. 荆其敏，张丽安著. 中外传统民居. 北京：百花文艺出版社，2004

20. 罗哲文，王振复主编. 中国建筑文化大观. 北京：北京大学出版社，2001

21. 〔美〕凯文·林奇著. 方益萍，何晓军译. 城市意象. 北京：华夏出版社，2001

22. 丹纳著. 傅雷译. 艺术哲学. 合肥：安徽文艺出版社，1991

23. 〔日〕芦原义信著. 尹培桐译. 外部空间设计. 北京：中国建筑工业出版社，1985

24. Edmund N. Bacon著. 黄富隔等译. 城市设计. 北京：中国建筑工业出版社，1989

25. Kenneth Framptom著. 原山译. 现代建筑——一部批判的历史. 北京：中国建筑工业出版社，1988

26. 沈玉麟著. 外国城市建设史. 北京：中国建筑工业出版社，1989

27. Ernst H. Gombrich著. 范景中译. 艺术发展史. 天津：天津人民美术出版社，1992

28. 任仲伦著. 中国山水审美文化. 上海：同济大学出版社，1991

29. 斯心直著. 西南民族建筑研究. 昆明：云南教育出版社，1992

30. 刘敦桢著. 中国古代建筑史. 北京：中国建筑工业出版社，1984

31. 〔瑞士〕雅各布·布克哈特. 何新译. 意大利文艺复兴时期的文化. 北京：商务印书馆，1979

32. 范景中著. 艺术与人文科学——贡布里希文选. 杭州：浙江摄影出版社，1989

33. 王鲁民著. 中国古代建筑思想史纲. 武汉：湖北教育出版社，2003

34. 萨耀东主编. 中国建筑艺术全集. 北京：中国建筑工业出版社，1999

35. 彭一刚著. 传统村镇聚落景观分析. 北京：中国建筑工业出版社，1992

附　模型制作及插图绘制人员：

本书所采用模型的制作人员：参加本书作者所授课程"民族建筑理论基础"的中央民族大学美术学院2005级环境艺术设计专业本科生：孙杰、左亮、韦彦、韦家瀚、项文津、白永亮、靳如兴、孟繁星、肖建新、邹彦慧、詹诚、王新颖、邬宛辰、贺靖棋、崔会峰、崔久波、刘影、邱锡鹏、杨志为、路宽、谭雅轩、迟皓亮、秦佳伟、孙皓铭。

本书所采用插图的绘制人员：参加本书作者所授课程"室内设计风格史"的中央民族大学美术学院2006级环境艺术设计专业本科生：迟皓亮、张广学、孙永霞、孙皓铭、张瑜龙、卢静静、李东林、陈振宇、邢远鹏、马珍桢、许中涛、喻正鑫、肖江华、古晓晨、锁冲、李潇、李毅楠、秦佳伟、刘泉、牛佳、吴少华、张昕龙、李孟奇、吕杰。